雅安市气候资源
利用与开发研究

四川省雅安市气象局 主编

西南交通大学出版社
·成 都·

图书在版编目（CIP）数据

雅安市气候资源利用与开发研究 / 四川省雅安市气象局主编. —成都：西南交通大学出版社，2022.7
ISBN 978-7-5643-8715-0

Ⅰ. ①雅… Ⅱ. ①四… Ⅲ. ①气候资源 – 资源利用 – 研究 – 雅安②气候资源 – 资源开发 – 研究 – 雅安 Ⅳ. ①P468.271.3

中国版本图书馆 CIP 数据核字（2022）第 097653 号

Ya'an Shi Qihou Ziyuan Liyong yu Kaifa Yanjiu
雅安市气候资源利用与开发研究

四川省雅安市气象局 / 主 编

责任编辑 / 牛 君
封面设计 / 墨创文化

西南交通大学出版社出版发行
（四川省成都市金牛区二环路北一段 111 号西南交通大学创新大厦 21 楼 610031）
发行部电话：028-87600564 028-87600533
网址：http://www.xnjdcbs.com
印刷：四川玖艺呈现印刷有限公司

成品尺寸 210 mm × 297 mm
印张 11.25 字数 341 千
版次 2022 年 7 月第 1 版 印次 2022 年 7 月第 1 次

书号 ISBN 978-7-5643-8715-0
定价 96.00 元

《雅安市气候资源利用与开发研究》
编 委 会

前言

雅安市位于青藏高原东坡、四川盆地西缘，是四川西部唯一的交通次枢纽，是汉、藏、羌、彝民族和谐交融的走廊，素有“川西咽喉”“西藏门户”“民族走廊”之称。全市辖两区六县，土地面积15 046 km^2，现有常住人口1 434 603人。

雅安市属于亚热带湿润季风气候区。雅安气候温和、雨量充沛、四季分明、细雨轻风；冬无严寒、夏无酷热、春季回暖早。雨日多、夜雨多是雅安气候的显著特点，有“雅安天漏”和“雨城”之称。境内地势高差悬殊，气候的区域性和复杂性特征突出，气象要素的垂直差异大，立体气候明显，呈现气候多样性和生物多样性的显著特点。

独特的气候资源和特殊的地理环境，孕育了雅安独特的生物资源，是全球生物多样性保护热点地区之一。境内分布的植物有185科869属3000多种，其中国家一级保护植物8种、二级保护植物21种。雅安还是动物区系划分中的古北界与东洋界的交错地带，境内分布有陆生野生兽类470余种，野生鸟类330余种，其中国家一类重点保护野生动物65种。雅安的气候环境为大熊猫生存、生活、繁殖提供了许多适宜的局地生态环境，是世界自然遗产四川大熊猫栖息地核心区。目前，在雅安生活着340多只野生大熊猫、50多只圈养大熊猫，为世界前列。独特的气候条件，使雅安特别适合茶叶生长，世人皆知“扬子江心水，蒙山顶上茶”，蒙顶茶因其品质优异，工艺精湛，被奉为贡茶，雅安人工栽培茶树已有2000多年历史，是世界上人工种茶最早的地区之一。雅安是中国优秀的生态旅游城市，全市森林覆盖率达到69.14%，空气中负氧离子含量高，被习近平总书记誉为“天府之肺”“动植物的基因库”。雅安是历史文化名城，是一座山水相间的城市，是一座碧茶飘香的城市，是一座因大熊猫而名扬四海的城市。一条茶马古道把历史和今天连成一线，把高原风光、地理奇观、民族风情有机融合，成就了雅安“中国十佳魅力城市”。独特、多样的气候资源，造就了雅安独特、多样的生态环境和生态景观，加上雅安丰富的人文旅游资源，使雅安成为中国生态城市的样板与典范，是“国家级生态示范区”，是名副其实的中国生态气候城市、中国低碳先锋城市、中国康养城市。

习近平总书记指出："绿水青山就是金山银山。""地球是我们的共同家园。世界各国要同心协力，抓紧行动，共建人和自然和谐的美丽家园。"最近中共雅安市委、雅安市人民政府正带领全市人民，遵照习近平总书记的指示，按照中共四川省委的部署，朝着建设"三个高地"（长江上游生态高地、全省西向拓展开放高地、成渝地区双城经济圈绿色产业发展高地），发展"四大经济"（生态经济、门户经济、数字经济、共享经济），打造"五宜福地"（宜居雅安、宜业雅安、宜养雅安、宜学雅安、宜游雅安），构建"做强主干、联动六县"市域发展格局和"东融成渝、西向拓展"开放发展格局，推进全市经济总量三年迈上千亿元台阶，加快建设川藏铁路第一城绿色发展示范市等目标前进。为了进一步利用与开发雅安市禀赋优异的生态气候资源，让全市有关部门和人民群众深入了解雅安市与气候资源有关的市情，推动雅安文化旅游、康养、种植业和养殖业、特色经济和特色产品等对气候资源的利用，四川省雅安市气象局特组织人员，主要根据最新的标准气候平均值（1991—2020年30年气象观测、资料计算和统计），并结合其他资料，对雅安市气候资源利用与开发进行研究，此书集成了初步的研究结果，供有关部门参考，以期为雅安市经济建设和生态文明建设提供气象科技支撑。

在本书的编写过程中，得到了雅安市和四川省气象局各级领导、专家和有关部门的大力支持，在此致以衷心的感谢！书中使用了多幅雅安市及下辖两区六县的地图，均来自雅安市各相关政府部门，在此一并表示感谢！

由于编者水平有限，加之时间仓促，书中难免存在疏漏及不妥之处，敬请读者批评指正。

《雅安市气候资源利用与开发研究》编委会

2021年9月

目 录

3 气候特点 / 021

4 气候与能源 / 033

5 气候与农业 / 039

1 资料与方法

1.1 资 料

世界气象组织在1956年定义标准气候平均值（Standard Climatological Normals），以历史上最近整30年的30个样本平均值作为相应气候要素常年值的参考点，并10年更新一次。气候变化常以人们关注的气候要素与常年平均的偏差来表示。为了更好地表示现阶段气候状态的特征，同时又能在统计上合理体现当前气候的年际震荡，对计算气候要素常年平均所取的时段有着特定的要求，并适时更新：时段既不能太长，又不能太短。因为取得过长不能反映现阶段气候的特点；而过短则容易受到气候极值的影响，造成常年平均值在统计上的不稳定。为此，气候要素常年值的参考时段一般为30年。

雅安市境内，现有国家基本气象站1个、国家气象观测站7个（见表1.1至表1.8）、气象观测站（过去称区域加密自动气象观测站）361个（表略）。此次研究就是基于这些观测站的观测资料进行。

此次研究资料：①对国家基本气象站和国家气象观测站，根据1991—2020年（30年）的地面观测资料，计算标准气候平均值。②为了尽可能详细地研究雅安市山地气候的特征，对气象观测站，截止到2020年12月31日，选取≥3年、≤30年，有整年观测资料的站点，根据地面观测资料计算气候平均值。③最后在做有关区划和研究时，可将①②资料合并进行研究。

此次研究资料的计算方法和质量控制等，按照《地面标准气候值统计方法》（GB/T 34412—2017）、《气象观测资料质量控制　地面》（QX/T 118—2020）和《地面气象观测规范》等进行。

在1991—2020年，对国家基本气象站和国家气象观测站有迁址的情况处理如下：迁址前后水平距离≤50 km和海拔差≤100 m可视为同一个站进行资料计算；迁址前后水平距离>50 km，或海拔差>100 m视为不同的站，按照《地面气象观测规范　第20部分：年地面气象资料处理和报表编制》（QX/T 64—2007）进行分段统计处理。

气象资料以外的其他资料，由涉及的雅安市各有关部门提供。

1.2 方 法

1. 对于国家基本气象站和国家气象观测站

由图1.1、表1.1至表1.8可见，在1991—2020年，雅安市1个国家基本气象站和7个国家气象观测站中，仅有汉源国家气象观测站的站址变动较大，前后水平距离达3 000 m（<50 km）、海拔差高达302.1 m（>100 m），按照《地面标准气候值统计方法》（GB/T 34412—2017）规定，迁站前后资料视为不同的站，按照QX/T 64—2007进行分段统计处理。因此，在此次气候资料分析研究中，对迁站前的汉源国家气象观测站1991年1月1日至2008年12月31日年（18年）资料进行地面标准气候值统计和计算，并记为汉源（迁站前）；对迁站年（2009年）的地面气象资料不进行年气候资料统计；对迁站后的汉源国家气象观测站2010年1月1日至2020年12月31日年（11年）资料进行地面标准气候值统计和计算，并记为汉源（迁站后）。

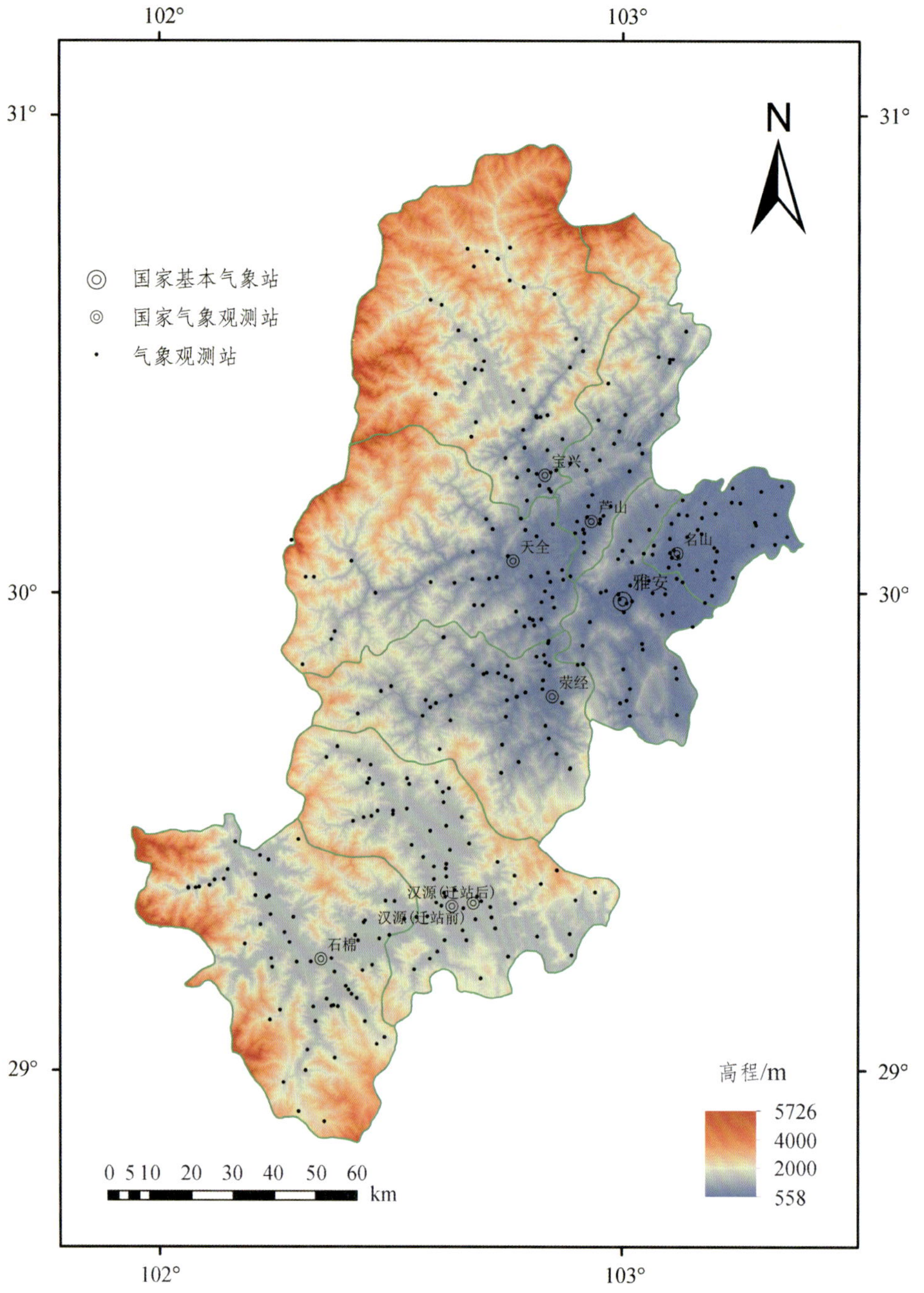

图1.1 雅安市国家基本气象站、国家气象观测站和气象观测站分布图

表1.1 1991—2020年雅安国家基本气象站站址及迁址情况

开始日期 /y-m-d	终止日期 /y-m-d	纬度（N） /° -′ -″	经度（E） /° -′ -″	观测场海拔 /m	距原址距离 /m和方向
1955-11-14	1998-12-31	30-00-00	103-03-00	627.6	0
1999-01-01	1999-12-31	29-59-00	103-00-00	627.6	0
2000-01-01	2020-12-31	29-59-00	103-00-00	627.6	0

表1.2 1991—2020年宝兴国家气象观测站站址及迁址情况

开始日期 /y-m-d	终止日期 /y-m-d	纬度（N） /° -′ -″	经度（E） /° -′ -″	观测场海拔 /m	距原址距离 /m和方向
1990-01-01	2007-12-31	30-23-00	102-49-00	1009.7	0
2008-01-01	2013-12-31	30-23-00	102-49-00	1009.7	0
2014-01-01	2020-12-31	30-23-00	102-49-00	1022.7	900，东北

表1.3 1991—2020年芦山国家气象观测站站址及迁址情况

开始日期 /y-m-d	终止日期 /y-m-d	纬度（N） /° -′ -″	经度（E） /° -′ -″	观测场海拔 /m	距原址距离 /m和方向
1974-01-01	2015-12-31	30-09-00	102-56-00	684.0	300，东北
2016-01-01	2020-12-31	30-09-41	102-56-33	744.1	1600，东北

表1.4 1991—2020年天全国家气象观测站站址及迁址情况

开始日期 /y-m-d	终止日期 /y-m-d	纬度（N） /° -′ -″	经度（E） /° -′ -″	观测场海拔 /m	距原址距离 /m和方向
1966-01-01	2002-12-31	30-04-00	102-48-00	770.2	1600，东南
2003-01-01	2017-12-31	30-04-00	102-46-00	755.8	1000，东南
2018-01-01	2020-12-31	30-04-02	102-46-37	818.7	1069，东北

表1.5 1991—2020年名山国家气象观测站站址及迁址情况

开始日期 /y-m-d	终止日期 /y-m-d	纬度（N） /° -′ -″	经度（E） /° -′ -″	观测场海拔 /m	距原址距离 /m和方向
1959-11-01	2020-12-31	30-05-00	103-07-00	691.3	0

表1.6 1991—2020年荥经国家气象观测站站址及迁址情况

开始日期 /y-m-d	终止日期 /y-m-d	纬度（N） /° -′ -″	经度（E） /° -′ -″	观测场海拔 /m	距原址距离 /m和方向
1984-01-01	1998-12-31	29-47-00	102-51-00	763.2	32，西南
1999-01-01	2015-12-31	29-47-00	102-51-00	763.2	0
2016-01-01	2020-12-31	29-47-15	102-50-40	797.5	315，南

表1.7 1991—2020年汉源国家气象观测站站址及迁址情况

开始日期 /y-m-d	终止日期 /y-m-d	纬度（N） /° -′ -″	经度（E） /° -′ -″	观测场海拔 /m	距原址距离 /m和方向
1965-08-19	2009-09-30	29-21-00	102-41-00	795.9	5，南
2009-10-01	2020-12-31	29-20-37	102-38-12	1098.0	3000，东

表1.8　1991—2020年石棉国家气象观测站站址及迁址情况

开始日期 /y-m-d	终止日期 /y-m-d	纬度（N） /° -′ -″	经度（E） /° -′ -″	观测场海拔 /m	距原址距离 /m和方向
1964-01-01	2004-12-31	29-10-00	102-26-00	874.3	114，南东南
2005-01-01	2020-12-31	29-14-00	102-21-00	890.7	250，西

对1个国家基本气象站和除汉源国家气象观测站外的其余6个国家气象观测站，1991年1月1日至2020年12月31日年（30年）资料，进行地面标准气候值统计和计算。

2．对于气象观测站（区域加密自动气象观测站）

对气象观测站，截止到2020年12月31日，选取≥3年、≤30年，有整年观测资料的站点，根据地面观测资料计算气候平均值。

为了更精细地分析、研究雅安市山区的立体气候特征，使研究结果更加客观真实，需对部分短序列观测资料进行订正、延长，使各观测站资料在时间上尽量同步。

设X为国家基本气象站或国家气象观测站，有N年资料，Y为需要订正的气象观测站，有n年资料，$n<N$，且n年包括在N年内，需要将Y站的n年资料订正到N年，如采用一元回归订正法，订正公式为：

$$\overline{Y}_N=\overline{Y}_n+r(\sigma_y/\sigma_x)(\overline{X}_N-\overline{X}_n) \tag{1.1}$$

式中　$\overline{Y}_n$，$\overline{X}_n$——需订正站和国家站n年平行观测时期内的平均值；

$\overline{Y}_N$，$\overline{X}_N$——需订正站和国家站N年观测资料平均值；

σ_y，σ_x——需订正站和国家站n年平行观测时期内的标准差；

r——需订正站和国家站n年平行观测时期内观测资料的相关系数。

选取国家基本气象站或国家气象观测站订正气象观测站资料，原则上选取地势较一致、距离最近的国家基本气象站或国家气象观测站进行订正。

在资料序列相关性较好和资料序列较稳定的情况下，$r\approx1$，$\sigma_y\approx\sigma_x$，针对气候分析和研究对气候平均资料的精度要求，公式（1.1）可变为

$$\overline{Y}_N=\overline{Y}_n+(\overline{X}_N-\overline{X}_n) \tag{1.2}$$

即

$$\overline{Y}_N=\overline{X}_N+(\overline{Y}_n-\overline{X}_n) \tag{1.3}$$

尹文昱等人的实际计算表明，使用公式（1.3）和公式（1.1）对月平均气温等进行订正，结果显示订正误差无显著性差异。

3．对于较长时间的气候的年际、年代变化分析

为了分析、研究较长时间的气候的年际、年代变化，也采用了较长时间的国家基本气象站和国家气象观测站地面观测资料。

4．对于特殊的气候分析

一些特殊的气候分析，根据分析需要而采取特定的方法处理资料。

2 雅安市概况

2.1 地理地貌

雅安市位于四川省中部、四川盆地西缘（图2.1），地处青藏高原的东坡，地理坐标介于28°51′～30°55′N、101°55′～103°20′E；东邻成都、眉山、乐山三市，南接凉山彝族自治州，西接甘孜藏族自治州，北连阿坝藏族自治州。地形狭长，东西跨度141.2 km，南北跨度231.7 km，土地面积15 046 km^2。处于川藏、川云西线两条国道交汇处，距成都高速公路里程120 km，在建的川藏铁路贯穿境内中部，是成都平原通往西藏、云南的历史重镇，素有“川西咽喉”“西藏门户”“民族走廊”之称，是一座历史文化名城。全市辖两区六县，现有人口143万多。

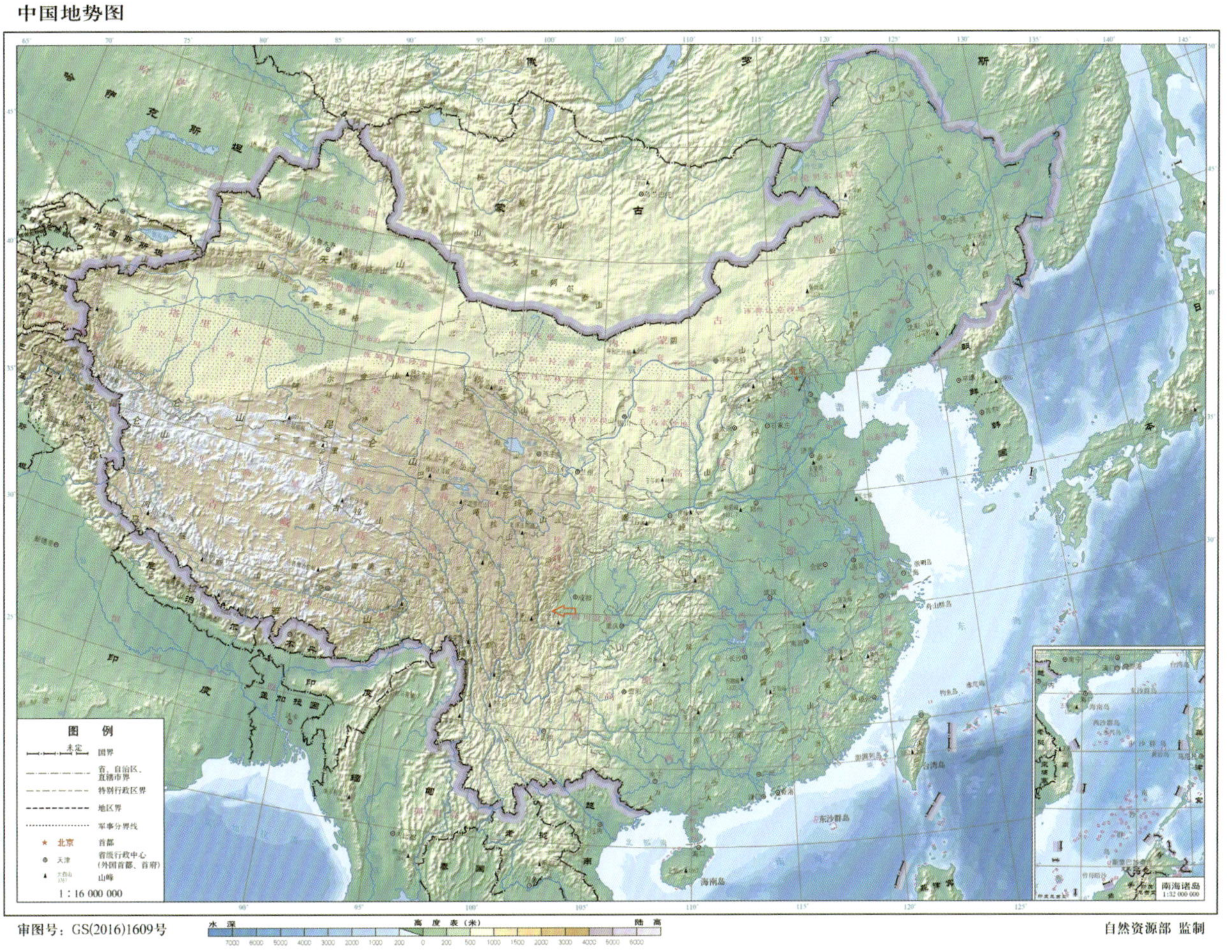

图2.1 雅安市地理位置图（图中红色箭头所指处为雅安市雨城区位置）

四川省标准地图·政区简图版

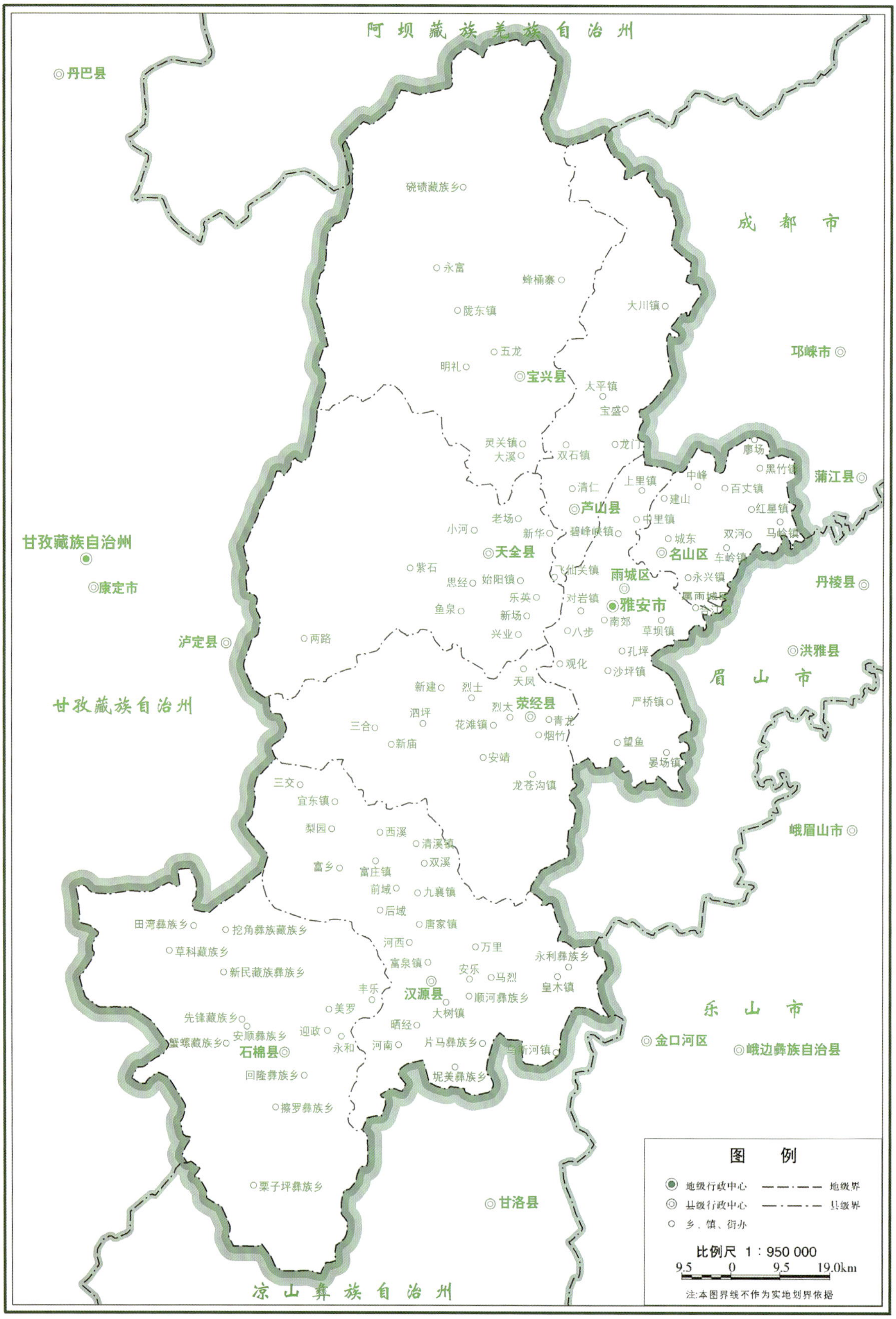

审图号：图川审（2016）018号　　　　2016年5月 四川省测绘地理信息局制

图2.2　雅安市地图

雅安市属四川盆地西缘山地，跨四川盆地和青藏高原两大地形区，为盆地到青藏高原的过渡地带，地势北、西、南三面较高，中、东部低，最高点为西南缘石棉、康定、九龙三县交界的神仙梁子，主峰海拔 5793 m，最低点在草坝青衣江出境处，海拔 516 m。市境山脉纵横，地表崎岖，地貌类型复杂多样，山地多，丘陵平坝少。丘陵平坝多分布于河谷两侧，仅占市域面积的 6%；低山（500 ~ 1000 m）在中部雨城区和名山区一带，占市域面积的4%；中山（1500 ~ 3500 m）分布最广，占全市总面积的 60%以上；高山（3500 ~ 5000 m）占全市总面积的6%，多分布于宝兴县、天全县西北部、石棉县西南部及芦山县北端，相对高差1000 ~ 2000 m。境内主要山地均属邛崃山脉和大雪山脉，东南缘主要为南北向的小相岭北段。大相岭既是大渡河、青衣江的主要分水岭，也是市域自然地理的重要分界线（图2.2）。

2.2 地质地层

雅安市位于四川盆地西缘、邛崃山东麓，跨四川盆地和青藏高原两大地形区；属于川滇经向构造带北段、龙门山北东向构造带西南段、“歹”字形构造交接处，位于龙门山台缘坳陷断褶带、瓦山—峨眉山断块、川西台坳结合部。地处天台山—籍江雁行带西南，雅安向斜、陇阳向斜北段（二者横跨部位形成雅安盆地），是成都、峨眉及都江堰三大板块结合部，地势西南高、东北低，地形复杂多样。

2.2.1 地质构造

由于区内经多次地质构造运动，沉落起叠而产生褶皱。褶皱形态，除个别受断裂影响导致地层倾角较陡外，多数表现为平缓。断层多为冲断层、压扭断层，多与褶皱关系密切，主要有新开店冲断层、大石板冲断层、苗子岗冲断层、老君山压扭断层等。古近纪、新近纪之间，喜马拉雅运动第一幕兴起，东部白垩系和古近系发生褶皱和断裂，形成了中里向斜、蒙顶山背斜、雅安向斜、陇阳向斜、周公山背斜等褶曲，此后地表一直遭受风化和剥蚀。进入第四纪后，喜马拉雅运动第二幕、第三幕表现为间歇性抬升，侵蚀切割加剧，在流水的雕刻塑造下，形成了洪积扇、河成阶地、峡谷、单面山、向斜山、背斜谷等多姿多样的自然地貌景观。

（1）龙门山台缘坳陷断褶带：龙门山的推覆构造与飞来峰早已闻名遐迩，甚至可以说，整个龙门山都是由推覆体堆砌而成的推覆山脉。叠瓦式冲断面及其所夹的席体在基底犁式断层的控制下，形成了推覆体与飞来峰。

（2）唐王寨—仰天窝推覆体：位于龙门山北段，是沿志留系滑脱面做整体位移的“舟形”推覆构造，长约150 km、宽20 km，外来席体由志留系、泥盆系和石炭类系构成两个向斜，即唐王寨向斜和仰天窝向斜，向斜极完整，北翼略陡，南翼略缓。原地体系多为三叠系。

（3）宝兴推覆体：宝兴背斜是一个平缓完整的背斜构造，核部出露宝兴杂岩和黄水河群，两翼出露震旦系、奥陶系、泥盆系、二叠系等。四周被断层圈闭，实际乃是一个大型推覆体。原地体系为须家河组。

（4）都—宝飞来峰群：自都江堰市东北的红白场至宝兴灵关间，在长180 km，宽5 ~ 20 km的狭长地带上，有大小飞来峰20个。飞来峰由泥盆系—中三叠统地层组成，底部滑动面多呈波浪状，总体倾向南东，倾角10° ~ 20°，下伏原地系统大多为晚三叠世须家河组，部分为侏罗系或下中三叠统。据研究，飞来峰的根带分别在宝兴推覆体与彭灌推覆体以北西，“飞”行距离约50 km。

（5）川西台陷：川西台陷实质上是龙门山山前凹陷带，龙门山不断上升剥蚀，川西台陷作为它的补偿盆地，此即总的构造背景。台陷的物屑基本上全部来自龙门山一侧，龙门山上升剥蚀的幅度和频度，决定了台陷中沉积速度和韵律特征。总的看来，台陷内各时代的堆积物，以厚度大、颗粒粗为特点，越近龙门山颗粒越粗为其另一特点。从龙门山流出的所有古河流出处，砾岩—砂岩的堆积更厚，形成古洪积扇。上三叠统—第四系各系地层中均见到砾岩层，这是区别于其他单元的重要特征。四川台拗中以川西台陷的地层记录最全、最完整，上三叠统—第四系各系皆有代表者，因而它是四川盆地中湖沼最终收聚的场所，其中心位于洪雅、丹棱、雅安、名山一带，是盆地红层中盐类矿产最有可能储藏的地区之一。

2.2.2 岩石地层

雅安市区域地层属华南地层大区—扬子地层区—上扬子地层分区—川西山前拗陷盆地小区。地层出露有元古界震旦系，古生界志留系、泥盆系、二叠系，中生界三叠系、侏罗系、白垩系，新生界古近系和新近系。由于北东向褶皱隆起，四川湖盆不断缩小，雅安—荥经—宜东一带及汉源地区持续拗陷，沉积了巨厚的红色砂页岩。前震旦系主要为碎屑岩，有少量碳酸盐岩，出露零星而分散。震旦系下部为巨厚的火山岩，上部以碳酸盐岩为主；古生界主要为碎屑岩—泥质岩—碳酸盐岩，二叠纪晚世有基性火山岩；中生界在西部多为海相沉积，东部为海相转陆相。

2.3 气候概况

气候是指一个地区大气的多年平均状况，主要的气候要素包括光照、气温和降水等，其中降水是一个重要的气候要素。气候是大气物理特征的长期平均状态，与天气不同，它具有一定的稳定性。根据世界气象组织（WMO）的规定，一个标准气候计算时间为30年。气候以冷、暖、干、湿这些特征来衡量，通常由某一时期的平均值和离差值表征。中国的气候类型主要有：热带季风气候、亚热带季风气候、温带季风气候、温带大陆性气候、高山高原气候等。

气候资源，通常是指光、热、水、风、大气成分等。作为人类生产、生活必不可少的主要自然资源，可被人类直接或间接地利用，或在一定的技术和经济条件下为人类提供物质及能量。气候资源分为热量资源、光能资源、水分资源、风能资源和大气成分资源等。气候资源具有普遍性、清洁性和可再生性，已被广泛应用于国计民生的各个方面，在人类可持续发展中占据重要地位和作用。

雅安市大部分区域属于中亚热带湿润季风气候区。总的气候特点是：冬无严寒，夏无酷热，气温日较差小，四季分明，雨量充沛，雨热同步，无霜期长，热量充足；春季回暖早，秋季多绵雨，冬季霜雪少；全年风速小，夜雨多，雾霾少，无沙尘天气。属于具备最优良人居环境和生态旅游气候资源的区域之一。境内地质地貌复杂，地势高差悬殊，气象要素的垂直差异大，立体气候明显，部分山体从山脚到山脊可出现亚热带、暖温带、中温带、寒温带、亚寒带和寒带等气候带。这为境内生物具有丰富的多样性提供了气候保障，也为雅安市生态旅游、生态农业及养殖业、生态康养等提供了不可多得的气候资源。

雅安市地处30°N附近的西风带，东邻川西平原，西接青藏高原。境内北、西、南部高，东部低。在邛崃山脉和大相岭山脉的环抱下，青衣江流域形成了一个巨大的“U”字形，开口向东。在这样的地理、地形条件下，在3000 m左右高度，因青藏高原的阻挡，川西到雅安北部常年盛行一绕流气旋；在近地面，青衣江中上游的地区，因受“U”形地形的阻挡作用，常年维持一反时针方向旋转的地形涡旋。这两层常定涡旋的维持和嵌套就是雅安中部县、区“云多、雨多”的原因（图2.3）。雨城区是世界著名的“雨城”和“天漏”之地（图2.4），唐代诗人杜甫诗曾曰：“地近漏天终岁雨”。

雅安市境内，泥巴山横亘中部，使雅安市南北气候迥异。

雅安市北部县、区：受地形扰流气流影响，形成比较独特的多云、多阴雨气候，夏季“阳伞效应”显著，使太阳紫外线强度大为削弱；冬季“棉被效应”显著，使气温的日较差很小。云量多，晴天少，日照时间较短，年雨日多，降水量较大，气温较低。城区年平均总云量为8.4 ~ 9.0成；城区年平均气温为14.6 ~ 16.7 ℃，城区年平均气温日较差为6.8 ~ 7.6 ℃，城区年平均日最高气温≥35.0 ℃的天数为

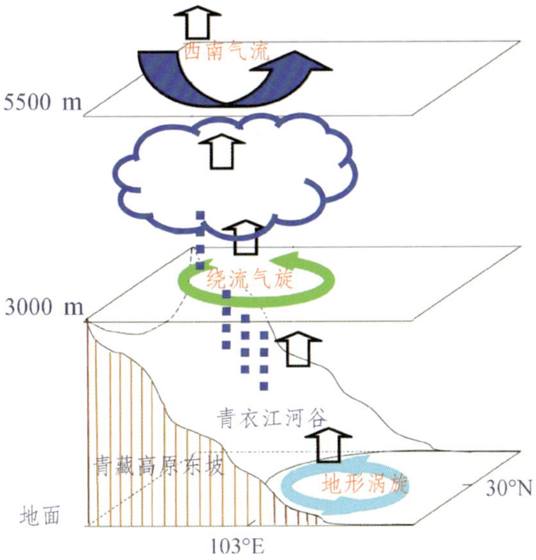

图2.3 雅安“天漏”成因示意图

图2.4 雅安市城市一角（雅安市文化体育和旅游局供图）

0.1～3.7 d；城区年均日照时数为762.2～911.7 h；城区年均风速为0.6～2.5 m·s^{-1}；城区年均相对湿度为78%～83%；城区年平均降水量为956.7～1 637.3 mm，城区年均雨日为173.1～226.1 d，城区年平均夜雨率（夜间降水量占全天降水量的比例）为70.8%～77.1%；城区年平均蒸发量为545.7～1236.8 mm。

雅安市南部的汉源和石棉县：受地形下沉气流影响，形成比较独特的干暖气候，云量少，晴天多，日照时间较长，干湿季节分明，降水量较少，气温较高。城区年平均总云量为7.6～8.0成；城区年平均气温为16.3～17.4 ℃，城区年平均气温日较差为7.5～8.7 ℃，城区年平均日最高气温≥35.0 ℃的天数为5.1～14.2 d；城区年均日照时数为1198.8～1301.3 h；城区年均风速为1.7～2.2 m·s^{-1}；城区年均相对湿度为67%～68%；城区年平均降水量为750.7～801.8 mm，城区年均雨日为133.6～136.7 d，城区年平均夜雨率（夜间降水量占全天降水量的比例）为75.3%～76.7%；城区年平均蒸发量为1568.5～1680.0 mm。

青藏高原是世界上平均海拔最高、范围最大、地形最为复杂的高原，其巨大的地形、抬高的热源和水汽循环，对中国、东亚、北半球乃至全球的天气气候和环境变化都有重要影响。青藏高原可分为主体和周边两部分，高原主体决定了大尺度环流及其大范围天气气候的基本分布；而周边地区尤其是高原东侧陡峭地形区，造成了大气环流的复杂性及区域天气气候的特殊性。雅安市位于青藏高原东侧陡峭地形边坡，素有“雨城”“天漏”之称，雅安天气气候——“雅安天漏”一直是气象科学研究的重要课题。自从1946年吕炯在《气象学报》上发表《巴山夜雨》一文以来，对“雅安天漏”的研究逐步深入，尤其是20世纪70年后，对于“雅安天漏”的基本事实、环流形势、形成原因及其预报技术，进行了大量观测分析和天气研究；90年代开始，又在“雅安天漏”的动力诊断、数值模拟和理论研究方面取得一些新成果；进入21世纪后，继续开展了“雅安天漏”的气候变化、数值模拟、雅安独特的生态气候与人居环境等深入研究。研究表明：雅安的气候在世界范围内都是独具特色的；由于雅安特殊的地理环境和地形条件，天气气候表现出鲜明的区域特征，雅安市中部青衣江流域，是中国内陆降水的最大中心，年均雨日、年均夜雨率、年均云量都是世界最大的区域（参见图2.5），日照是世界最少的区域；雅安具有优异的人居环境和生态气候资源，生态质量在全国乃至全世界都是最好地区之一；近100年气温升高的速率是全世界最小的区域，在全球气候环境加速恶化的背景下，由于雅安位于30°N附近，西靠青藏高原、南有横断山脉、北有秦岭、东接四川盆地，兼有印度洋和太平洋水汽输送影响，云丰雨沛，境内江河湖泊众多，水质优良，空气清洁，森林和植被良好，自然调节机制较好，所以雅安的气候环境能持续保持良好的状态。

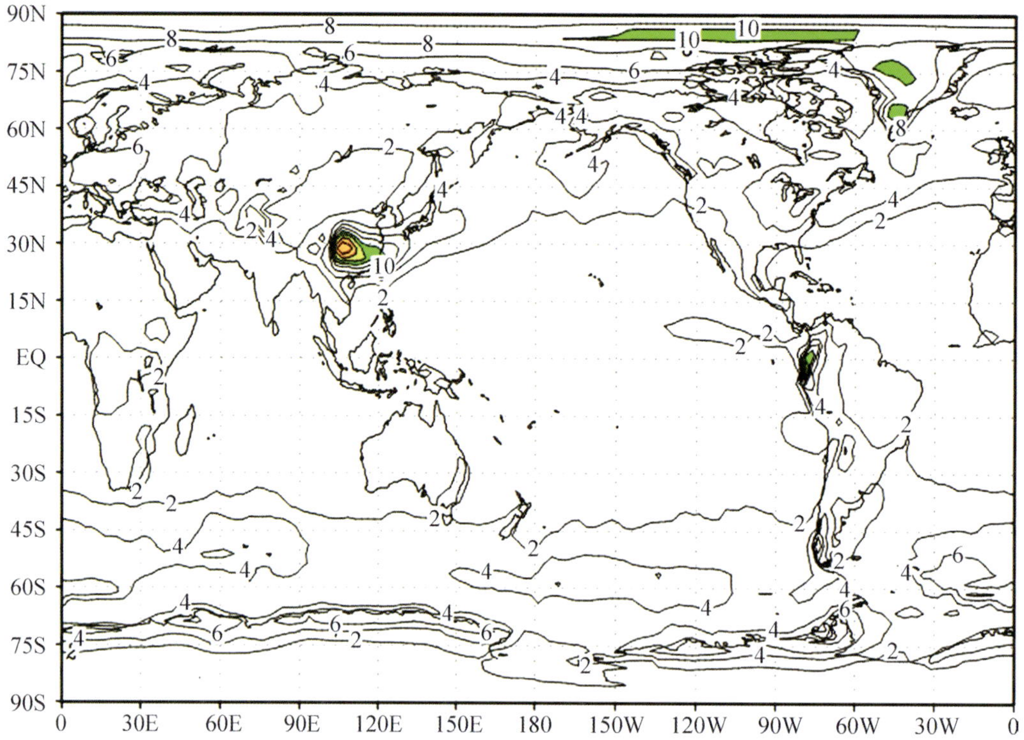

图2.5　由全球卫星云图观测资料算出的全球雨层云气候分布图（据宇如聪，2003年）

2.4　自然资源

2.4.1　土地资源

截至2019年底，全市土地面积15 046 km^2，其中：耕地1013 km^2，园地398 km^2，林地11 528 km^2，草地8837 km^2，城镇乡村及工矿用地291 km^2，交通运输用地81 km^2，水域及水利设施用地446 km^2，其他土地452 km^2。

2.4.2　水利资源

雅安市河流属长江流域岷江水系。境内除名山朱场河、临溪河、两合水，分别从北边、东北边、东边流出境，汇入岷江外，以大相岭为天然分水岭，形成北部的青衣江水系和南部的大渡河水系。市内由于降水丰沛、地形切割强烈、山脉纵横，水系发育完好，水网密集。全市流域面积在30 km^{2}以上的河流有131条，其中，在1000 km^{2}以上的有11条，100～1000 km^{2}的有42条， 30～100 km^{2}的有78条；河网密度达0.24 km·km^{-2}，是全国河流密度（0.045 km·km^{-2}）的5.3倍。其中两大水系较大的支流有：青衣江水系的周公河、荥河、经河、宝兴河、天全河、芦山河；大渡河水系的田湾河、安顺河、南垭河、流沙河等。青衣江下游河谷开阔、阶地宽平，多冲积平坝，有利农业生产。

雅安市河流发源于崇山峻岭，总的趋势是西北高东南低，境内雨量丰沛，植被良好，河流为典型的山区性河流，具有落差大、径流丰富而稳定、水质优良的特点（图2.6）。

雅安市水资源总量1.846×10^{10} m^3，工程蓄引提水能力5.8×10^8 m^3，人均水资源1.2×10^4 m^3，是全国的5.4倍、全省的4倍。水域面积287 km^2，占全市总面积的1.88%。全市河川除去客水，多年平均径流总量171.86 m^3，占全省的6.74%，市内水力资源理论蕴藏量1.601×10^7 kW，其中可开发装机总容量

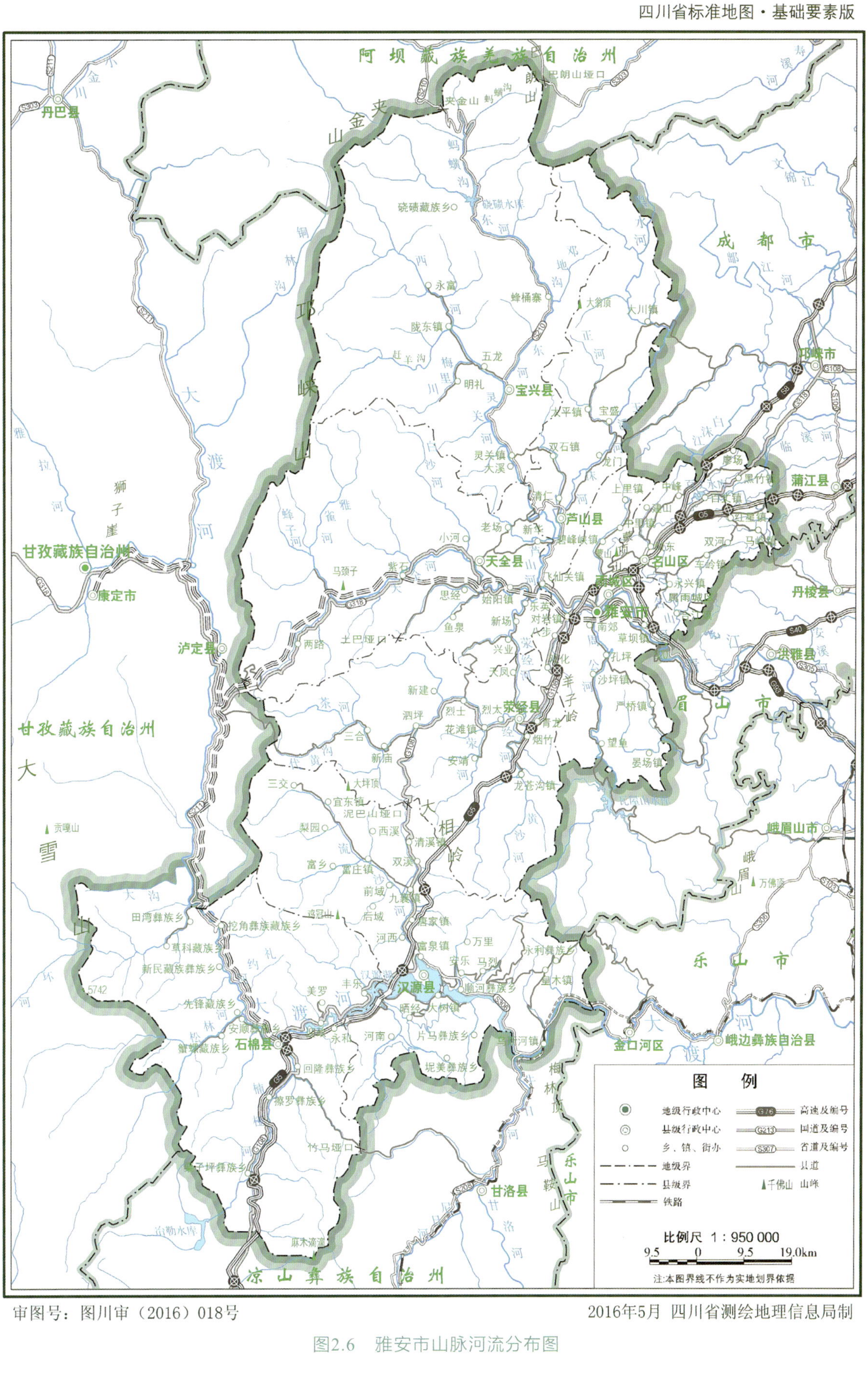

图2.6 雅安市山脉河流分布图

达1.322×10^7 kW。大渡河流域水力资源可开发量1.016×10^7 kW，水电开发程度居全省第一，是国家规划十大水电基地之一。青衣江流域水力资源可开发量3.06×10^6 kW，适宜建设高、中水头的中、小型水电站450处。截至2020年底，全市建成电站装机1.272×10^7 kW。

2.4.3 环境资源

城市环境空气质量：据2020年监测资料统计，雅安市可吸入颗粒物（PM_{10}）平均浓度为37.9 μg·m^{-3}；细颗粒物（$PM_{2.5}$）平均浓度为27.1 μg·m^{-3}；二氧化硫（SO_2）为7.3 μg·m^{-3}；二氧化氮（NO_2）为19.6 μg·m^{-3}，臭氧（O_3）日最大8小时平均值第90百分位数浓度为132 μg·m^{-3}；一氧化碳（CO）日均值第95百分位数浓度为0.9 mg·m^{-3}。2020年雅安市环境空气质量连续自动监测总天数为366 d，按照《环境空气质量标准》（GB 3095—2012）评价，有效监测天数内环境空气质量达标天数为352 d，达标率为96.2%，其中优202 d，占55.2%；良150 d，占41.0%；轻度污染12 d，占3.3%；中度污染2 d，占0.5%；无重度污染和严重污染。2020年雅安市AQI指数为23～169；环境空气质量综合指数为2.97，在全国168个重点城市中排名第12（并列），在四川省15个重点城市中排名第1。

降水环境质量：据2020年监测资料，雅安市共设置降水监测点位4个（包括城区点位市气象局、市环境监测中心站、六一研究所及郊区点位大兴526台）。全年共采集雨样191个，其中酸雨（pH≤5.6）样品0个，酸雨频率为0%；降水pH范围为6.17～8.02，全年降水pH平均值为6.84，属于非酸雨。

地表水环境质量：按照《“十三五”国家地表水环境质量监测网设置方案》（环监测〔2016〕30号）以及《关于印发“十四五”国家空气、地表水环境质量监测网设置方案的通知》（环办监测〔2020〕3号），2020年雅安市共设置9个国控断面（均为河流型断面，包括大岗山、三谷庄、龟都府、葫芦坝电站、两合水、天全河两河口、团结堰、槐子坝、灵鹫塔）。按照《地表水环境质量评价办法（试行）》（环办〔2011〕22号，下同）中的评价方法，2020年，“十三五”国控断面：大岗山断面水质类别（指标年均值）为Ⅰ类，水质状况为优；三谷庄断面水质类别（指标年均值）为Ⅰ类，水质状况为优；龟都府断面水质类别（指标年均值）为Ⅱ类，水质状况为优；三谷庄断面、龟都府断面水质状况均能达到《地表水环境质量标准》（GB3838—2002）规定的水质考核目标Ⅱ类标准。2020年，“十四五”新增国控断面：葫芦坝电站断面水质类别（指标年均值）为Ⅱ类，水质状况为优；两合水断面水质类别（指标年均值）为Ⅳ类，水质状况为轻度污染；天全河两河口断面水质类别（指标年均值）为Ⅱ类，水质状况为优；团结堰断面水质类别（指标年均值）为Ⅱ类，水质状况为优；槐子坝断面水质类别（指标年均值）为Ⅱ类，水质状况为优；灵鹫塔断面水质类别（指标年均值）为Ⅱ类，水质状况为优。

城市集中式饮用水水源地水环境质量：雅安市主城区共设置1个在用集中式生活饮用水水源，为河流型地表水水源，监测断面为黄泥岗断面，断面设置于雅安市第三水厂取水口上游100 m处，2020年，雅安市主城区集中式饮用水水源地黄泥岗断面取水总量为4.026×10^7 t，达标水量为4.026×10^7 t，水质达标率为100%。断面所测项目监测值（年均值）均达到或优于《地表水环境质量标准》（GB3838—2002）中Ⅲ类水质标准限值，实际达到《地表水环境质量标准》（GB3838—2002）中Ⅱ类水质标准限值。7个县、区级行政单位所在城镇集中式饮用水水源地取水点13个（其中地表水型9个、地下水型4个），水质达标率为100%。雅安市乡镇集中式饮用水水源地取水点103个（其中地表水型87个、地下水型16个），水质达标率为100%。

2.4.4 森林资源

雅安市气候温和，雨量充沛，大多数区域属于亚热带常绿阔叶林地带，能为多种植物的生长提供良好的生态环境，因而植物种类繁多，分布广，藏量大（图2.7）。截至2020年底，全市森林面积为10 403 km^2，有林地477.266 km^2，其中天然林254.333 km^2。人工林222.933 km^2。主要森林植物：用材类有杉木、丝栗、香樟、桢楠等，面积344.109 km^2，蓄积量2.0924×10^6 m^3；防护林35.795 km^2，蓄积量

$2.118 \times 10^5\ m^3$；经济林木类主要有核桃、板栗、棕树、油桐等，面积17.181 km^2；薪炭林类有1.432 km^2，蓄积量$7.4 \times 10^3\ m^3$；其他林类12.409 km^2，蓄积量$8.43 \times 10^4\ m^3$。竹类植物有水竹、白夹竹、斑竹、冷竹、箭竹等，纯竹林面积66.34 km^2，混交竹林面积67.06 km^2。中草药材有黄连、天麻、银花、白术、厚朴，黄柏等1100余种，尤以黄连为佳，古为贡品，称"雅连"。主要农业类植物有水稻、玉米、红苕、洋芋、小麦、油菜、茶叶、果树、桑树等。现存的珍、稀、古树主要有桫椤、珙桐、峨眉含笑、杜仲、香果、红椿、桢楠、红豆、银杏等。挂牌保护的有414种，城区内175种，乡村239种。

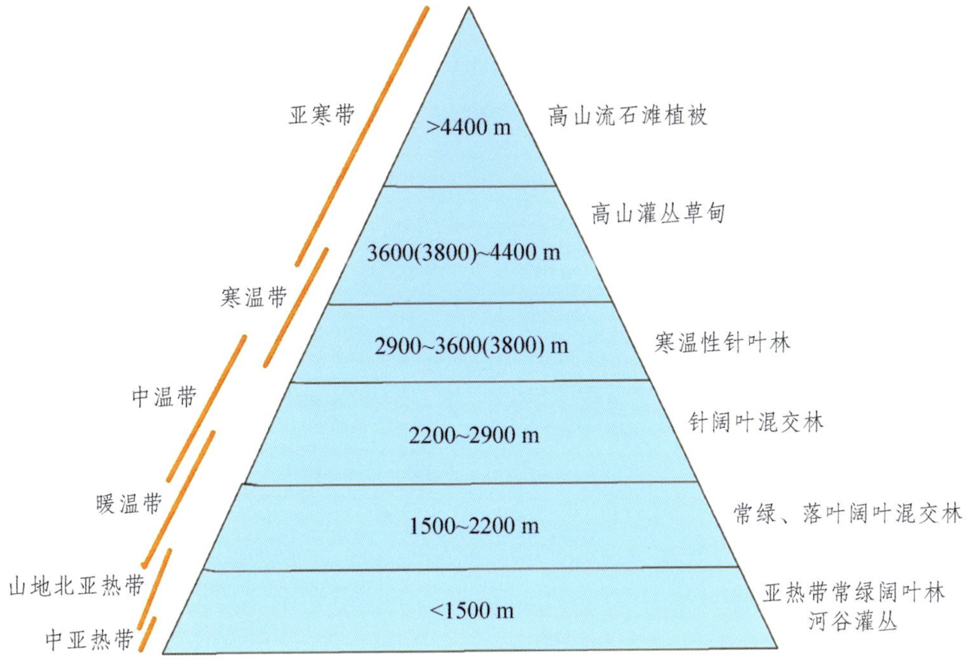

图2.7　雅安市各气候带的垂直植被类型及分布

雅安市具有丰富的森林资源，是长江上游生态屏障的重要组成部分，是大熊猫国家公园重要的组成部分，也是全球唯一实现大熊猫发现、保护、繁育、野化、放归完整历程的地方。截至2020年年底，雅安市森林覆盖率为69.14%，为四川省第一，比四川省森林覆盖率高29.11%（四川森林覆盖率为40.03%），比全国森林覆盖率高46.10%（全国森林覆盖率为23.04%）。雅安市是实至名归的"天府之肺"，"碳中和"和"碳汇"潜力巨大。

雅安市地处青藏高原东坡，境内立体气候特征显著，植物层次分布明显。海拔3100 ~ 3400 m的地带为杜鹃灌木丛林；海拔2600 ~ 3100 m的地带为冷杉、云杉、桦木等组成的高山针叶林；海拔2300 ~ 2600 m的地带是以铁杉为主的针阔叶混交林，林下多箭竹；海拔1000 ~ 2300 m的地带为常绿阔叶林、落叶林、混交林，树种有柯、楠木、榕树、桦树、栎树等；大相岭以南，海拔800 ~ 2300 m的地带有云南松及栎类林，东部低山丘陵区有马尾松等。

2.4.5 野生植物资源

雅安市植被分布丰富，植被类型主要包括常绿阔叶林、落叶混交林、针阔混交林、针叶林、高山灌丛、高山灌丛草甸和流石滩植被。独特的气候资源和特殊的地理环境，孕育了雅安独特的野生植物资源，截至2019年年底，雅安市境内分布的植物有185科869属3000多种，有国家重点保护野生植物28科48种，其中国家一级保护植物10种（含天然分布的7种为：红豆杉、南方红豆杉、独叶草、光叶蕨、珙桐、光叶珙桐、伯乐树；栽培的3种为：水杉、苏铁、银杏），占四川省分布（18种）的55.6%，隶属8科；二级保护植物37种（含天然分布的麦吊云杉、西康玉兰、八角莲、红花绿绒蒿、桫椤等32种；

栽培的红椿、水杉、苏铁等5种），占四川省分布（56种）的66.1%，隶属22科。

荥经县大相岭自然保护区分布着国家一级重点保护植物野生珙桐近5333 hm^2，平均密度为602.25 $N \cdot hm^{-2}$（$N \cdot hm^{-2}$为每公顷株数单位，下同）。“珙桐面积之大，株数之多，密度之高，实属罕见”，这是中国面积最大的野生珙桐分布区；雨城区大堰村国家二级重点保护植物峨嵋含笑林总面积达14.8 hm^2；雅安市独特的兰花品种也颇具魅力，黄蝉兰为国家二级重点保护野生植物；东拉山大峡谷分布有“迄今为止世界上面积最大的桂花家族野生群落，粗略估计，面积超过667 hm^2”；天全县喇叭河镇焦山野生杜鹃和芦山县大川镇南天门野生杜鹃面积都分别达667 hm^2以上，宝兴县灵关镇大沟村空石林高山杜鹃面积也达66.7 hm^2以上；还有雨城区碧峰峡镇后盐村“天府树王”千年红豆树、石棉县迎政乡新民村南酸枣树之王，等等。

2.4.6 野生动物资源

雅安市地处动物区系划分中的古北界与东洋界交错地带，境内野生动物资源非常丰富。截至2019年年底资料统计，全市境内分布陆生野生动物700余种。

雅安市有国家一级重点保护野生动物19 种，其中兽类9 种，分别是：川金丝猴、大熊猫、云豹、豹、雪豹、林麝、马麝、白唇鹿、扭角羚；鸟类10 种，分别是：黑鹳、中华秋沙鸭、胡兀鹫、金雕、白尾海雕、斑尾榛鸡、黄喉雉鹑、红喉雉鹑、绿尾虹雉、黑颈鹤。

雅安市有国家二级重点保护野生动物73 种，其中兽类20 种，分别是：猕猴、藏酋猴、小熊猫、黑熊、马熊、豺、黄喉貂、水獭、大灵猫、小灵猫、金猫、猞猁、水鹿、白臀鹿、鬣羚、斑羚、岩羊、盘羊、丛林狸、斑林狸；鸟类51种，分别是：赤颈鸊鷉、角鸊鷉、白琵鹭、鸳鸯、黑冠鹃隼、高山兀鹫、秃鹫、鹰雕、草原雕、乌雕、赤腹鹰、松雀鹰、雀鹰、苍鹰、灰脸鵟鹰、凤头蜂鹰、凤头鹰、白尾鹞、黑鸢、普通鵟、红隼、燕隼、灰背隼、黄爪隼、游隼、藏雪鸡、雪鹑、血雉、红腹角雉、勺鸡、白鹇、白马鸡、红腹锦鸡、白腹锦鸡、灰鹤、蓑羽鹤、斑尾鸠、楔尾绿鸠、大紫胸鹦鹉、红角鸮、领角鸮、雕鸮、灰林鸮、四川林鸮、领鸺鹠、斑头鸺鹠、纵纹腹小鸮、鬼鸮、鹰鸮、长耳鸮、短耳鸮；两爬2 种，分别是：大鲵、大凉疣螈。

雅安市有四川省重点保护野生动物36 种，其中兽类6 种，分别是：赤狐、藏狐、香鼬、豹猫、毛冠鹿、大鼯鼠；鸟类25 种，分别是：小鸊鷉、凤头鸊鷉、黑颈鸊鷉、普通鸬鹚、秃鹳、大麻鳽、黄斑苇鳽、栗苇鳽、黑苇鳽、绿鹭、中白鹭、红胸田鸡、董鸡、黑水鸡、彩鹬、鹤鹬、红翅凤头鹃、大鹰鹃、棕腹杜鹃、普通夜鹰、白喉针尾雨燕、小白腰雨燕、红头咬鹃、大拟啄木鸟、灰胸薮鹛；其他5种，分别是：鲈鲤、重口裂腹鱼、青石爬鮡、乌龟、鳖。

雅安市是大熊猫重要分布区（图2.8），大熊猫栖息地达5480 km^2，占全省的27%，占全国的21.3%。境内共发现野生大熊猫340只，占全省的24.5%。全市划建并由林业部门管理的6个自然保护区，总面积1815 km^2。其中，大熊猫保护区总面积1790 km^2，大熊猫栖息地1270 km^2，占全市大熊猫栖息地的26.4%。也是在建的大熊猫国家公园的重要区域。

雅安市也是四川省珍稀鱼类资源较为丰富的地域之一。主要经济鱼种有鲤鱼、鲫鱼、草鱼、鲢鱼、鳙鱼、白甲鱼、裂腹鱼等21 种，其中产于周公河和晏场河上游的齐口裂腹鱼、重口裂腹鱼、隐鳞裂腹鱼、异唇裂腹鱼，俗称“雅鱼”，是名贵的冷水性经济鱼，已被列为省级保护鱼种。宝兴裸裂尻鱼和天全鮡仅分布于该市宝兴河和天全河局部河段，为珍稀特有品种。

2.4.7 自然保护区和森林公园

截至2019年底，雅安市有6个自然保护区，总面积1815 km^2，占全市面积的11.8%。分别为蜂桶寨、栗子坪、贡嘎山（石棉部分）、喇叭河、大相岭、羊子岭自然保护区。另外还有3个珍稀鱼类自然保护区，面积达75 km^2（图2.9）。

图2.8　雅安碧峰峡大熊猫（雅安市文化体育和旅游局供图）

图2.9　雅安市自然保护区和森林公园分布图（雅安市林业局供图）

蜂桶寨国家级自然保护区位于宝兴县，保护区面积390.4 km^2， 区内有大熊猫栖息地329 km^2。栗子坪国家级自然保护区位于石棉县，保护区面积479.4 km^2， 区内有大熊猫栖息地385.2 km^2，并建有小相岭大熊猫放归地。贡嘎山国家级自然保护区（石棉部分）位于石棉县，保护区面积393 km^2， 区内有大熊猫栖息地9.38 km^2。

喇叭河省级自然保护区位于天全县，保护区面积236.9 km^2，区内有大熊猫栖息地177.8 km^2。大相岭省级自然保护区位于荥经县，保护区面积290 km^2，区内有大熊猫栖息地265.2 km^2，建有四川大相岭大熊猫野化放归基地。

羊子岭市级自然保护区位于雨城区，保护区面积24 km^2。

雅安市有珍稀鱼类自然保护区3个，保护区面积75 km^2。分别为：四川周公河珍稀鱼类省级自然保护区，位于雨城区，保护区河流总长141 km（含支流），面积28.2 km^2，流域面积885 km^2，主要保护对象有国家二级保护水生野生动物大鲵，省级重点保护鱼类重口裂腹鱼、隐鳞裂腹鱼、异唇裂腹鱼、青石爬鮡、鲈鲤及齐口裂腹鱼等；天全河珍稀鱼类省级自然保护区，位于天全县天全河，保护区河流总长114.61 km，面积36.186 km^2，主要保护对象为国家二级保护动物川陕哲罗鲑、大鲵、水獭，以及省级重点保护动物青石爬鮡、天全鮡、重口裂腹鱼、鲈鲤等；宝兴河珍稀鱼类市级自然保护区，位于宝兴县宝兴河，保护区河流总长132 km，流域面积908 km^2，主要保护对象为异唇裂腹鱼、宝兴裸裂尻鱼、青石爬鮡、四川鮡、侧沟爬岩鳅、齐口裂腹鱼、短体副鳅、山鳅、大鲵等。

雅安市现有国家级森林公园4个，分别是： 四川二郎山国家森林公园、四川西岭国家森林公园（雅安部分）、四川夹金山国家森林公园、四川龙苍沟国家森林公园；有省级森林公园1个：四川省周公山森林公园。

2.5 生态景观

雅安市独特的自然环境造就了多样的生态景观，包括地文景观、水域景观、生物景观、天象与气候景观、建筑与设施景观、历史遗迹景观、旅游购品（文创产品）、人文活动景观等。

2.5.1 地文景观

雅安市现有284处优良级地文景观资源，其中有五级旅游资源15处，分别为：蒙顶山（名山区）、神木垒（宝兴县）、夹金山（宝兴县）、光头山（天全县）、二郎山（天全县）、牛背山（荥经县）、轿顶山（汉源县）、蒙顶山国家茶叶基地（名山区）、围塔漏斗（芦山县）、龙门洞（芦山县）、碧峰峡（雨城区）、东拉山大峡谷（宝兴县）、龙苍沟（荥经县）、大渡河大峡谷（国家地质公园，汉源县）、田湾河河谷（石棉县）；还有高叠洞沟谷景观、七星峡谷、射箭坪、鸡冠山、莲花山等 33 处四级旅游资源。

2.5.2 水域景观

雅安市水域景观类共有264 处优良级资源，其中包括海子山高山湿地（雨城区）、周公山温泉（雨城区）、上里白马泉（雨城区）、飞仙关水库（飞仙湖，芦山县）4 处五级旅游资源；高叠洞瀑布、百丈水库（百丈湖）、汉源湖、硗碛湖、青衣江源等 20 处四级旅游资源。

2.5.3 生物景观

雅安市生物景观共有274 处优良级资源，其中包括大熊猫（雨城区、宝兴县、荥经县、芦山县、天全县、石棉县）、蜂桶寨原始森林（宝兴县）、喇叭河水鹿栖息地（天全县）、龙苍沟珙桐林（荥经县）（图2.10）、云峰寺桢楠群（荥经县）等20 处五级旅游资源；千年红豆树、雅鱼等23 处四级旅游资源。

图2.10 荥经县龙苍沟珙桐（鸽子花，孟水明拍摄）

2.5.4 天象与气候景观

雅安市天象与气候景观类共有100 处优良级资源，其中包括碧峰峡康养地（雨城区）、海子山康养地（雨城区）、牛背山天象与气候景观观赏地（荥经县、泸定县）、纱帽山康养地（芦山县）、东拉山大峡谷红叶彩林（宝兴县）、达瓦更扎天象景观（宝兴县）6 处五级旅游资源；周公山康养地、五彩谷、铁坪山日出、喇嘛坪云海、扑鸡沟红叶彩林等14 处四级旅游资源。

2.5.5 建筑与设施景观

雅安市建筑与设施景观类共有1053 处优良级资源，其中包括名山茶山梯地（大地指纹，名山区）、蒙顶山生态康养产业基地（名山区）、严道古城文化体验区（荥经县）、碧峰峡熊猫基地（雨城区）、雅安茶厂（雨城区）、东汉石刻馆（芦山县）、樊敏阙（芦山县）、平襄楼（芦山县）、何君尊楗阁刻石（荥经县）、上里古镇（雨城区）等33 处五级旅游资源；雅安博物馆（雨城区）、茶马九十（天全县）、4·20 地震纪念馆（芦山县）、藏茶世界（雨城区）、名山民宿群（名山区）、姚家古墓石刻、宝兴县山地越野景观公路（宝康路）、望鱼古镇（雨城区）等 90 处四级旅游资源。

2.5.6 历史遗迹景观

雅安市历史遗迹类共有 248 处优良级资源，其中包括雅安高颐墓阙（图2.11）及石刻（雨城区）、红军翻越夹金山纪念馆（宝兴县）、蒙山茶传统制作技艺（名山区）、十八军进藏线天全段、姜城遗址（芦山县）、硗碛多声部民歌（宝兴县）、开善寺正殿（荥经县）、茶马古道汉源段、尔苏藏族环山鸡节（石棉县）、三雅文化（雅雨、雅鱼、雅女，雨城区）等16 处五级旅游资源；茶马司遗址、芦山花灯戏、“家在清风雅雨间”印章、红军长征战斗遗址（荥经段）、安顺场红军渡、木雅藏族晒佛节等18 处四级旅游资源。

图2.11　雅安汉代高颐墓阙（雅安市文化体育和旅游局供图）

2.5.7　旅游购品（文创产品）

雅安市旅游购品（文创产品）类共有 217 处优良级资源，其中包括雅安藏茶（雨城区）、蒙顶系列茶（名山区）、芦山根雕工艺品（芦山县）、宝兴汉白玉（宝兴县）、荥经砂器（荥经县）、荥经棒棒鸡（荥经县）、汉源花椒（汉源县）、石棉黄果柑（石棉县）8 处五级旅游资源；康砖系列茶、蒙顶酒庄系列酒、雅鱼、汉源甜樱桃、尔苏藏族服饰节等10 处四级旅游资源。

2.5.8　人文活动景观

雅安市人文活动类共有115 处优良级资源，其中包括蒙顶山国际茶文化节（名山区）、土司文化（天全）、“4・20地震”重建故事（芦山县）、红军爬雪山（宝兴县）4 处五级旅游资源；吴理真、大川河t3 越野车赛事、宝兴硗碛上九节、颛顼文化主题活动、阿尔芒・戴维宝兴新物种发现之旅、大熊猫放归四川小相岭等15 处四级旅游资源。

2.6　结论和建议

1．结　论

（1）雅安市属四川盆地西缘山地，跨四川盆地和青藏高原两大地形区，为盆地到青藏高原的过渡地带，素有“川西咽喉”“西藏门户”“民族走廊”之称，是一座历史文化名城，全市辖二区六县，土地面积15 046 km^2，现有人口143余万。境内地势北、西、南三面较高，中、东部低，最高点为西南缘石棉、康定、九龙三县交界的神仙梁子，主峰海拔 5793 m，最低点在草坝青衣江出境处，海拔 516 m。大相岭既是大渡河、青衣江的主要分水岭，也是市域自然地理的重要分界线。

（2）雅安市位于四川盆地西缘、邛崃山东麓，跨四川盆地和青藏高原两大地形区；属于川滇经向构造带北段、龙门山北东向构造带西南段、“歹”字形构造交接处，位于龙门山台缘坳陷断褶带、瓦山—峨眉山断块、川西台坳结合部。地处天台山—籍江雁行带西南，雅安向斜、陇阳向斜北段（二者横跨部位形成雅安盆地），是成都、峨眉及都江堰三大板块结合部，地势西南高、东北低，地形复杂多样。

（3）雅安市地处30°N附近的西风带中，东邻川西平原，西接青藏高原。在邛崃山脉和大相岭山脉的环抱下，青衣江流域形成了一个巨大的“U”字形，开口向东。在这样的地理、地形条件下，在3000m左右高度，因青藏高原的阻挡，川西到雅安北部常年盛行一绕流气旋；在近地面，青衣江中上游的地区，因受“U”形地形的阻挡，常年维持一反时针方向旋转的地形涡旋。这两层常定涡旋的维持和嵌套使雅安中部县、区“云多、雨多”，雨城区是世界著名的“雨城”。雅安市大部分区域属于中亚热带湿润季风气候区，总的气候特点是冬无严寒，夏无酷热，气温日较差小，四季分明，雨量充沛，雨热同步，无霜期长，热量充足；春季回暖早，秋季多绵雨，冬季霜雪少；全年风速小，夜雨多，雾霾少，无沙尘天气，属于具备最优良人居环境和生态旅游气候资源的区域之一，是名副其实的“中国生态气候城市”。雅安市境内，泥巴山横亘中部，使雅安市南北气候迥异：北部县、区受地形扰流气流影响形成比较独特的多云多阴雨气候，夏季“阳伞效应”显著，使太阳紫外线强度大为削弱，冬季“棉被效应”显著，使气温的日较差很小，为“夏季清凉型”气候康养地；南部受地形下沉气流影响形成比较独特的干暖气候，云量少，晴天多，日照时间较长，干湿季节分明，降水量较少，气温较高，为“冬季舒适型”和“日光疗养型”气候康养地。

雅安的气候在世界范围内都是独具特色的：由于雅安特殊的地理环境和地形条件，天气气候表现出鲜明的区域特征，雅安市中部青衣江流域，是我国内陆降水的最大中心，年均雨日、年均夜雨率、年均云量都是世界最大的区域，日照是世界最少的区域；近100年气温升高的速率是全世界最小的区域；在全球气候环境加速恶化的背景下，由于雅安位于30°N附近，西靠青藏高原、南有横断山脉、北有秦岭、东接四川盆地，兼有印度洋和太平洋水汽输送影响，云丰雨沛，境内江河湖众多，水质优良，森林和植被良好，自然调节机制较好，所以雅安的气候环境能持续保持良好的状态。

（4）雅安市内由于降水丰沛、地形切割强烈、山脉纵横，因而水系发育完好，水网密集。全市流域面积在30 km^2以上的河流有131条，河网密度达0.24 $km \cdot km^{-2}$，是全国河流密度（0.045 $km \cdot km^{-2}$）的5.3倍；雅安市水资源总量1.846×10^{10} m^3，工程蓄引提水能力5.8×10^8 m^3，人均水资源1.2×10^4 m^3，是全国的5.4倍，全省的4倍。据2020年监测资料，雅安市环境空气质量综合指数为2.97，在全国168个重点城市中排名第12（并列），在四川省15个重点城市中排名第1，酸雨频率为0%，地表水环境质量绝大多数河流断面水质类别（指标年均值）为Ⅰ～Ⅱ类，水质状况为优，城市集中式饮用水水源地水环境质量水质达标率为100%。雅安市地处青藏高原东坡，境内立体气候特征显著，植物层次分布明显，截至2020年年底，雅安市森林覆盖率为69.14%，为四川省第一，比四川省森林覆盖率高29.11%，比全国森林覆盖率高46.10%，雅安市是实至名归的“天府之肺”，“碳中和”和“碳汇”潜力巨大。雅安市境内分布的植物有185科869属3000多种，有国家重点保护野生植物28科48种，其中国家一级保护植物10种，占四川省分布（18种）的55.6%，隶属8科，二级保护植物37种，占四川省分布（56种）的66.1%，隶属22科。荥经县大相岭自然保护区分布着国家一级重点保护植物野生珙桐近53.33 km^2，是中国面积最大的野生珙桐分布区；雨城区大堰村国家二级重点保护植物峨嵋含笑林总面积达0.148 km^2；雅安市独特的兰花品种也颇具魅力，黄蝉兰为国家二级重点保护野生植物；东拉山大峡谷分布有世界上面积最大的桂花家族野生群落，面积超过6.67 km^2。雅安市境内分布陆生野生动物700余种，有国家一级重点保护野生动物19 种、国家二级重点保护野生动物73 种、四川省重点保护野生动物36 种；雅安市是大熊猫重要分布区，境内共内发现野生大熊猫340只，也是全球唯一实现大熊猫发现、保护、繁育、野化、放归完整历程的地方，雅安是名副其实的“熊猫故乡”；雅安市也是四川省珍稀鱼类资源较为丰富的地域之一。雅安市现有3个国家级自然保护区、2个省级自然保护区、1个市级自然保护区，有2个省级珍稀鱼类自然保护区、1个市级珍稀鱼类自然保护区，有4个国家级森林公园［包括四川西岭国家森林公园（雅安部分）］、1个省级森林公园。

（5）雅安市独特的自然环境造成了多样的生态景观，包括地文景观、水域景观、生物景观、天象与气候景观、建筑与设施景观、历史遗迹景观、旅游购品（文创产品）、人文活动景观等，现有284处优良级地文景观资源（其中五级旅游资源有15处）、264处优良级水域景观资源（其中五级旅游资源有4处）、274 处优良级生物景观资源（其中五级旅游资源有20处）、100 处优良级天象与气候景观资源（其中五级旅游资源有6处）、1053 处优良级建筑与设施景观资源（其中五级旅游资源有33 处）、248 处优良级历史遗迹资源（其中五级旅游资源有16处）、217 处优良级旅游购品（文创产品）资源（其中五级旅游资源有8处）、115 处优良级人文活动景观资源（其中五级旅游资源有4处）。

2．建　议

建议雅安市政府和各有关部门，在规划和建设雅安市的旅游、康养等项目时，应充分利用雅安市独特的自然禀赋，发挥“中国生态气候城市”的优势。坚持贯彻落实习近平生态文明思想，坚持“生态优先一寸不让，绿色发展一分不减”。

要贯彻落实中国共产党雅安市第四届委员会第十次全体会议提出的坚持开拓创新优化高质量发展目标路径。立足新发展阶段，深刻认识雅安高质量发展面临的形势和任务，坚持在继承中创新、在创新中发展，进一步优化雅安高质量发展的目标路径，建设“三个高地”，发展“四大经济”，以开拓创新的精神推进全市经济总量三年迈上千亿元台阶，加快建设川藏铁路第一城、绿色发展示范市。建设长江上游生态高地，打造全国碳中和绿色发展先行示范城市、大熊猫国家公园园地共建先行区，争创国家生态文明建设示范市；建设全省西向拓展开放高地，统筹建设全省西向综合交通枢纽和区域物流中心，协同建设川藏铁路陆港新区，加快建设开放合作平台；建设成渝地区双城经济圈绿色产业发展高地，打造成渝地区大数据产业基地、先进制造业协作基地、绿色有机农产品精深加工基地和巴蜀文化旅游走廊特色旅游目的地。

发展生态经济，加快将生态优势转化为现代农业、现代工业、现代服务业发展优势；发展门户经济，构建进出康藏地区物资集散中心、国家开放通道重要物流商贸中心、区域性经济文化交流中心；发展数字经济，加快新型基础设施建设，培育数字经济核心产业，推动重点产业数字化转型；发展共享经济，共享宜居、宜业、宜养、宜学、宜游雅安。

3 气候特点

3.1 气 温

雅安市常年平均气温为16.0 ℃，气候暖和；气温分布特点是南部高、北部低；近10年平均气温略有升高，气温变化平和。据《中华人民共和国气候图集》，在青藏高原东坡以东沿30°N附近的中国大陆地区中，雅安市冬季（1月），平均气温和平均最低气温都是最大值区，也是最暖地区之一；夏季（7月），平均气温和平均最高气温都是最小值区，是最凉地区之一。“冬无严寒、夏无酷暑、气温平和”，这是非常优异的温度气候资源。雅安气温最显著的特点是舒适。

1．城 区

雅安市城区年平均温度在14.6～17.4 ℃，各县、区的气温四季分明、温度适宜，盛夏短暂。其中北部县、区城区的年平均气温为14.6～16.7 ℃，南部县城区的年平均气温为16.3～17.4 ℃；春（3—5月）、夏（6—8月）、秋（9—11月）、冬（12月至次年2月）城区平均气温分别为：14.8～18.3 ℃、22.1～24.8 ℃、15.2～17.7 ℃和6.1～9.6 ℃。最冷月在1月，平均气温4.9～8.4 ℃，最热月在7月，平均气温22.8～25.5 ℃。城区月、季、年平均气温最低在宝兴，最高在石棉（参见表3.1、图3.1）。

表3.1 雅安市各县、区国家气象站四季和年平均气温 单位：℃

站名	宝兴	天全	芦山	名山	雨城	荥经	汉源	石棉
春季	14.8	15.6	16.1	16.3	17.1	15.8	16.9	18.3
夏季	22.1	23.5	23.8	24.1	24.8	23.5	23.4	24.0
秋季	15.2	16.2	16.6	16.4	17.1	16.3	16.8	17.7
冬季	6.1	6.5	7.0	6.8	7.6	6.7	8.2	9.6
全年	14.6	15.5	15.9	15.9	16.7	15.6	16.3	17.4

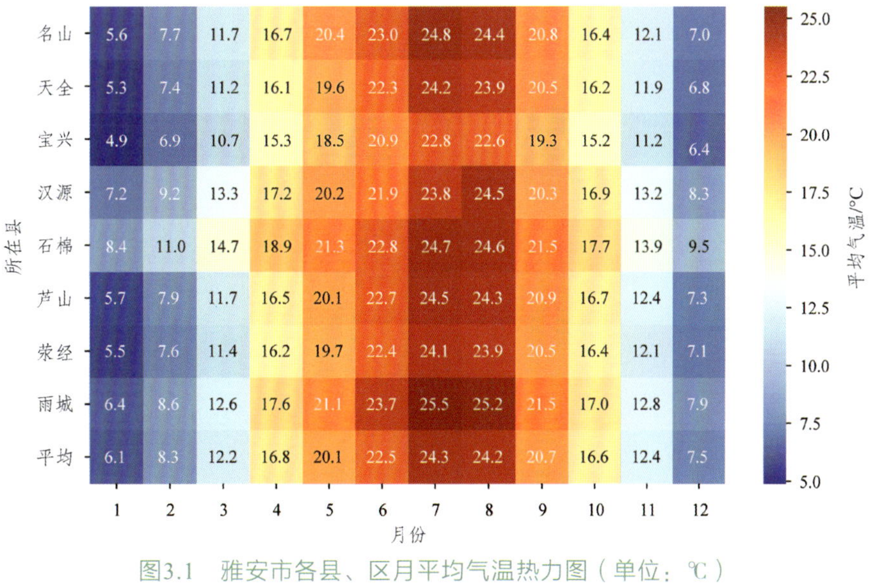

图3.1 雅安市各县、区月平均气温热力图（单位：℃）

2．全　域

由于雅安地形多变，山脉众多，气温变化也较大，绝大部分地方年平均气温都在8～16 ℃之间，名山、雨城和南部县要偏高一些，在16～20 ℃。宝兴西北部山区、石棉拖乌山北部和天全西部部分高山地区由于海拔因素，年平均气温要显著低于周边。总体来说，雅安绝大部分地区的气温都在16 ℃上下，对人类来说属于适宜气温区间（参见图3.2）。

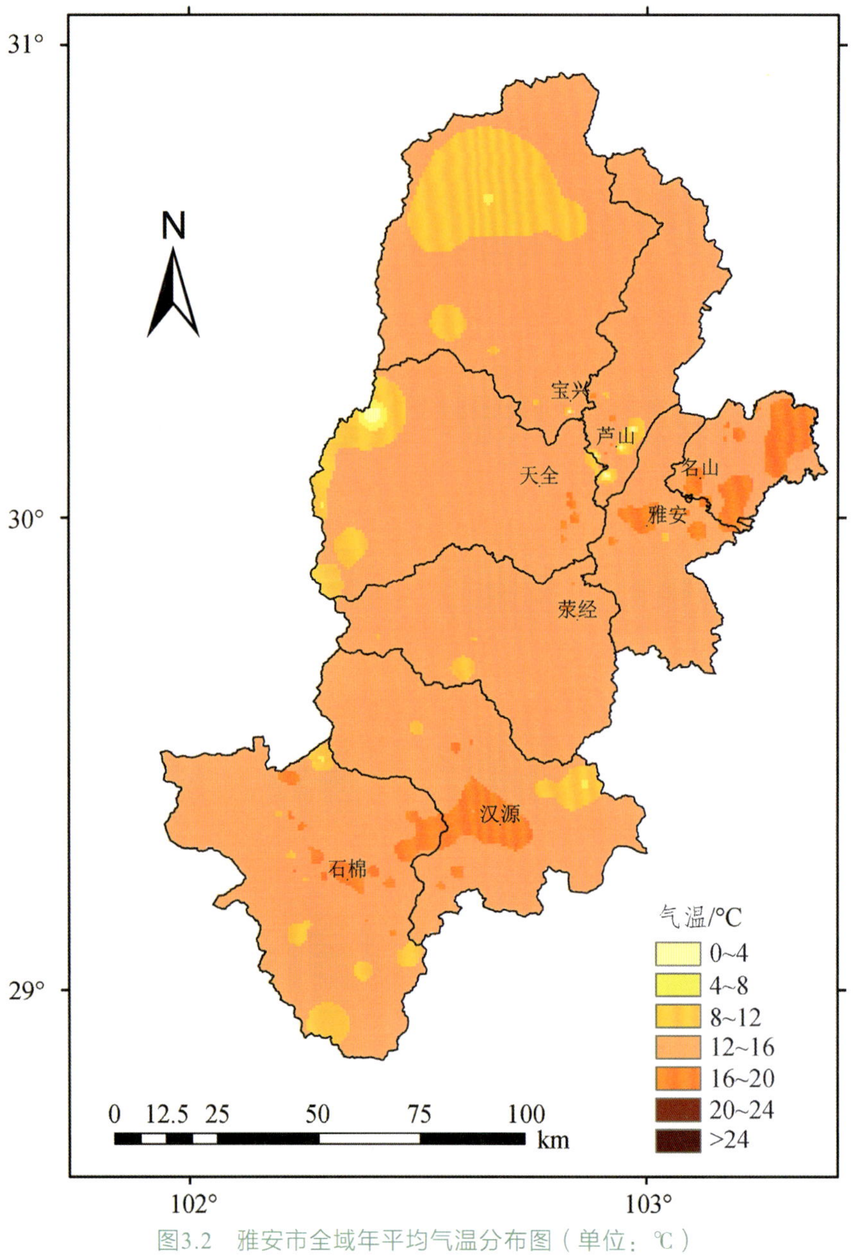

图3.2　雅安市全域年平均气温分布图（单位：℃）

3.2 降 水

1. 城 区

雅安市城区平均年降水量为750.7～1637.3 mm，受地形的影响分布差异较大，北部六县、区年平均降水量为956.7～1637.3 mm，南部两县受位于中部的大相岭对暖湿气流阻挡的影响，降水量显著少于北部，年平均降水量750.7～801.8 mm。雨城区多年平均雨量1637.3 mm，为全市城区最多，是世界著名的“雨城”，有“天漏”之说。

春季（3—5月）城区降水量为140.3～326.7 mm，占全年降水量的18.7%～20.9%；夏季（6—8月）城区降水量为456.3～967.0 mm，占全年降水量的59.1%～60.8%，其中7、8月份降水最为集中；秋季（9—11月）城区降水量为149.0～328.2 mm，占全年降水量的19.8%～21.0%；冬季（12月至次年2月）城区降水量为5.2～92.2 mm，占全年降水量的0.7%～5.9%（参见表3.2）。

表3.2 雅安市各县、区国家气象站四季和年降雨量 单位：mm

站名	宝兴	天全	芦山	名山	雨城	荥经	汉源	石棉
春季	192.5	326.7	239.8	245.3	275.4	211.5	140.3	156.4
夏季	572.8	817.9	737.8	845.8	967.0	705.1	456.3	495.0
秋季	178.5	328.2	246.0	284.3	322.8	218.2	149.0	142.2
冬季	12.9	92.2	43.1	63.7	72.0	23.5	5.2	8.3
全年	956.7	1565.1	1266.7	1439.4	1637.3	1157.2	750.7	801.8

雅安市各县、区城区年平均有降雨现象的天数（d）分别为：宝兴257.6、天全273.2、芦山246.3、雨城249.8、名山245.7、荥经243.9、汉源186.7、石棉201.6，天全最多，汉源最少。雅安市各县、区城区年平均雨日（日雨量≥0.1 mm的天数，d）分别为：宝兴173.1、天全226.1、芦山196.8、雨城205.3、名山200.2、荥经186.2、汉源136.7、石棉133.6，天全最多，石棉最少。

雅安市降水量总体丰富，雨热同季；季节分布特点是夏季降水集中，冬季降较少，春、秋两季较适中。全市冬季雨日（日雨量≥0.1 mm的天数）数较少，平均雨日数为26.6 d，汉源冬季雨日全市最少（5.0 d）；夏季雨日数最多，平均雨日数为58.8 d，宝兴夏季雨日全市最多（64.2 d）；春季和秋季全市平均雨日数分别47.6 d和49.3 d（参见表3.3、图3.3）。

表3.3 雅安市各县、区城区四季和年降雨日数 单位：d

站名	宝兴	天全	芦山	名山	雨城	荥经	汉源	石棉	平均
春季	48.3	57.1	51.3	49.3	50.4	48.1	37.6	38.3	47.6
夏季	64.2	62.0	59.3	56.7	56.5	59.0	56.0	56.6	58.8
秋季	45.0	61.2	53.2	54.2	56.9	53.8	38.1	32.1	49.3
冬季	15.6	45.8	33.0	40.0	41.5	25.3	5.0	6.6	26.6
全年	173.1	226.1	196.8	200.2	205.3	186.2	136.7	133.6	182.3

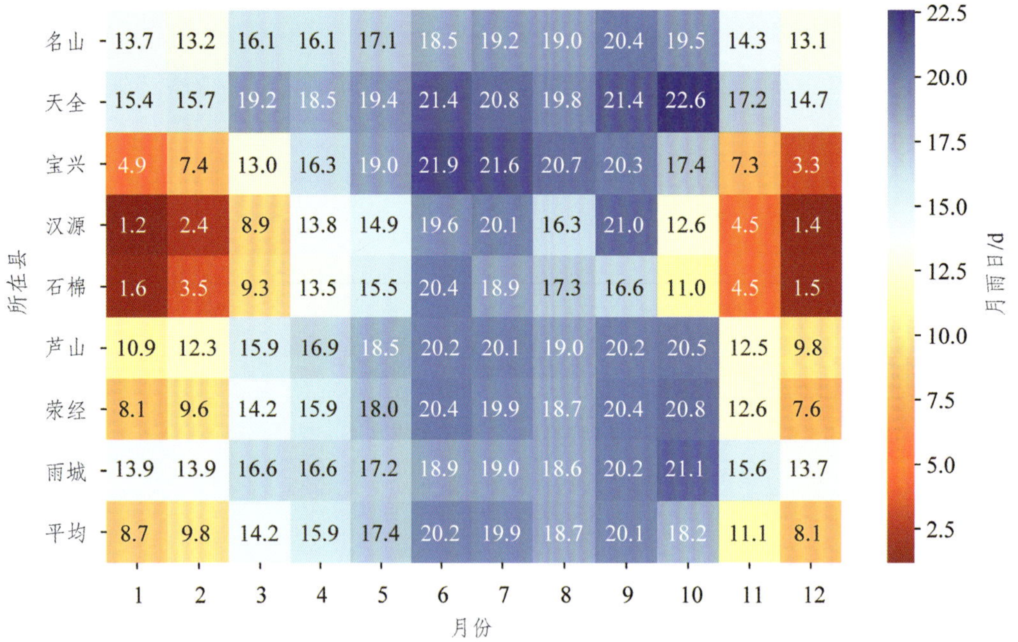

图3.3　雅安市各县、区城区月雨日热力图（单位：d）

从30年滑动平均统计值来看，雅安的雨日总体是在减少的，1961—1990年，中部县、区除荥经外年均雨日都在200 d以上，1991—2020年，中部县、区的年均雨日都有所下降。但从大雨级别以上（日雨量≥25.0 mm）的年平均日数的统计来看，除了天全、雨城和汉源同步下降外，其余县、区在最新30年的平均日数都有所增长。雨日减少，但大雨日数增多，表明雅安大部分县、区最近30年的降雨更为集中，单次降雨过程雨强更大。这与全球变暖导致的极端天气增多、极端降水增多的趋势一致（参见图3.4、图3.5）。

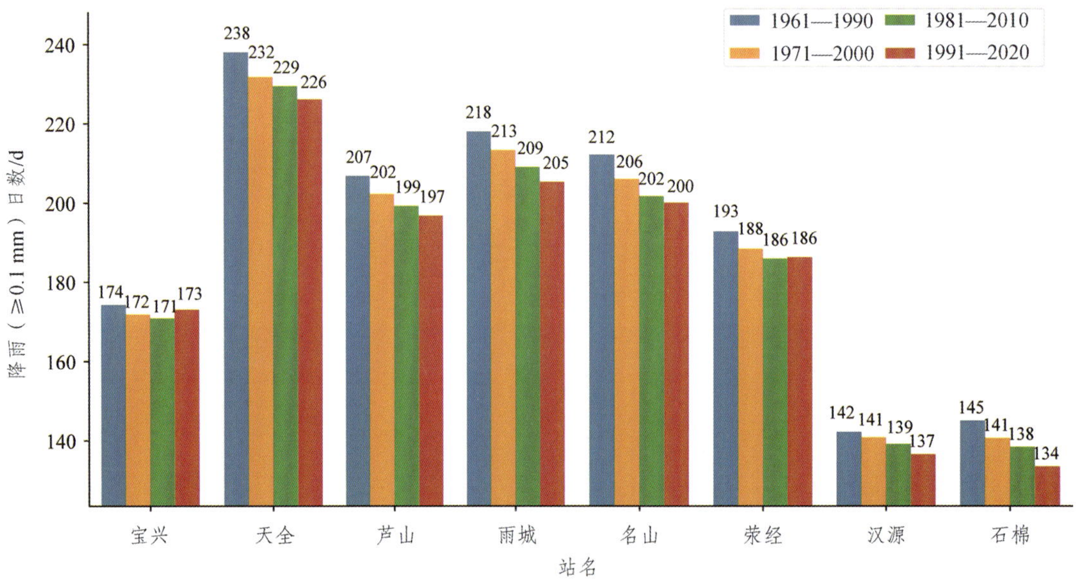

图3.4　雅安市各县、区城区年雨日（≥0.1 mm）30年滑动平均（单位：d）

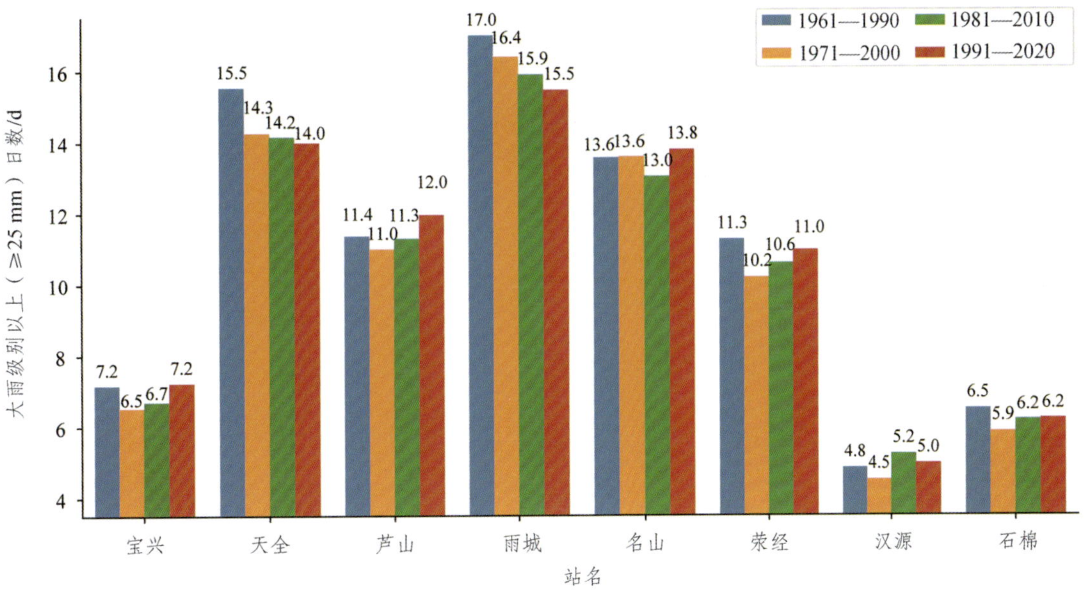

图3.5 雅安市各县、区城区大雨级别以上（≥25.0 mm）雨日30年滑动平均（单位：d）

从降水时段分布来看，雅安夜间的降水日数要远高于白天降水，一年中夜间降水年平均日数北部县、区基本都在150 d以上，而白天降水年平均日数都要明显少于夜间，即便是白天降雨，也基本从18：00—20：00才开始居多，夜间尤其是半夜到后半夜，降雨概率远大于其他时间。从全市各县、区对比看，汉源、石棉和宝兴的降雨概率远远小于中部县、区，尤其是在冬季（12月至次年2月），降雨稀少，白天12：00—18：00的降雨概率接近于0（参见图3.6、图3.7）。

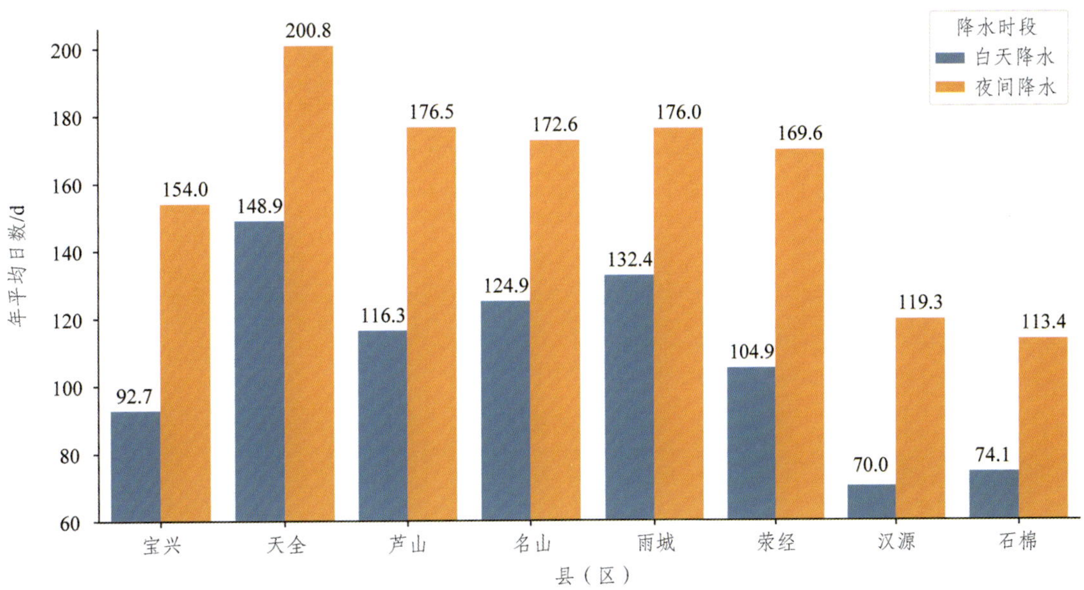

图3.6　雅安市各县、区白天、夜间年平均降水（日雨量≥0.1 mm）日数（单位：d）

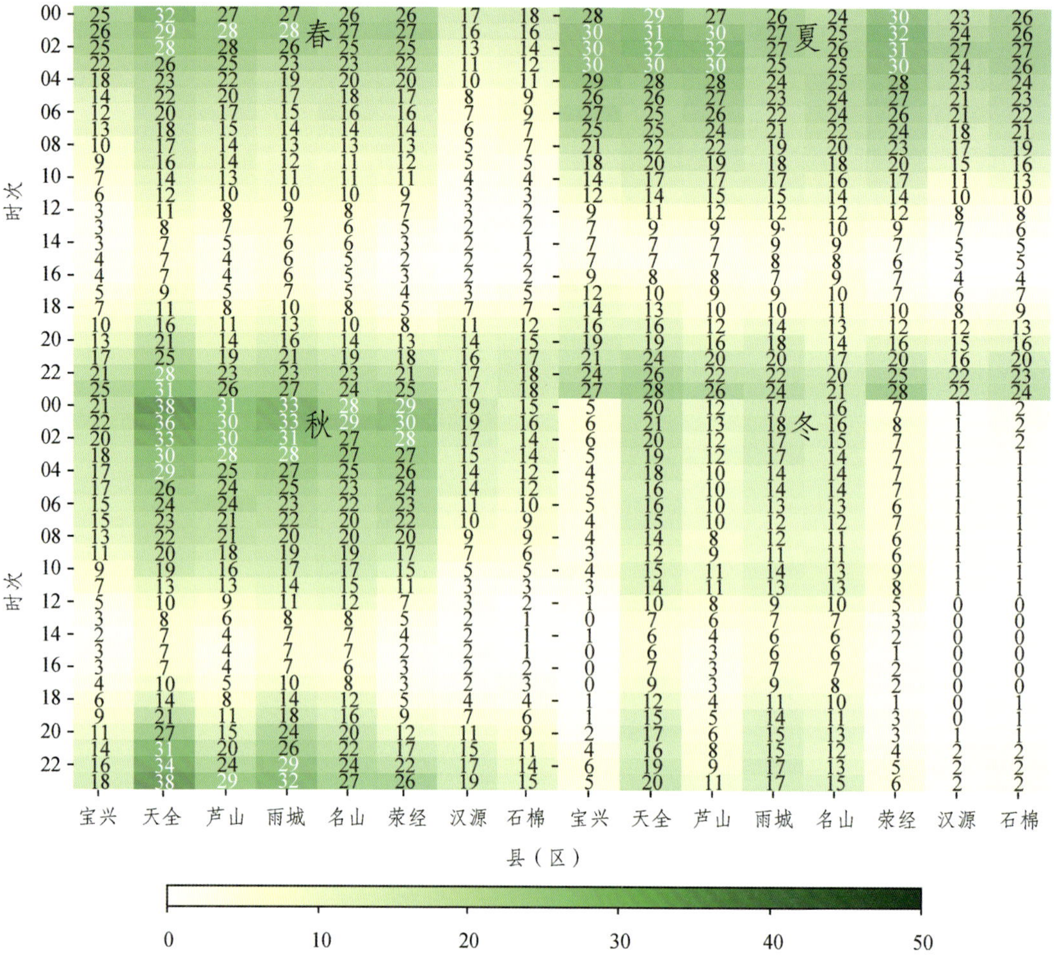

图3.7　雅安市各县、区四季逐小时降雨（≥0.1 mm）概率（单位：%）

2．全　域

雅安全域的降水量基本与城区一致，北部显著多于南部，其中有2个降水大值区域，在荥经龙苍沟附近和石棉孟获城附近；此外，宝兴的空石林、荥经的安靖、天全的鱼泉、雨城区的熊猫基地由于地形因素降水量也较大，以上地点年降雨量都在2000 mm以上，雨城区的望鱼、晏场等地的雨水也十分充沛；汉源县则是全域降水量最少的地区，大部分地方都少于800 mm，石棉、宝兴的大部分地方年降雨量500～800 mm（参见表3.4、图3.8）。

表3.4　雅安市年平均雨量前10站点排名

排名	年平均雨量/mm	站名	海拔/m	所在县、区
1	2907.3	空石林	800	宝兴
2	2551.0	龙苍沟相岭高速路口	1223	荥经
3	2388.5	龙苍沟发展村金山	1225	荥经
4	2315.2	孟获城	2765	石棉
5	2216.2	安靖崃鹿村	1132	荥经
6	2187.1	龙苍沟杠上村	981	荥经

续 表

排名	年平均雨量/mm	站名	海拔/m	所在县、区
7	2121.1	鱼泉青元村	1135	天全
8	2040.9	熊猫基地	1122	雨城
9	2019.5	鱼泉	1145	天全
10	1958.0	龙苍沟景区	1382	荥经

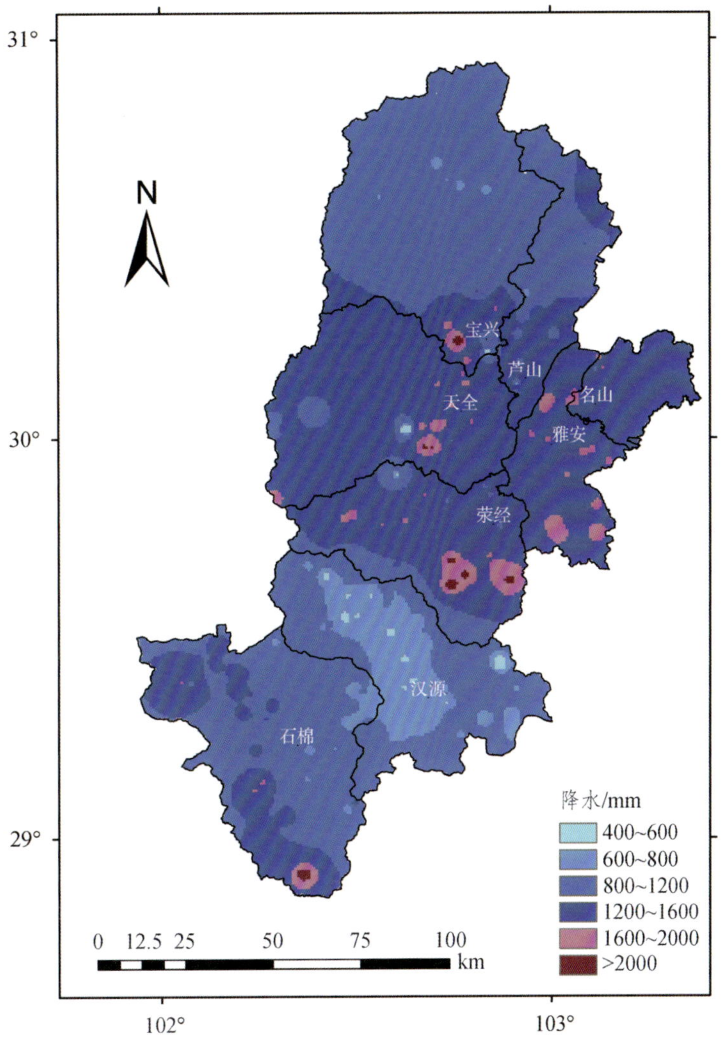

图3.8 雅安市年平均雨量分布图（单位：mm）

雅安市中部具有全球中纬度大陆内最丰沛的降水，在这一区域年平均降水量与年平均蒸发量比值高达1.3 ~ 2.0。这是天赋雅安独特的生态旅游资源，充沛的降水，滋养了雅安丰富的动植物资源。

3.3 日 照

雅安市城区年日照时数平均为961.4 h，年日照百分率21.2%，是全国日照时数较少的地区之一。全市年日照时数分布与年降水量分布刚好相反，南部明显多于北部。

雅安市北部城区春（3—5月）、夏（6—8月）、秋（9—11月）、冬（12月至次年2月）和年日照时数（h）分别为：219.9～280.3、254.3～339.3、141.7～160.7、122.6～146.3和762.2～911.7。北部城区夏、秋和年日照时数最大值在天全，最小值在宝兴；春季日照时数最大值在雨城，最小值仍在宝兴；但在冬季宝兴的日照最多，荥经最低。雅安市南部城区春（3—5月）、夏（6—8月）、秋（9—11月）、冬（12月至次年2月）和年日照时数（h）分别为：372.9～397.3、341.6～344.0、217.5～240.0、266.8～320.0和1198.8～1301.3，汉源高于石棉。月平均日照时数（h）北部县、区最少的在1月，为38.5～48.7，最多的在8月，为92.8～126.5；南部最少在10月，为59.9～77.6，最多的在8月为137.7～146.8（参见表3.5、图3.9）。

表3.5 雅安市各县、区国家气象站四季和年日照时数（单位：h）

站名	宝兴	天全	芦山	名山	雨城	荥经	汉源	石棉	平均
春季	219.9	272.5	271.4	280.3	280.1	260.3	397.3	372.9	294.3
夏季	254.3	339.3	334.5	322.9	337.1	317.4	344.0	341.6	323.9
秋季	141.7	160.7	153.6	147.1	147.9	142.9	240.0	217.5	168.9
冬季	146.3	139.2	127.7	136.2	135.8	122.6	320.0	266.8	174.3
全年	762.2	911.7	887.2	886.5	900.9	843.2	1301.3	1198.8	961.4

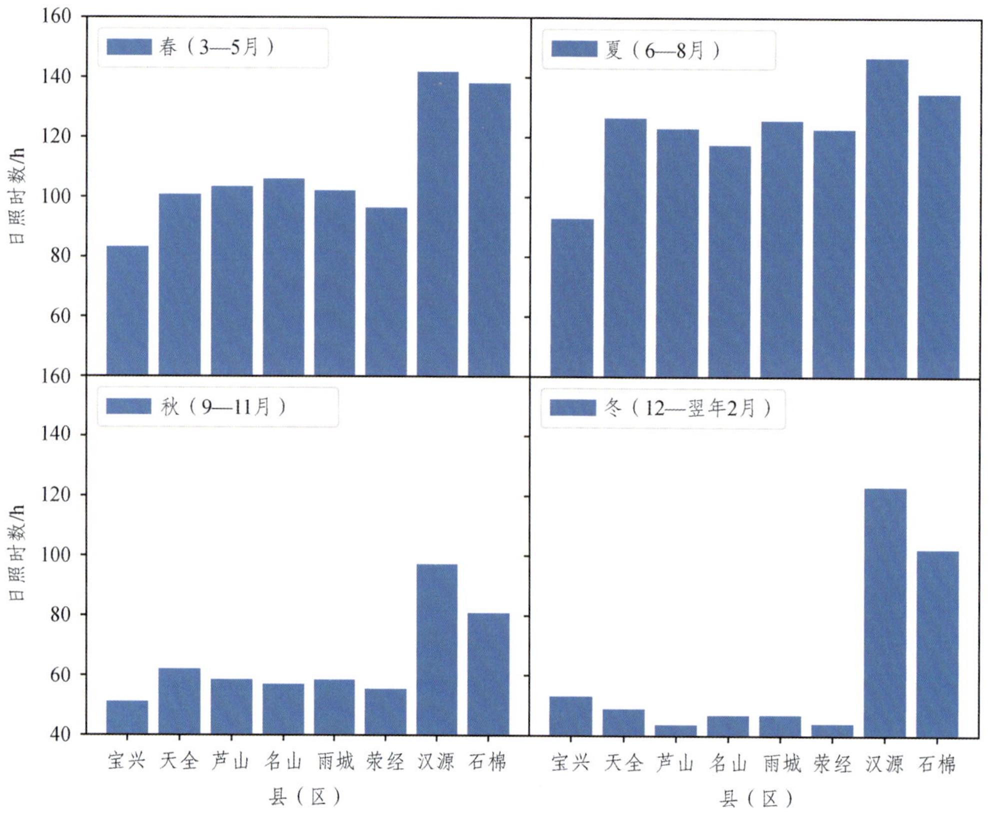

图3.9 雅安市城区四季日照时数（单位：h）

3.4 相对湿度

雅安市城区年相对湿度平均为78%，南部两县为68%，北部县、区为78%～83%，南部偏干燥、北部偏湿润。

雅安市北部城区春（3—5月）、夏（6—8月）、秋（9—11月）、冬（12月至次年2月）和年平均相对湿度（%）分别为：73～80、77～82、82～87、73～84和78～83；雅安市南部城区春（3—5月）、夏（6—8月）、秋（9—11月）、冬（12月至次年2月）和年平均相对湿度（%）分别为：61～64、76～76、74～75、57～58和67～68。

雅安市年、季、月平均相对湿度属于非常宜人的地区。结合温、湿状况分析，雅安市北部县、区城区的年平均气温和年平均相对湿度分别为14.6～16.7 ℃和77%～84%，南部县的年平均气温和年平均相对湿度分别为16.4～17.4 ℃和67%～68%。由于温度适中，在雅安夏季很少出现“桑拿”天气，在冬季也不会出现“冷窟”天气。相反，温和、湿润的气候对人体和动植物十分有益。雅安市的温度和空气相对湿度，在全球范围内也是最宜人的地区之一，是世界上最“滋润”的一座城市（参见图3.10）。

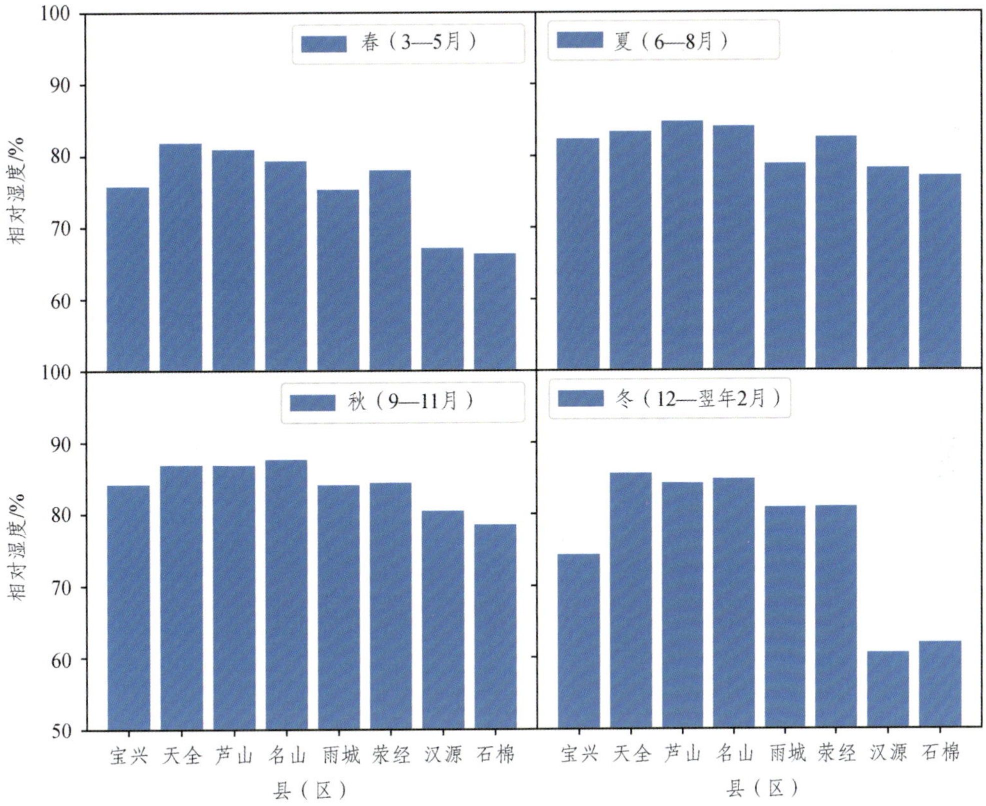

图3.10 雅安市城区四季相对湿度（单位：%）

从逐日分布来看，雅安相对湿度的日变化十分明显，夜间湿度高，白天要低一些，下午12：00—18：00是一天中相对湿度最低的时段，南部县尤为明显，在12月至次年5月，下午的相对湿度基本都低于50%，导致这段时间南部两县的森林火险气象风险等级要比北部县、区高，即便是在其他月份，南部两县的相对湿度也低于同时段的北部县、区。此外，中部县、区除雨城区外，夜间特别是后半夜到早晨（00：00—09：00）这段时间，相对湿度平均值都在85%以上，基本上全年都是类似的情况，在6—11月表现更加突出，包括雨城区在内的所有北部县、区，9—11月的后半夜相对湿度都偏高，这与常说的“秋绵雨”（又称“华西秋雨”）的时段是对应的（参见图3.11）。

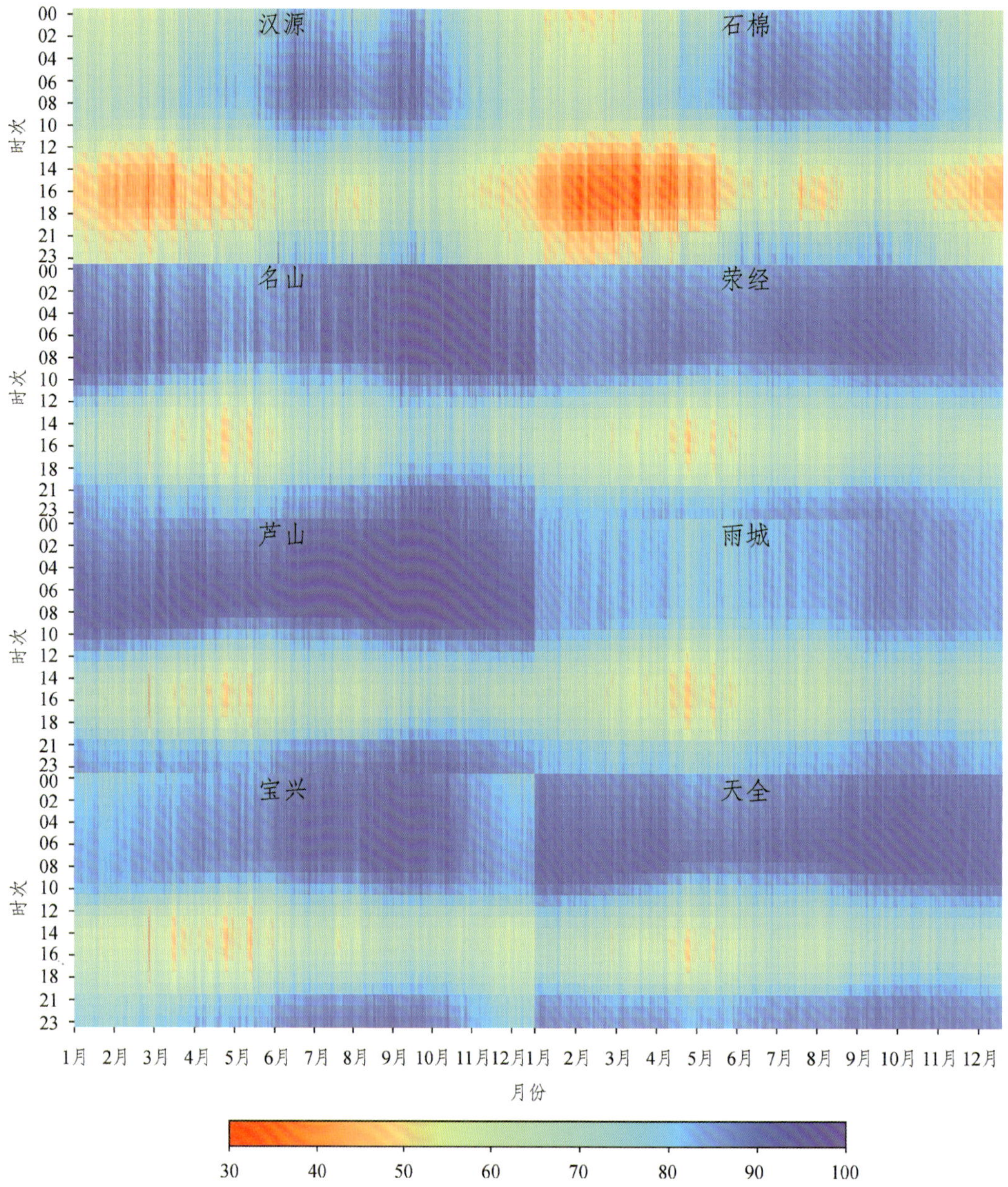

图3.11　雅安市城区相对湿度日平均分布（单位：%）

3.5　平均风速

雅安市年平均风速为1.4 m·s^{-1}，宝兴最大，为2.5 m·s^{-1}，天全最小，为0.6 m·s^{-1}。春季风速较大，平均为1.8 m·s^{-1}，宝兴、汉源3月、4月平均风速可达4.0 m·s^{-1}以上；秋季（9—11月）风速小，全市平均风速为1.2 m·s^{-1}；夏季、冬季的平均风速接近，平均值为1.4 m·s^{-1}。大部分县、区风有很明显的日变化特征，宝兴县风速较大时段主要集中在下午（13：00—17：00），而汉源县在傍晚到前半夜（20：00—00：00）是风速最大的时段，其他时段的风速相对要小得多。总体来说，雅安市汉源的全年平均风速最大，宝兴、石棉次之，中部县、区平均风速较小。雅安市中部县、区年、冬、春、夏和秋的平均风速是最适合人们旅游的数值，在0.5～1.8 m·s^{-1}的风速中，人们会甚感惠风和畅、心情愉悦。对于风能资源来说，汉源、宝兴局部地区要优于其他县、区，但都不具备较大的开发利用价值（参见图3.12）。

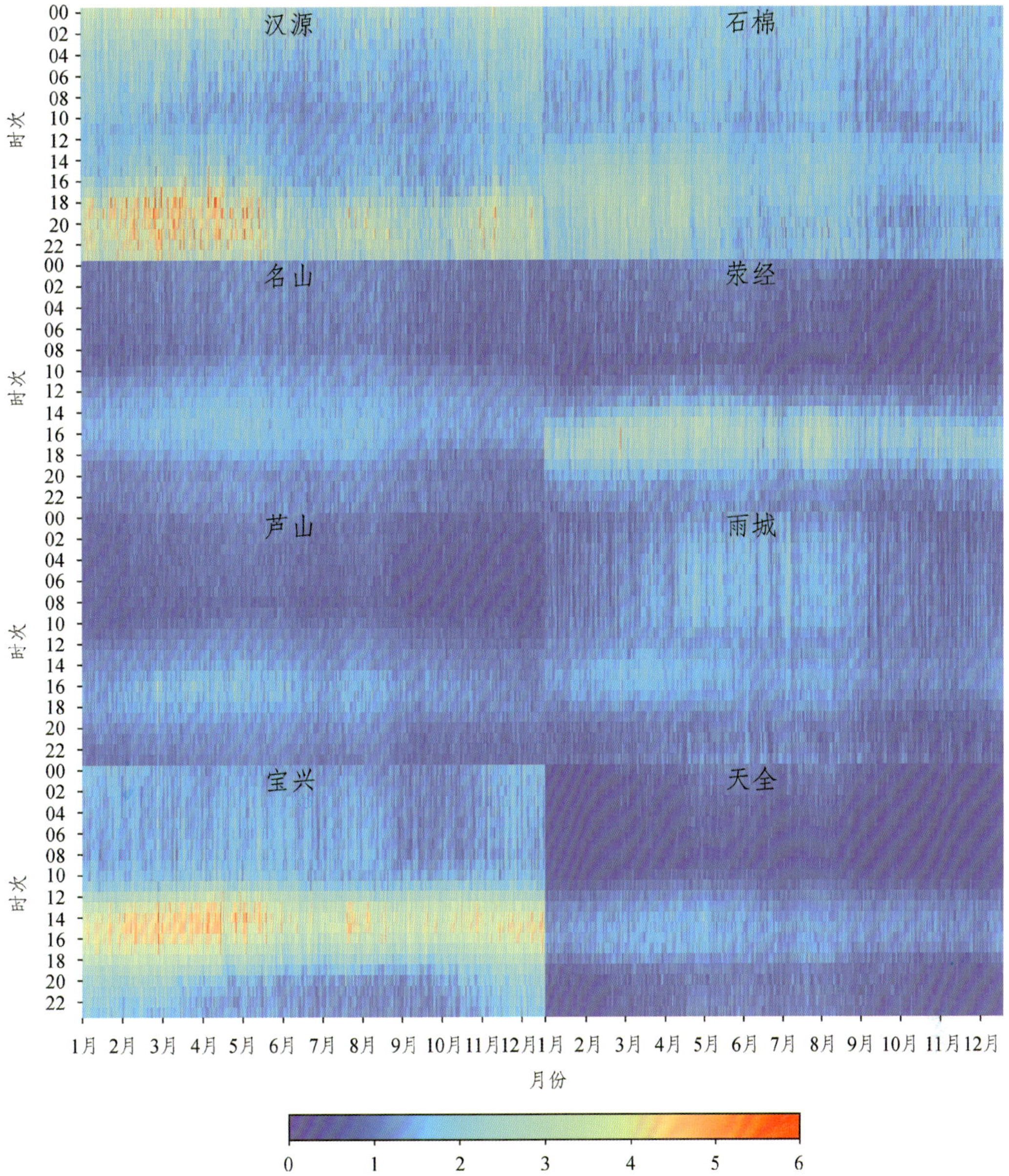

图3.12 雅安市城区2分钟风速日平均分布（单位：m·s^{-1}）

3.6 积 温

雅安市热量丰富，全年≥10.0 ℃活动积温全市城区平均5211.6 ℃·d，北部县、区城区4647.5～5478.2 ℃·d，南部两县城区5355.0～5921.7 ℃·d。全市农业生产一年种植水稻（玉米）至小麦（油菜）两季作物所需热量绰绰有余（参见表3.6）。

表3.6 雅安市各县、区国家气象站全年≥10.0 ℃活动积温

站名	宝兴	天全	芦山	名山	雨城	荥经	汉源	石棉
ΣT/℃·d	4647.5	4965.4	5138.1	5149.8	5478.2	5037.2	5355.0	5921.7

3.7 无霜期

雅安市城区无霜期较长，全市城区多年平均无霜期为313 d，其中，最长的是石棉县，年平均无霜期为333 d，最短的是荥经县，年平均无霜期为296 d，初霜日多出现在12月上中旬，终霜日多在2月中下旬（参见表3.7）。

表3.7 雅安市各县、区国家气象站平均无霜期和最晚终霜日

站名	宝兴	天全	芦山	名山	雨城	荥经	汉源	石棉
平均/d	306	301	322	298	321	296	323	333
最晚日期	3月21日	3月26日	3月21日	3月29日	3月2日	3月26日	2月23日	2月29日
最早日期	11月21日	11月9日	11月9日	11月10日	11月21日	11月10日	12月6日	11月28日

注：由于迁站，汉源的资料统计年代为2010—2019年（10年）。

3.8 结论和建议

（1）雅安市属于亚热带湿润季风气候区，全年平均气温14.6～17.4 ℃，全市平均16.0 ℃，气候温和，属于适宜人体的气温区间。雅安市立体气候显著，境内气温差异较大。雅安市四季分明，冬无严寒、夏无酷暑、春季回暖早，北部县、区夏季少高温天气，适宜消夏避暑；南部两县冬天温暖，阳光充足，适宜越冬避寒。建议有关部门应进一步加大开发和利用雅安市具有的立体气候资源。

（2）雅安市雨量充沛，荥经龙苍沟附近和石棉孟获城附近为全市降雨大值区，年雨量超过2500 mm，宝兴的空竹林、荥经的安靖、天全的鱼泉、雨城区的熊猫基地等地点地形降水明显，年降雨量都在2000 mm以上。降水分布南北差异大，北部6县、区年平均降水量为956.7～1637.3 mm，南部两县年平均降水量750.7～801.8 mm。雅安市降水主要集中在夏季6—8月，夜雨多，全市夜雨天数都在150 d以上，尤其是半夜到后半夜，降雨概率远大于其他时间段，这个时间段往往是人熟睡的时段。30年滑动平均资料表明，在全球变暖的大背景下，雅安大部分地方降水过程有向集中化、剧烈化方向发展的趋势，这更增加了防灾减灾的难度。建议有关部门应进一步加强雅安市强降雨及次生灾害的防御和避灾减灾工作，在汛期防灾减灾中更要关注气象部门对暴雨预警信号的发布和更新，及时做出防汛决策。由于雨水多而频繁，来雅需注意防雨，特别是夏秋两季夜间出门，注意关注实时天气预报，带好雨具。建议新修建筑尤其是特色街道建筑的屋檐增加出挑深度，确保防雨能力，以便行人游客避雨、观雨、赏雨，当此类建筑成规模时，亦可成为本地特色景观。

（3）雅安全市城区的年相对湿度平均值为78%，南部两县为68%，北部县、区为78%～83%，南部偏干燥、北部偏湿润。雅安市相对湿度的日变化明显，北部县、区夜间和早晨高，下午相对较低，后半夜基本都超过了95%；南部县在12月至次年5月，下午的相对湿度基本都低于50%，十分干燥，导致这段时间南部两县的森林火险气象风险等级高于北部县、区高。建议北部县、区居民夜间睡觉关好窗户，避免湿气入户，潮气过重，影响身体健康，在秋冬季阴雨日时，可使用电热毯等物品对床铺烘干去湿，但要注意安全用电和防火。建议南部县在12月至次年5月，切实做好森林火险的预防工作。

（4）雅安市总体风速不大，除了汉源、宝兴在下午到上半夜风速较大外，其余县、区风速都较小，全市风能资源总体不足，但非常适宜户外活动。建议在雅安市可多开展户外运动。

（5）雅安市的热量丰富，无霜期长，积温基本能满足常见农作物（水稻、小麦）所需，尤其是汉源、石棉两县，全年日照时数在1198.8～1301.3 h，有利于喜热作物的生长发育和水果的糖分合成。建议在中部县、区多种植水灵菜蔬，大力发展茶叶等喜云雾植物，在南部县大力发展花椒、水果等喜光热农作物。

4 气候与能源

4.1 太阳能

太阳能资源是一种取之不尽、用之不竭的绿色能源，在开发利用时，不会产生废渣、废水和废气，也没有噪音，更不会影响生态平衡，不会对环境造成污染和危害。随着全国加快推进低碳经济的大趋势，着力突破资源与环境的瓶颈制约，积极推动经济增长方式从粗放型向集约型转变，同时进一步优化能源结构，努力实现绿色发展、和谐发展和可持续发展，就必须进行太阳能等清洁能源的开发。要合理地开发利用雅安市太阳辐射资源，首先必须了解各地区太阳辐射的详细分布情况。然而受气候和地理等环境的影响，太阳能资源的分布具有较强的地域性。我国由于太阳辐射观测站不多，很多地方不能直接观测太阳辐射。

雅安市没有太阳辐射观测站，只能利用气候学模拟的方法，计算雅安市8个国家气象观测站2004—2020年的年平均太阳总辐射值。所用资料为：①离雅安最近的太阳辐射观测站——温江太阳辐射站的太阳辐射观测值；②温江和雅安国家气象站8个观测连续的日照百分率资料。气候学模拟计算方法如下：

$$Q=(a+b\frac{n}{N})Q_0 \tag{4.1}$$

式中 a，b——回归常数；

Q——日太阳总辐射，$MJ\cdot m^{-2}\cdot d^{-1}$；

Q_0——日天文辐射，$MJ\cdot m^{-2}\cdot d^{-1}$。

$$Q_0=\frac{24\times 60}{\pi}I_0\rho[\omega_0\sin\varphi\sin\delta+\cos\varphi\cos\delta\sin\omega_0] \tag{4.2}$$

$$\rho=1+0.033\cos(\frac{2\pi}{365}J) \tag{4.3}$$

$$\delta=0.409\sin(\frac{2\pi}{365}J-1.39) \tag{4.4}$$

$$\omega_0=\arccos(-\tan\varphi\tan\delta) \tag{4.5}$$

$$N=\frac{24}{\pi}\omega_0 \tag{4.6}$$

式中 I_0——太阳常数，I_0=0.0820 $MJ\cdot m^{-2}\cdot d^{-1}$；

ρ——日地距离系数；

δ——太阳赤纬，rad；

J——计算日在一年中的日序，1月1日取值1，取值范围从1～365（或366）；

ω_0——日落时角，rad；

φ——纬度，rad；

n——实际日照时数，h；

N——最大可能日照时数，h；

n/N——日照百分率。

用温江太阳辐射站各月太阳总辐射实际观测值和同期天文辐射之比做因变量，日照百分率做自变量，以最小二乘法拟合各月的回归常数a和b，各月回归常数均通过$F_{0.05}$检验的显著性检验。用无辐射观测的国家气象站2004—2020年的日照时数和计算得到的回归常数a和b，再根据公式（4.1）至公式（4.6），可以计算出无辐射观测的国家气象站的太阳总辐射值。

表4.1给出了气候学模拟方法算出的2004—2020年雅安市各县、区多年月平均太阳总辐射值。由表4.1可见，雅安北部区县（雨城、名山、宝兴、天全、芦山、荥经）全年中11月、12月、1月的月平均太阳总辐射值较低，均值在3200 MJ · m^{-2}以下；雅安南部县（汉源、石棉）月平均太阳总辐射值相对较低，处于3400 ~ 4400 MJ · m^{-2}；3—8月的月平均太阳总辐射值较高，全市均处于5100 MJ · m^{-2}以上，南部县处于6600 MJ · m^{-2}以上。

表4.1 2004—2020年雅安市各县、区多年月平均太阳总辐射值 单位：MJ · m^{-2}

县、区	雨城	名山	宝兴	芦山	天全	荥经	汉源	石棉
1月	2942	3058	3016	2862	2992	2852	4304	4081
2月	3424	3479	3355	3243	3417	3392	5108	4995
3月	5373	5344	4824	5119	5258	5247	6852	6677
4月	6600	6632	5856	6268	6619	6507	7722	7620
5月	7134	7384	6736	7102	7045	6999	7831	7500
6月	6597	6678	6070	6493	6658	6558	6406	6330
7月	7427	7503	6774	7291	7557	7347	7615	7615
8月	7583	7424	6732	7284	7572	7719	7787	8081
9月	4495	4560	4446	4460	4695	4533	5206	5155
10月	3704	3734	3676	3719	3890	3790	4559	4354
11月	3022	3102	3050	3027	3177	3063	4199	3937
12月	2859	2914	2980	2703	2974	2753	3805	3435

表4.2给出了气候学模拟方法算出的2004—2020年雅安市各县、区年平均太阳总辐射值。由表4.2可见，雅安年太阳总辐射南北差异较大，雅安北部年平均太阳总辐射量较小，低于3700 MJ · m^{-2}，雅安南部的汉源和石棉县年平均总辐射量较大，高于4100 MJ · m^{-2}。

表4.2 2004—2020年雅安市各县、区年平均太阳总辐射值 单位：MJ · m^{-2}

县、区	雨城	名山	宝兴	芦山	天全	荥经	汉源	石棉
年平均太阳总辐射	3597	3635	3383	3504	3638	3574	4199	4105

4.2 风 能

风能资源是气候资源的重要组成部分，相对于不可再生的化石燃料，风能是具有潜力的替代能源，也是永久性的、清洁的可再生能源。作为一种无污染、可再生的绿色能源，风能具有巨大的商业潜力和环保效益。若开发得当，可在调整能源结构、缓解环境污染等方面发挥重要作用。随着经济社会和旅游产业的快速发展，雅安市人民生活水平的提高，对能源的消耗和需求必将越来越大。对雅安市风能资源进行评估，是科学认识雅安市风能资源分布，进行风能资源有效开发利用的前提。

风能和太阳能一样，是取之不尽、用之不竭的绿色天然（再生）能源，全世界的风能蕴含量达1014 MW，其中可用来发电的达107 MW，在燃料日益短缺和环境保护备受重视的今天，此能源自然不容忽视。所以，风能及其利用越来越受到人们的重视。

我国气象部门对风能及其利用也非常关注，查清各地风能资源是进行风能开发的前提条件，为此我们利用雅安市8个国家站1991—2020年（30年）标准气候值资料进行初步统计分析，并进一步利用114个气象观测站建站以来的风速资料，对雅安市的风能资源做出评价。

在统计和分析风能资源时采用以下公式计算：

1．风功率密度

风功率密度是气流在单位时间内垂直通过单位截面积的动能，单位为$W\cdot m^{-2}$，假设风轮面积为$1\ m^2$，风功率密度D_{wp}的计算公式为：

$$D_{wp}=\frac{1}{2}\rho V^3 \tag{4.7}$$

式中 D_{wp}——风功率密度，$W\cdot m^{-2}$；

V——风速，$m\cdot s^{-1}$；

ρ——空气密度，$kg\cdot m^{-3}$。

实际大气常为湿空气，湿空气密度计算常按以下公式计算：

$$\rho_v=[p/(R_d\times T)]\times(1-0.378e/p) \tag{4.8}$$

式中 ρ_v——湿空气密度，$kg\cdot m^{-3}$；

p——大气压，Pa；

R_d——干空气的比气体常数，R_d=287 $J\cdot kg^{-1}\cdot K^{-1}$；

T——绝对温度，K；

e——水汽压，Pa。

实际计算表明，水汽对密度的影响，在一定的数值范围内是很小的。表4.3给出了当气压为1000×10^2 Pa、气温为$-20\sim30$ ℃时干空气和饱和湿空气的密度值。

表4.3 当气压为1000×10^2 Pa时干空气和饱和湿空气的密度值 单位：$kg\cdot m^{-3}$

密度	温度/℃					
	−20	−10	0	10	20	30
干空气密度	1.37	1.32	1.28	1.23	1.19	1.15
饱和湿空气密度	1.37	1.32	1.27	1.23	1.18	1.13

2．年平均风功率密度

1年内风功率密度的平均值为年平均风功率密度，即

$$\overline{D}_{wp}=\frac{1}{N}\int_0^N\frac{1}{2}\rho_v V^3 dn \tag{4.9}$$

式中 $\overline{D}_{wp}$——年平均风功率密度，$W\cdot m^{-2}$；

ρ_v——湿空气密度，kg·m^{-3}；
V——观测风速，m·s^{-1}；
n——在设定时段内风的观测次数；
N——一年中风的总观测次数。

3．风能评价

由式（4.7）、式（4.8）和式（4.9）计算雅安市114个气象观测站的年平均风功率密度（图4.1）。表4.4给出了雅安市年平均风功率密度排行榜前十。由表4.4可见，雅安市年平均风功率密度最高的是汉源县清溪站，为49.63 W·m^{-2}，其次是宝兴县跷碛站，为25.91 W·m^{-2}；再次是石棉县的拖乌山站为9.58 W·m^{-2}。由图4.1也可见，雅安市全市年平均风功率密度最高在汉源县清溪镇一带，具有一定的风能开发价值，而全市其他地方均低于30 W·m^{-2}，基本无风能开发价值，风能资源较少。雅安市地形复杂，风速监测的盲区较多，建议有针对性地增加有风速观测要素的气象站的建设，进一步对风能开发价值进行评估和挖掘。

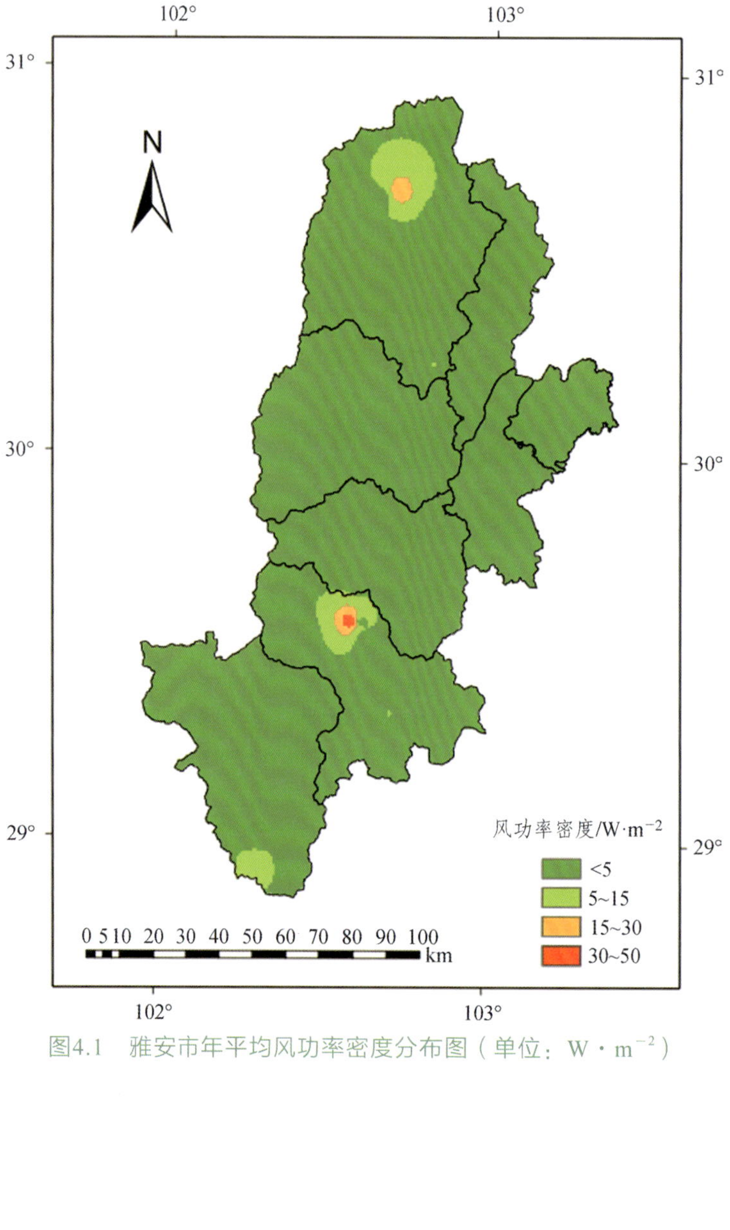

图4.1　雅安市年平均风功率密度分布图（单位：W·m^{-2}）

表4.4 雅安市年平均风功率密度排行榜前10 单位：W·m^{-2}

排名	区站号	站名	所在县、区	年均风功率密度
1	F0001	清溪	汉源	49.63
2	S7121	硗碛	宝兴	25.91
3	S7216	拖乌山	石棉	9.58
4	56273	宝兴	宝兴	7.81
5	D4003	顺河管山村	汉源	7.10
6	56376	汉源	汉源	5.32
7	D4001	萝卜岗康养中心	汉源	4.30
8	S7120	盐井	宝兴	4.25
9	S7241	蜂桶寨乡光明村	宝兴	3.78
10	S7235	喇叭河上站	天全	3.34

4.3 水 能

雅安素有“雨城”“天漏”之称，自然环境优越，水资源得天独厚，为全省乃至全国水利电力开发的理想基地之一，被中央“三江”考察团的专家们誉为水能的“天府之国”。雅安市水资源评价面积15 059 km^2，流域面积在30 km^{2}以上的河流有131条，河网密度是全国的5.3倍。除名山县临溪河直接汇入岷江外，以大相岭为分水岭，形成北部的青衣江水系和南部的大渡河水系。市内径流主要来源于降水，是全省径流深高值区，多年平均降水总量1.711×10^{10} m^3，其中青衣江流域占74.29%，大渡河流域占24.01%，岷江流域占1.61%。多年平均降水深1404 mm，径流深1137.2 mm，为全省平均值的2.2倍，径流系数高达0.69。

据2004年水电资源普查数据，雅安市水力资源理论蕴藏量约1.601×10^7 kW，可建水电站736处，装机容量1.322×10^7 kW，约占全国水电可开发量的1/40，全省水电可开发量的1/10。其中，大渡河流域水力资源可开发量$1.016\ 11\times10^7$ kW，是国家规划十大水电基地之一。青衣江流域水力资源可开发量3.0623×10^6 kW。

截至2020年，全市水电装机1.272×10^7 kW，具有代表性的有瀑布沟水电站、大岗山水电站、龙头石水电站等，全年全市水电企业发电量达4.49×10^{10} kW·h。

雅安市江河源自林区，植被良好，水质多属一、二级，各种监测参数普遍优于省内外主要河流，良好的水质为人民群众的生活、生产、农业灌溉，水力发电、水产养殖提供了优越的发展条件。

2020年，雅安市降水年内分配极不均匀，时空分布差异很大，多次发生强降雨；全市年降水量1725.4 mm，比上年（1522.4 mm）增加13.34%；比常年值（多年平均，下同）增加18.14%，属偏丰水年份。其中南部地区（大渡河流域）比常年值增加22.41%，北部地区（青衣江流域）比常年值增加18.35%，名山区（岷江流域）比常年值增加9.75%。全市水资源总量1.7973×10^{10} m^3，比上年（1.6459×10^{10} m^3）增加9.20%，其中地下水资源量4.164×10^9 m^3，比上年（4.027×10^9 m^3）增加3.40%。

2020年，全市总供水量为$5.344\ 743\times10^8$ m^3。其中，水库工程供水量$7.526\ 91\times10^7$ m^3，塘坝和窖池工程供水量5.5717×10^6 m^3，河湖引水闸工程供水量$4.035\ 574\times10^8$ m^3，河湖取水泵站工程供水量

1.68686×10^{7} m^3，从本区调出水量7×10^{7} m^3，其他水量2.2254×10^{6} m^3，地下水源供水量6.70×10^{4} m^3。

2020年，全市总用水量5.344743×10^{8} m^3，其中农田灌溉用水3.201048×10^{8} m^3，渔畜用水2.83659×10^{7} m^3，工业用水5.79635×10^{7} m^3，城镇公共用水2.89237×10^{7} m^3，居民生活用水8.37768×10^{7} m^3，生态环境用水1.53396×10^{7} m^3。

2020年，雅安市总耗水量2.669990×10^{8} m^3，总耗水率49.96%，其中农田灌溉耗水率53.58%，工业耗水率28.67%，城市公共耗水率31.50%，居民生活耗水率54.68%，生态环境耗水率57.16%。

2020年，雅安市农田灌溉水有效利用系数平均值为0.486。

4.4 结论和建议

（1）雅安市北部为太阳能弱区，日照时数少，太阳能利用价值不大；雅安市南部年总辐射量在3800～4800 MJ·m^{-2}，年平均日照时数在900～1600 h，具有一定的太阳能利用价值。全年中，3—8月的月平均太阳总辐射值较高，雅安市北部均处于5100 MJ·m^{-2}以上，南部处于6600 MJ·m^{-2}以上。

（2）雅安市全市的年平均风功率密度最高在汉源县清溪镇一带，具有一定的风能开发价值。雅安市地形复杂，风速监测的盲区较多。建议有针对性地增加有风速观测要素的气象站建设，进一步对风能开发价值进行评估和挖掘。

（3）雅安素有“雨城”之称，水资源得天独厚，水力资源理论蕴藏量约1.601×10^{7} kW，可建水电站736处，装机容量1.322×10^{7} kW，约占全国水电可开发量的1/40，全省水电可开发量的1/10。雅安市江河源自林区，植被良好，水质多属一、二级，各种监测参数普遍优于省内外主要河流。建议：大力发展农业灌溉、水力发电、水产养殖等产业；为了保护水生态环境，在建水力发电站时，应保障自然河流的生态流量，以免严重破坏下游流域的生态环境。

5 气候与农业

5.1 雅安市农业生产与气候概述

5.1.1 种植业与气候

雅安的农业气候资源可谓丰富，四季分明，雨热同步。雅安的年降水量北部各县、区，一般在1000 mm以上，降水丰富；南部两县大部分地方为700 ~ 800 mm，较为丰富。降水量季节分配不均和空间区域分配不平衡，但丰富的水分条件所形成的湿润气候背景对农业是十分有利的。雅安的热量资源具有地区分布特殊、类型复杂多样的特点，≥10 ℃的活动积温从北到南为4647.5 ~ 5921.7 ℃·d。年平均气温，青衣江河谷为14.6 ~ 16.7 ℃，大渡河河谷16.3 ~ 17.4 ℃，而泥巴山、二郎山以及大小凉山附近为一相对的低温带，年平均气温低于12 ℃，使本处于中亚热带气候区的雅安气候拥有类南亚热带、中亚热带、北亚热带、暖温带等异彩纷呈的多气候类型，为众多不同生态型农业提供了适生环境，生物资源丰富多彩，类型和品种应有尽有。年平均太阳总辐射量为3383 ~ 4199 $MJ \cdot m^{-2}$，高值区在南部汉源县，相对而言，雅安中部县、区光能资源欠佳，虽然对喜光作物高产、优质是一个带限制性的因素，但其光能利用潜力并未充分发挥出来，仍有待提高。

5.1.2 林业与气候

气候与森林相互作用，互为影响。气候是森林植物的主要生态因子之一，森林又反过来在一定范围内影响局部气候，使生态系统维持相对的平衡。温度、水分、光照是林木生长发育的重要环境条件，不同的树种对温度条件有不同要求，对水分、光照条件的适应性有显著差异。森林分布、树种差异与气候密切相关，雅安市境内立体气候特征显著，为林木的丰富品种提供了气候保障。林木更新、森林防火更需要考虑气候或气象条件，尤其是冬、春的少雨季节更应引起高度重视。

5.1.3 养殖业与气候

养殖业在农业生产中占有重要地位，是现代农业的重要组成部分。雅安市山地面积达90%以上，气候温和，又有季风气候带来的丰沛降水，可以说湿润的气候条件给牧草生产提供了颇具竞争力的比较优势，由种、养业二元结构向建立粮食作物、经济作物、饲料作物、绿美乡村等多元融合，循环发展结构转变，较大幅度提高饲草种植面积是更加合理地利用雅安市农业气候资源和绿色发展的必然选择。将玉米、绿肥、牧草等高产优质饲料作物纳入轮作复种之中，推行果园间作和生草栽培，扩大豆类、鲁梅克斯、紫花苜蓿、籽粒苋、三叶草等高蛋白饲料作物的种植，重视生物产量的收获，扩大作物秸秆和草地资源的利用，大力发展草食牲畜，在雅安市着重发展优质牛、羊，形成从植物到动物再到加工业为链条的产业结构。

丰富的降水和水系及优质的水资源，为鱼类养殖提供了保障，特别是冷水鱼（如雅鱼、虹鳟等）、大鲵等的养殖条件更是独具优势。

5.2 茶树精细化农业气候区划

茶叶生产在雅安市农业生产中占有举足轻重的地位。全市25万户从事茶产业，涉茶人口65万，茶农人均纯收入超过8000元，占全市茶农人均可支配收入的50%以上。2020年，全市茶园面积稳定在667 km^{2}左右，其中投产茶园面积545 km^2，农业（鲜叶）收入44.8亿元，干毛茶产量10.5万吨，毛茶产值59.73亿元，综合产值达190亿元。茶叶种植面积全省第三、产量第二、产值第三（参见表5.1）。

表5.1 雅安市2016—2020年茶产业发展基本情况统计表

指标	2016年	2017年	2018年	2019年	2020年
茶园面积/km^2	667	667	667	667	667
茶业产量/万吨	8.45	8.57	8.60	10.15	10.49
一产产值/亿元	28.10	31.85	35.05	41.16	44.80
综合产值/亿元	150	160	165	180	190

5.2.1 茶树生长发育的农业气象条件

茶树起源于我国西南地区，是喜光怕晒、喜温怕寒、喜湿怕涝、喜酸怕碱的亚热带耐阴植物。一般在春季日平均气温8～10 ℃时开始发芽，15～25 ℃时新梢生长较快，日平均气温>30 ℃生长缓慢，<－10 ℃受冻害。茶树在生长期间，全年需水量1100～1400 mm。由于各茶区气候、茶树树龄、密度等条件不同，茶园耗水量差异很大。干燥度（*K*值）≤1.0的地区，基本上皆可种植茶树；*K*≤0.7的地区，茶树有经济栽培价值。茶树新梢柔嫩，含水分多。在新梢生长期，日平均空气相对湿度宜在75%以上。茶园土壤湿度可以较好地反映水分供给情况，当土壤湿度为田间持水量的80%～90%时，茶树生长旺盛，芽密芽重，鲜叶嫩度高；当土壤湿度降到60%时，应灌溉补充水分。

5.2.2 区划指标

茶树的气候适应性较强，全市从海拔530 m左右的河谷平坝到海拔1600 m左右的山区均能种植，但产量、品质及经济效益与种植区的天气、气候条件密切相关。以雅安市8个国家观测站最新30年（1991—2020）气象观测资料和雅安市各地选取229个区域自动站建站以来的气象观测资料进行统计。根据茶树生长发育对热量条件的要求，茶树生长喜欢湿润气候环境的特点，选取全市各地≥10℃积温、2—4月降水量累计值、干燥度、4—10月空气相对湿度、3—5月日照时数作为茶树气候适应性区划指标（参见表5.2），基于GIS技术，在雅安市内划分茶树生产的优质区、适宜区和不宜区。

表5.2 雅安市茶树气候适应性区划指标

分区	指标				
	≥10 ℃积温/℃·d	2—4月降水量/mm	干燥度	4—10月空气相对湿度/%	3—5月日照时数/h
优质区	≥4200	≥130	≤0.7	≥75	≤290
适宜区	3500～4200	80～130	0.7～1.0	70～75	290～380
不宜区	<3500	<80	>1.0	<70	>380

5.2.3 区划结果及分区评述

根据上述5个区划指标，基于国家基础地理信息中心提供的DEM数据，计算得到各区划指标在小网格上的空间分布情况，经插值得到残差分布状况。将区划指标的推算值与残差值相叠加，得到每个区划指标的分布图。由于雅安市境内地形复杂，DEM数据与小网格内的指标值相关性较差，不能直接拟合，采用反距离权重插值法（2次方），插成与DEM数据相同的小网格，再使用GIS中的重分类技术对每个指标进行等级划分，最后将5个区域指标进行相乘计算，凡是3的倍数都设置成3级，2的倍数设置为2级，最后将雅安市境内划分为茶树生产的优质区、适宜区和不宜区。结果见图5.1。

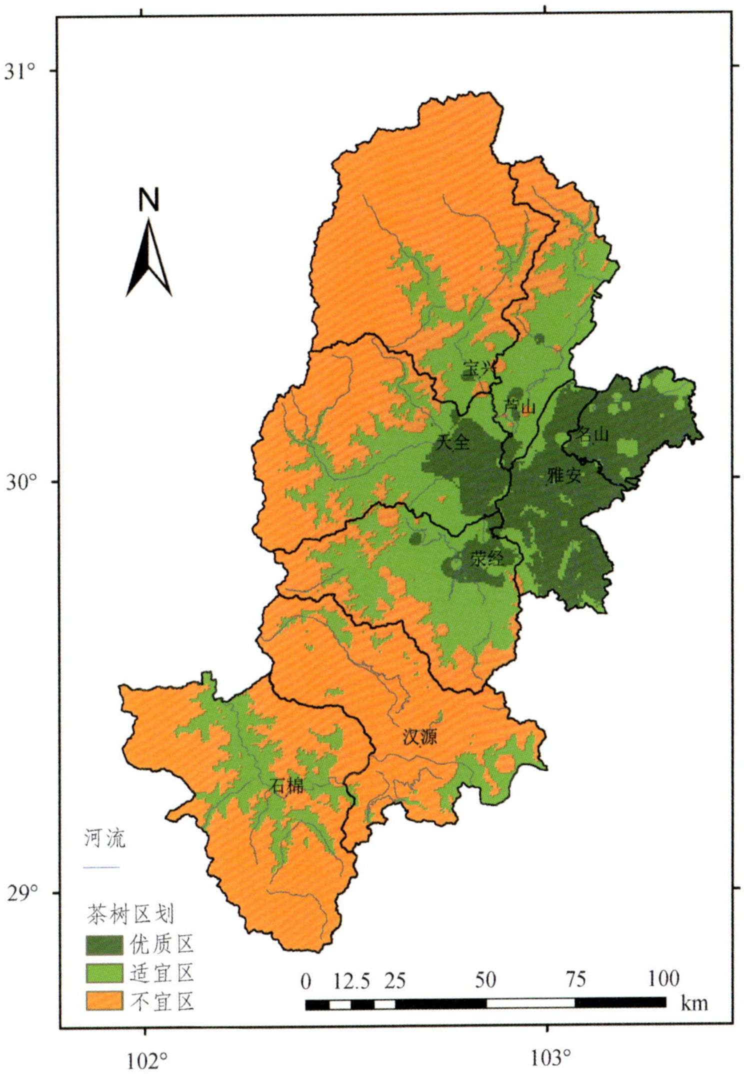

图5.1 雅安市茶树精细化农业气候区划图

Ⅰ优质区：主要集中在北部的名山、雨城、天全、芦山、荥经、宝兴南部海拔低于1400 m的大部分地区，以及石棉县个别乡镇。这些地方的日平均气温≥10 ℃的积温在4200～5800 ℃·d，2—4月茶树生产关键期间的降水量在130～200 mm，茶树春季开始生长到秋季结束停止生长开始休眠期的干燥度在0.40～0.70。

Ⅱ适宜区：主要集中在名山、雨城、天全、芦山、荥经以及宝兴、石棉、汉源的个别乡镇，这些地方的热量条件满足，但总体降水量偏少，茶树春季开始生长到秋季结束停止生长开始休眠期干燥度在1.0～0.7，有的地方2—4月的降水量在70～100 mm。这些地方种植茶叶品质一般，经济效益不高。

Ⅲ不宜区：北部雨城、天全、芦山、荥经海拔高于2000 m的山区，宝兴县的大部分地区，主要受热量条件不足的制约，茶树种植经济价值低。南部的汉源县和石棉县的大部分地方也是不宜种植区，这些地方虽然热量充足，但降水量少，气候干燥，特别是春季雨水稀少，茶叶品质差，也不利于发展茶叶生产。

以上区划结果与2016—2020年雅安市茶产业发展基本情况所反映的雅安茶树种植分布情况比较一致。优质区和适宜区皆可以大力发展茶叶生产，而且北部的雨城、天全、芦山、荥经还具有很大的发展潜力（名山茶园见图5.2）。

图5.2 名山茶园（孟水明拍摄）

5.3 花椒精细化农业气候区划

5.3.1 概 况

花椒原产于中国，为芸香科花椒属落叶灌木或小乔木。全国有20多个省、区都有花椒栽培的历史，其中四川汉源，陕西韩城、凤县，重庆江津，山西芮城，甘肃武都、秦安，山东泰安、莱芜，河北涉县等地区为我国花椒主要集中产区。雅安花椒以红花椒为主。汉源花椒（图5.3、图5.4）历史悠久，自唐代元和年间起直到清末，历朝历代都作为贡品进贡皇室，故又名“贡椒”。因泥巴山南坡的清溪镇一带多“焚风”（干热风），此处所产花椒椒油含量最高、色泽红润、麻味浓厚纯正，所以贡椒又称“清椒”。清椒果实附生1～3粒纯肉小椒粒，形如母子相拥，又叫“子母椒”或“娃娃椒”。汉源花椒史上也称“黎椒”，民间流传“黎椒”乃唐玄奘西天取经归来夜宿黎州时，所持仙杖化生，故又名“玄奘椒”或“唐椒”。《汉源县志》记载：“汉源花椒气味辛和，用途亦广，本境方物，列为贡品……官斯士者，每年除入贡外，以囊印记分遗，得者莫不以不贵也。”

雅安是全省花椒种植大市之一，且产量呈上升趋势，2016年为2054 t，至2018年，产量已到达2546 t。2018年，为促进全省花椒产业发展，四川省政府办公厅下发《关于推进花椒产业持续健康发展的意见》，要求到2022年，全省花椒种植面积稳定在4000 km^2，干花椒产量超过3.0×10^5 t，产值超过3000亿元。

图5.3 汉源花椒成熟时（雅安市文化体育和旅游局供图）

图5.4 汉源花椒干椒（雅安市文化体育和旅游局供图）

5.3.2 气候适应性区划

雅安花椒种植气候适应性区划的原则是：①当前雅安花椒生产主要问题是种植布局的区域性，因此本区划要为花椒种植的最佳效益提供农业气候适宜性分析；②区划要能反映雅安花椒生产与气候的关系；③区划应充分考虑影响品质的关键气候因子。

区划指标：本区划以花椒生产的优质、高产、高效为目的，采用影响雅安境内花椒生长、品质的年平均气温、年平均降水量、年平均日照时数、年平均干燥度作为区划因子，详见表5.3。

表5.3　雅安市花椒气候适应性区划指标

分区	指标			
	年平均气温 /℃	年平均降水量 /mm	年平均日照时数/h	年平均干燥度
适宜区	9.5～13.5	700～950	＞1400	0.9～1.3
次适宜区	8.0～9.5或 13.5～16.0	600～700或 950～1050	1330～1400	0.7～0.9
不适宜区	＜8.0或＞16.0	＜600或＞1050	＜1330	＜0.7

根据上述区划指标，利用雅安气象站观测资料建立各区划指标的小网格推算模型，如公式（5.1）。

$$X=f(i,\ j,\ h)+\varepsilon \tag{5.1}$$

式中　X——区划指标（如年平均气温、年平均降水量等）；

i，j，h——经度、纬度和海拔；

ε——残差项，是实际观测值和模型推算值的差。

采用多元线性回归法建立推算模型，各区划指标的小网格推算模型表达式见表5.4。

表5.4　区划指标小网格推算模型

区划指标X_i	推算模型
年平均降水量	$-0.183h+106.132x+176.697y-14\,759.916$
年平均气温	$-0.004h+0.14x-1.645y+53.6$
年平均日照时数	$0.164h+126.264x-471.493y+1925.34$
年平均干燥度	$-0.051x-0.263y+13.932$

利用ArcGIS软件，根据由国家基础地理信息中心提供的1：50 000的DEM数据，利用表5.4的气候要素小网格推算模型，计算得到各区划因子在小网格上的空间分布情况，并利用栅格计算功能进行分区计算，得到每个因子的区划分布图。

区划结果：根据上述得到的4个农业气候区划因子，利用专家打分法，得到雅安花椒农业气候区划图，如图5.5所示，花椒种植可以分为适宜、次适宜和不适宜3个区。

Ⅰ适宜区：雅安市花椒种植的气候适宜区主要集中在南部地区，包括汉源东南部皇木镇和乌斯河镇等部分地区及南部片马乡、坭美乡、河南乡和晒经乡等部分区域，石棉南部回龙镇、栗子坪和安顺场等部分区域，多呈零散的带状分布。以上区域年平均降水量在700～950 mm，年平均气温在9.5～13.5 ℃，年平均日照时数>1400 h，年平均干燥度在0.9～1.3，海拔位于1600～2200 m。气候条件有利于花椒植株的生长及果实品质的提高，适宜发展花椒种植产业。

Ⅱ次适宜区：雅安市花椒种植的气候次适宜区包括荥经南部部分地区，汉源东部永利乡、皇木镇和乌斯河镇等部分地区，南部片马乡、坭美乡、河南乡和晒经乡等部分区域及西部前域镇、富乡乡等部分地区，石棉北部新民乡等部分地区、西北部草科乡等部分地区，南部回龙镇、栗子坪和安顺场等部分区域。上述区域年平均降水量在600～750 mm或950～1050 mm，年平均气温在8.0～9.5 ℃或13.5～16.0 ℃，年平均日照时数在1330～1400 h，年平均干燥度在0.7～0.9，海拔位于1000～1600 m或2200～2500 m。气候条件基本满足花椒种植的需求。

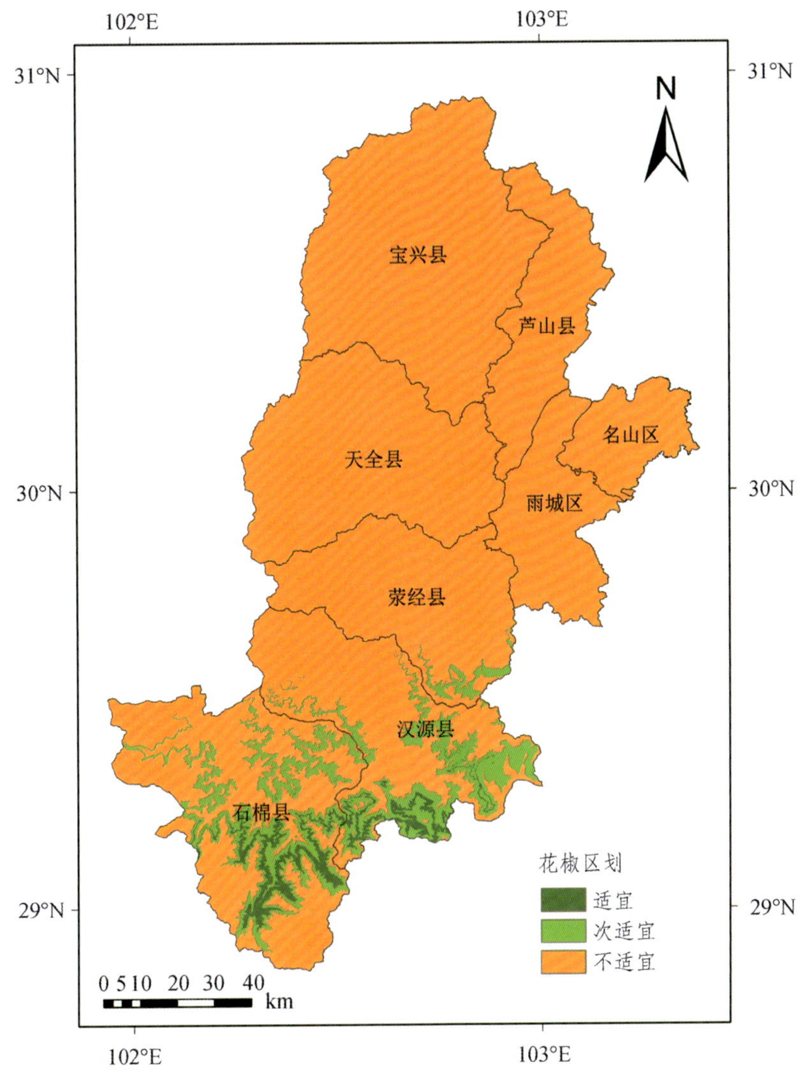

图5.5　雅安市花椒精细化农业气候区划图

Ⅲ不适宜区：雅安市花椒种植的气候不适宜区包括宝兴、芦山、天全、雨城、名山以及荥经绝大部分地区，汉源东北部、中部和东北部部分地区，石棉北部、西部和南部部分地区。上述区域年平均降水量<600 mm或>1050 mm，年平均气温<8.0 ℃或>16.0 ℃，年平均日照时数<1330 h，年平均干燥度<0.7，海拔在500～1000 m或2500～5600 m。气候条件不满足花椒种植需求，因而不适宜发展花椒种植产业。

5.4　黄果柑精细化农业气候区划

5.4.1　概　况

黄果柑又名青果、广柑、泡皮黄果，是云香料柑橘，杂柑品种，为橘和橙的天然杂交种，2010年，由四川农业大学园艺学院、石棉县农业局、石棉县科技局选育出优株，并通过四川省品种委员会审定，定名为“黄果柑”，是我国具有自主知识产权的天然晚熟杂交柑，并被国家农业部批准实施农产品地理标志登记保护。雅安市2020年黄果柑种植面积57 km^2，产量14.3万吨，产值5.21亿元。

黄果柑果实呈倒卵圆形，单果重140～180 g，多平蒂，有沟纹，果面橙黄，有光泽，油胞大而凸起，油浸状，果皮薄，易剥离，中心柱空大，基本无核，肉质脆嫩化渣，多汁，酸甜爽口，微具香气，其可食率≥65%，可溶性固形物≥10.5%，总酸≤1.3 g·100 mL^{-1}，固酸比≥9。其最大的特点：①花果同树的奇观；②极其丰产，效益高；③极其晚熟（图5.6、图5.7）。

图5.6　石棉黄果柑花果同树照片（雅安市文化体育和旅游局供图）

图5.7　石棉黄果柑成熟果（雅安市文化体育和旅游局供图）

5.4.2　黄果柑生长发育的农业气象条件

黄果柑多种植在海拔1000 m以下的干热河谷地带，春季成熟，花果期长，且花果可同树。黄果柑适宜在平均气温13～17 ℃，年有效积温4000～6500 ℃·d，无霜期250～300 d的地方栽培，植株生长、结果正常。

黄果柑2月上旬萌动，3月下旬初花，4月中旬谢花，5月上中旬开始生理落果，6月上旬果实快速膨大，11月着色，次年2月下旬成熟。

5.4.3　区划指标

黄果柑的分布范围海拔1000 m以下，甜橙、宽皮柑橘、杂柑生长的干热河谷地带，产量、品质及经济效益与种植区的天气、气候条件密切相关。以雅安市8个国家观测站最新30年（1991—2020）气象观测资料和雅安市各地选取229个区域自动站建站以来的气象观测资料进行统计，结合黄果柑生长发育对气象条件的要求，选取全市各地≥10 ℃积温、花期（3月下旬至4月中旬）日平均气温<12 ℃天数、年总降水量、12月至次年5月日照时数作为黄果柑气候适应性区划指标（参见表5.5），基于GIS技术，在雅安市内划分黄果柑生产的优质区、适宜区和不宜区。

表5.5　雅安市黄果柑气候适应性区划指标

分区	指标			
	≥10 ℃积温/℃·d	3月下旬至4月中旬日平均气温<12 ℃天数/d	年总降水量/mm	12月至次年5月日照时数/h
优质区	≥4700	≤8	700～1000	≥520
适宜区	4000～4700	9～12	1000～1200	400～520
不宜区	＜4000	≥12	＞1200	＜400

5.4.4 区划结果及分区评述

根据表5.5所述4个区划指标，基于GIS技术和国家基础地理信息中心提供的DEM数据，将雅安市境内划分为黄果柑生产优质区、适宜区和不宜区，结果如图5.8所示。

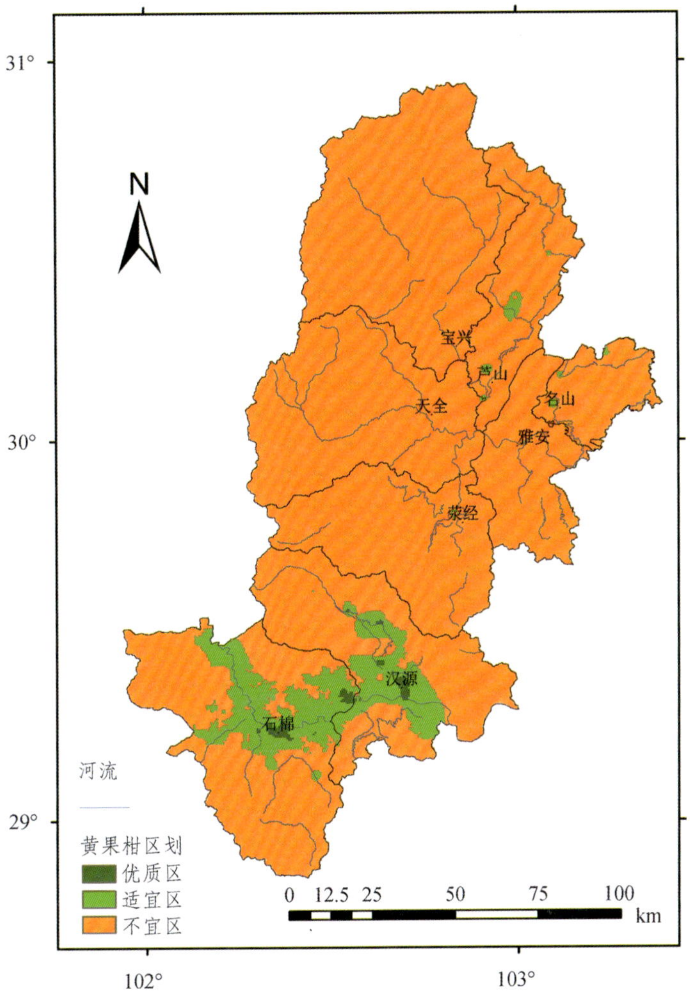

图5.8 雅安市黄果柑精细化农业气候区划图

Ⅰ优质区：主要集中在石棉的丰乐、安顺、新棉和汉源的大树、富林、九襄等乡镇。这些地方的日平均气温≥10 ℃的积温在4700～6000 ℃·d，3月下旬至4月中旬日平均气温<12 ℃天数≤8 d，年降水量在700～1000 mm，12月至次年5月日照时数≥520 h。

Ⅱ适宜区：主要集中在石棉的丰乐、宰羊、迎政、美罗、永和、新棉、回隆、擦罗、安顺、先锋、新民、挖角、田湾和汉源的片马、顺河、大树、晒经、小堡、富林、富泉、唐家、九襄、前域、富庄，还有芦山、名山的个别乡镇。这些地方日平均气温≥10 ℃的积温在4000～4700 ℃·d，3月下旬至4月中旬日平均气温<12 ℃天数在9～12 d，年降水量在1000～1200 mm，12月至次年5月日照时数为400～520 h。

Ⅲ不宜区：北部雨城、天全、宝兴、荥经和名山、芦山的大部分地区。这些地区虽然热量条件满足，但降水量和雨日较多，日照时数偏少，不利于黄果柑品质的提升，故不适宜种植黄果柑。

以上区划结果与近年雅安市黄果柑产业发展基本情况比较一致。优质区和适宜区主要集中在雅安市南部，可以发展黄果柑产业。

5.5 “中国气候好产品”蒙顶山茶

5.5.1 蒙顶山茶的历史和荣誉

名山是目前已知的世界人工种茶的发源地，有着深厚的茶文化底蕴，“扬子江心水，蒙山顶上茶”千古流传。一是蒙顶山茶种植历史悠久。名山是人类有文字记载人工植茶最早的地方，西汉末年（公元前53年），植茶始祖吴理真在蒙顶山驯养栽种野生茶树，距今已有2000多年的悠久历史。二是蒙顶山茶文化底蕴深厚。历经数千年发展、孕育、积淀，蒙顶山茶形成了独特的茶祖文化、禅茶文化、贡茶文化、茶马文化、茶技文化等“五大茶文化”。咏赞蒙顶山茶的诗、词、歌、赋多达2000余首，居国内咏茶作品之首。2008年在第八届国际茶文化研讨会上，蒙顶山被确立为世界茶文化发源地、世界茶文明发祥地、世界茶文化圣山。蒙顶山茶文化系统被评为中国重要农业文化遗产。目前建有蒙顶山茶史博物馆、蒙顶山世界茶文化博物馆2个专题展馆。三是加工工艺先进，形成了蒙顶甘露、蒙顶黄芽、蒙顶石花、南路边茶等传统茶叶独特的加工工艺，其中蒙山茶传统制作技艺、蒙顶黄芽传统制作技艺被评为省级非物质文化遗产。蒙山茶传统制作技艺还入选国务院颁布的第五批国家级非物质文化遗产。

名山区为名副其实的中国绿茶第一区。1959年，“蒙顶甘露”被列为中国十大名茶之一；1981年，“蒙顶”商标在国家工商总局注册；2000年，名山区被农业部认定为“无公害农产品（茶叶）生产示范基地县”；2002年，“蒙顶山茶”图文商标注册为国家地理标志；2008年，在第八届国际茶文化研讨会上，蒙顶山被确立为世界茶文化发源地、世界茶文明发祥地、世界茶文化圣山；2012年，获得中国驰名商标称号；2013年，名山区180 km^2茶地被农业部认定为“全国绿色食品原料（茶叶）标准化生产示范基地”；2015年“蒙顶山茶”获百年世博中国名茶金奖证书、奖牌，同年，被中国茶叶流通协会命名为“中国茶都”；在2017年首届中国茶业博览会上，“蒙顶山茶”区域品牌获得全国十大区域公用品牌；2018年，被认定为四川省首批省级特色农产品优势区；2019年，蒙顶山茶品牌价值达33.65亿元，名列四川第一、全国第八；2020年，“蒙顶山茶”被中国气象服务协会评为“中国气候好产品”（图5.9、图5.10）。

图5.9 蒙顶山茶——中国气候好产品奖牌照片

图5.10 蒙顶山茶园照片（雅安市文化体育和旅游局供图）

5.5.2 蒙顶山茶叶特性

蒙顶山茶叶主要种植品种包括福选9号、特早213、福鼎大白茶、名山白毫131、名山早311、福选4号、蒙山9号。蒙顶山茶紧卷多毫，色泽翠绿，鲜嫩油润、香气清雅，味醇而甘；冲泡后汤色绿黄，透明清亮，饮之清香爽口。蒙顶山茶属绿茶类，绿茶最大的特性是保留了较多的鲜叶内的天然物质，其中茶多酚、咖啡碱保留鲜叶的85%以上，叶绿素保留50%左右，维生素损失也较少，从而形成了绿茶“清汤绿叶，滋味收敛性强”的特点。经现代科学研究证实，绿茶含有机化合物450多种、无机矿物质15种以上，这些成分大部分都具有保健、防病的功效。绿茶中的这些天然物质成分，对防衰老、防癌、抗癌、杀菌、消炎等均有特殊效果，为其他茶类所不及。明代著名医学家李时珍所著《本草纲目·果部第三十二卷果之茗》中有这样的记载：“真茶性冷，惟雅州蒙顶山出者温而主祛疾……”清楚地表明了蒙顶山茶性温，可祛病。现代医学对蒙顶山茶的研究也表明，常饮蒙顶山茶，对人体健康大有益处。

5.5.3 蒙顶山茶产区地形、土壤、水质、大气环境

名山区地形三面环山，中部和东北部坪岗交错，溪谷纷呈，整个地形犹如“U”字，为川西南台状丘陵地区之一。名山区最高点为蒙顶山颠，海拔1456 m，最低点为红岩乡的小河子，海拔557 m，地貌类型以台状丘陵和缓丘平坝为主，仅在县境边缘有低山分布。沿名山河、延镇河、百丈河沿岸一、二级阶地，属缓丘平坝，海拔650 m以下，占土地面积的22.1%。蒙顶山、莲花山、总岗山一带属低山地貌，海拔850 m以上，占土地面积的13.7%。其余大部分地区均为台状丘陵地貌，可分出一至五级阶地，海拔650～860 m，占土地面积的64.2%。其中，城南、前进、车岭、红星等地为低丘坪岗，冲沟多为中谷和宽谷，海拔650～700 m，占土地面积的82.9%；新店、红光、中峰、解放等地为中丘坪岗，冲

沟多为中谷，海拔700～800 m，约占土地面积的27.8%；城东、万古等地为高丘坪岗，冲沟多为窄谷，海拔700～850 m，占土地面积的3.5%（参见图5.11）。

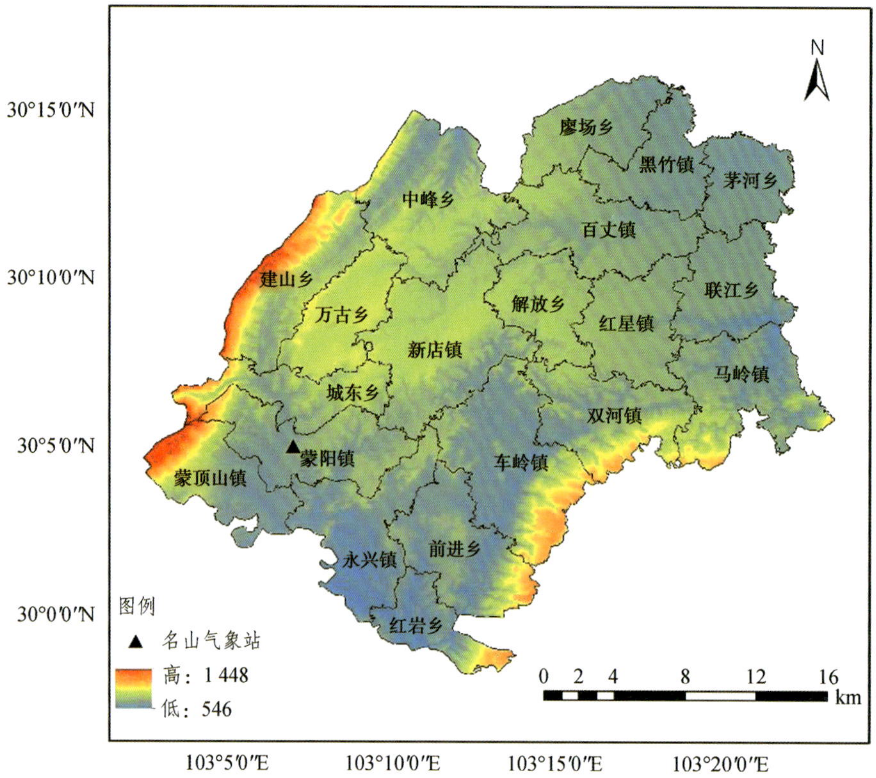

图5.11　雅安市名山区地形图（单位：m）

名山区地层主要是白垩系灌口组红棕色泥灰岩、杂色页岩。全区耕地属紫红泥土区，土质松厚，呈酸性或弱酸性，是茶树生长最适宜的土壤环境。从各土种分布来看，除冷砂黄泥土和新积黄红砂土外，其余土种pH均在5.0以上6.5以下，有机质含量在12.50～81.60 g·kg^{-1}内；有效磷和速效钾含量处于中等偏上水平。名山区土壤条件达到《土壤环境质量标准》（GB15618）二级标准以上的占98%。森林覆盖率49%，空气质量优异，负氧离子达到六级以上，水源质量达到《地表水环境质量标准》（GB3838—2002）三级以上标准。名山区被公认为是全球最适宜茶树生长的地区之一。

5.5.4　蒙顶山茶与气候

茶叶喜温暖湿润的气候环境，名山区海拔600～1200 m，是蒙顶山茶最佳生长地域，该区域具有气候温和，冬无严寒，夏无酷暑，气温年较差小，降雨充沛，以散射光源为主的气候特点。茶叶品质形成关键期内光、温、水条件匹配较好，且酸性和微酸性土壤占全区土地面积的70%以上；茶叶品质形成关键时期（采摘期前15 d）平均温度在12 ℃左右，适宜的温度为蒙顶山茶叶的生长提供充足的热量资源，平均相对湿度在79%左右，逐日日照时数在2～3 h。蒙顶山茶种植区多云多雾天然的遮阴气象条件，使茶叶受到的直射光源比例小，散射光源比例大，碳代谢明显受到抑制，糖类、多酚类物质的含量有所下降；而氮代谢明显增强，全氮、咖啡碱、氨基酸的含量增加，减少了茶叶粗纤维的形成，云雾对光的折射可减少蓝紫光的照射，利于茶叶品质的提高。得天独厚的气候条件和地理环境，造就了“蒙顶山茶”清雅醇和的出众品质，氨基酸含量高达5.12%（参见图5.12至图5.14）。

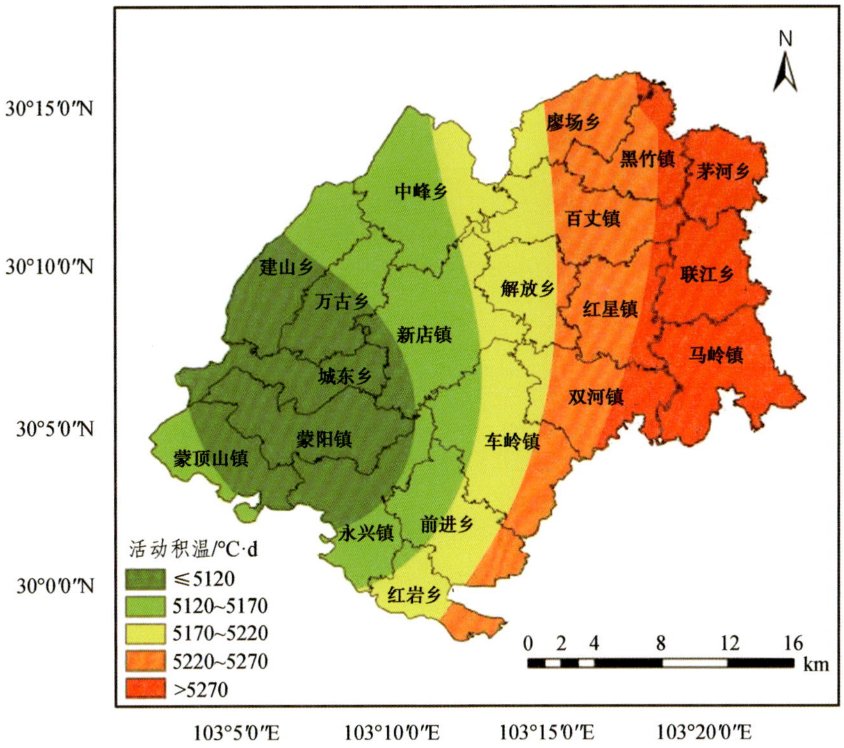

图5.12 1980—2019年（40年）名山区年平均≥10 ℃积温（单位：℃·d）

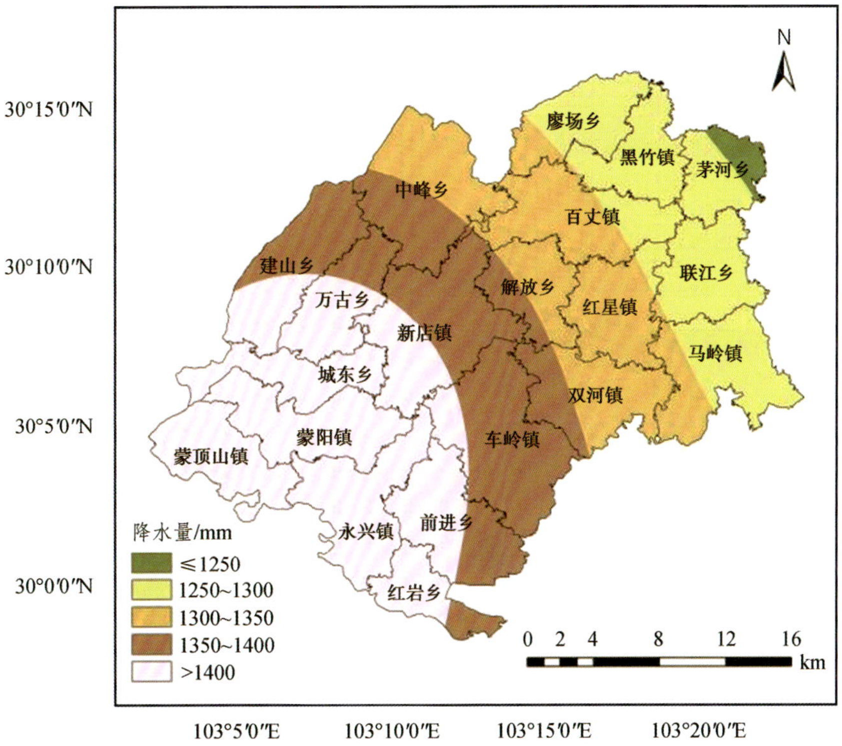

图5.13 1980—2019年（40年）名山区年平均降水量（单位：mm）

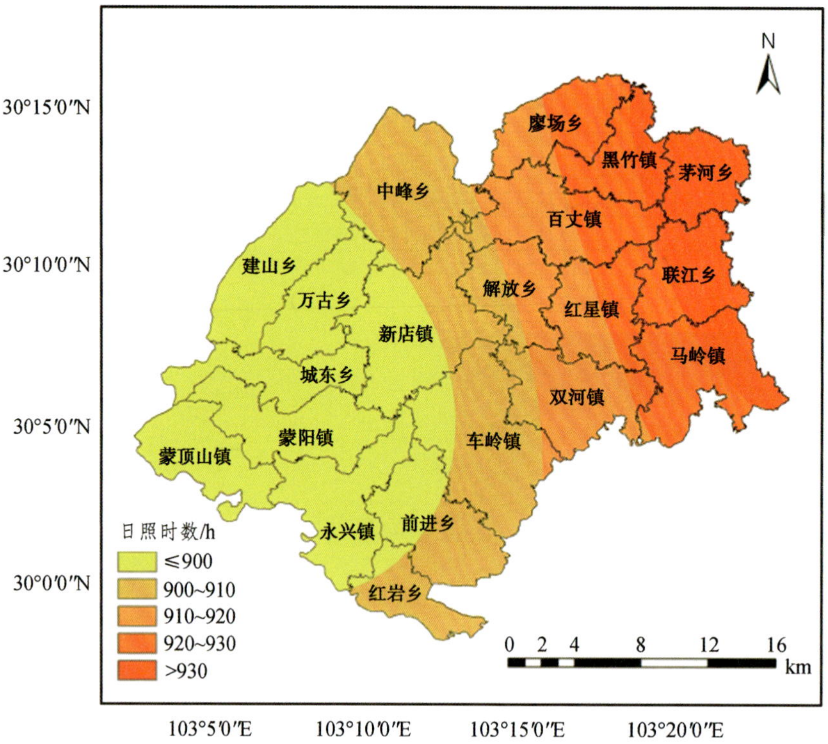

图5.14 1980—2019年（40年）名山区年平均日照时数（单位：h）

5.5.5 蒙顶山茶的气候品质评价

据中华人民共和国气象行业标准《茶叶气候品质评价》（QX/T 411—2017）的有关规定，名山区蒙顶山茶叶气候品质评估模型的公式为：

$$I_{tcq}=\sum_{i=1}^{3}a_iM_i \tag{5.2}$$

式中 I_{tcq}——茶叶气候品质评价指数；

a_i——平均气温、平均相对湿度、平均日照时数的权重系数，通常分别取0.6、0.2、0.2；

M_i——茶叶采收前15 d无农业气象灾害影响条件下的平均气温、平均相对湿度、平均日照时数的分级值（表5.6）。

根据按茶叶气候品质评价指数，可将茶叶气候品质评价划分为4个等级（表5.7）。

表5.6 茶叶气候品质评价模型中气象指标的分级赋值方法

M_i赋值	平均气温（T_{avg}）/℃	平均相对湿度（$\overline{U}$）/%	日照时数（S）/h
0	T_{avg}<10.0或T_{avg}>25.0	$\overline{U}$<60.0	S=0.0或S>10.0
1	10.0≤T_{avg}<11.0或20.0<T_{avg}≤25.0	60.0≤$\overline{U}$<70.0	0<S<1.5或8.0<S≤10.0
2	11.0≤T_{avg}<12.0或18.0<T_{avg}≤20.0	70.0≤$\overline{U}$<80.0	1.5≤S<3.0或6.0<S≤8.0
3	12.0≤T_{avg}≤18.0	$\overline{U}$≥80.0	3.0≤S≤6.0

表5.7 茶叶气候品质等级划分

等级	茶叶气候品质指数（I_{tcq}）	对应的酚氨比（r_{RPA}）
特优	$I_{tcq} \geqslant 2.5$	$r_{RPA} < 2.5$
优	$1.5 \leqslant I_{tcq} < 2.5$	$2.5 \leqslant r_{RPA} < 5.0$
良	$0.5 \leqslant I_{tcq} < 1.5$	$5.0 \leqslant r_{RPA} < 7.5$
一般	$I_{tcq} < 0.5$	$r_{RPA} \geqslant 7.5$

图5.15给出了据2020年数据计算出的蒙顶山茶的气候品质评价指数分布图，由图5.15可见：名山区茶叶种植区平均茶叶气候品质评价指数（I_{tcq}）高达2.6（满分值为3.0）。图5.16给出了据2020年数据计算出的蒙顶山茶气候品质评价等级分布图，由图5.16可见：名山区茶叶种植区茶叶气候品质评价等级绝大多数为“优”至“特优”。

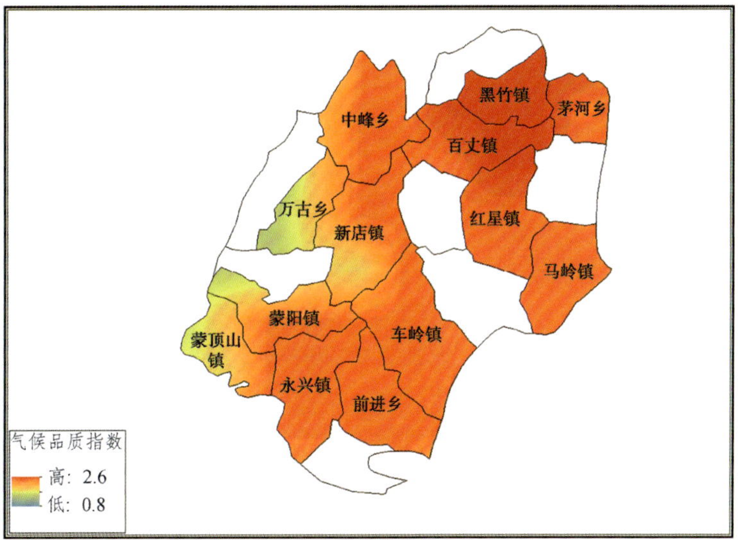

图5.15 蒙顶山茶气候品质评价指数分布图（据2020年资料计算）

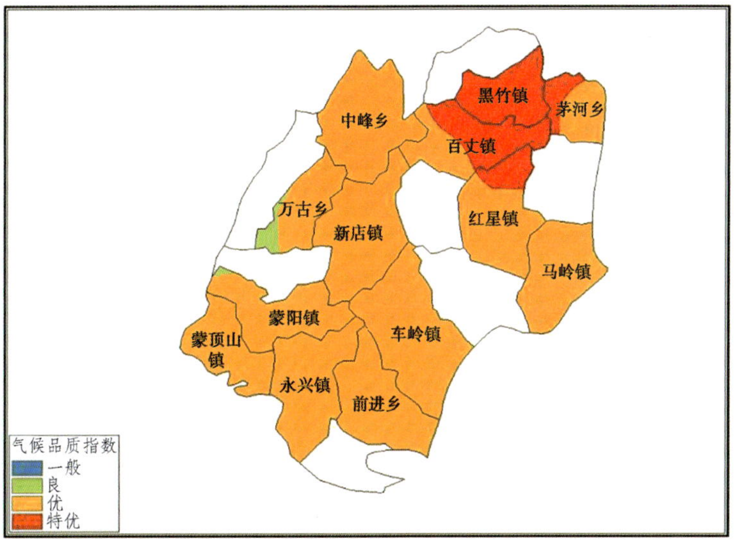

图5.16 蒙顶山茶气候品质评价等级分布图（据2020年资料计算）

5.6 结论和建议

（1）雅安的农业气候资源丰富，四季分明，雨热同步。雅安的年降水量北部各县、区，一般在1000 mm以上，降水丰富；南部两县大部分地方为700～800 mm，较为丰富；≥10 ℃的活动积温从北到南为4647.5～5921.7 ℃·d；山地立体气候特征显著，境内拥有类南亚热带、中亚热带、北亚热带、暖温带等多气候类型，为众多不同生态型农业提供了适生环境；年平均太阳总辐射量为3383～4199 MJ·m^{-2}，高值区在南部汉源县，相对而言，雅安中部县、区光能资源欠佳，对喜光作物高产、优质是一个带限制性的因素。

建议：有关部门在农作物尤其是经济作物栽种布局时考虑这些因素。

（2）雅安市茶树气候适应性区划优质区主要集中在北部的名山、雨城、天全、芦山、荥经、宝兴南部海拔低于1400 m的大部分地区，以及石棉县个别乡镇；适宜区主要集中在名山、雨城、天全、芦山、荥经以及宝兴、石棉、汉源的个别乡镇。

建议：优质区和适宜区皆可以大力发展茶叶生产，而且北部的雨城、天全、芦山、荥经还具有很大的发展潜力。因地制宜，科学选址，政府加大科普宣传力度、统筹规划，正确引导农民或业主在优质区、适宜区种植，提高茶叶产量和品质；茶树种植需按照实际情况，划区分块，设置茶园道路，因地制宜建立蓄、排、灌水利系统；注意改善茶园生态环境条件，选择适宜的树种营造茶园防护林、行道树网或遮阴树；注意引进品种的适应性能，要考虑品种适应性，做好多品种合理搭配，选择合适的引种季节；加强茶树管理，以提高产量。根据茶树对气候条件的要求， 在实际生产中应注意做好抗旱、防寒、防霜、防风等工作；切实搞好茶树病虫害的科学防治，以建立生态茶园为目标，实行以农业防治为基础、生物防治和物理防治为中心、化学防治为辅助手段的综合防治措施。

（3）雅安市花椒种植气候适应性区划的适宜区主要集中在南部地区，包括汉源东南部皇木镇和乌斯河镇等部分地区及南部片马乡、坭美乡、河南乡和晒经乡等部分区域，石棉南部回龙镇、栗子坪和安顺场等部分区域，多呈零散的带状分布；次适宜区包括荥经南部部分地区，汉源东部永利乡、皇木镇和乌斯河镇等部分地区，南部片马乡、坭美乡、河南乡和晒经乡等部分区域及西部前域镇、富乡乡等部分地区，石棉北部新民乡等部分地区，西北部草科乡等部分地区，南部回龙镇、栗子坪和安顺场等部分区域。

建议：进一步对雅安市花椒资源进行普查，开展选优，积极发展良种，改造低产林。结合温度空间分布资料，适当压缩深山区的栽种面积，扩大浅山区栽种面积，促进当地花椒种植产业科学布局；重视花椒开花和籽粒形成期水分的供应与补充，20世纪90年代以来汉源年降水量变化幅度不大，但春旱和夏旱发生频率和强度较高，应加强人工灌溉设施建设。花椒在开花和籽粒形成期，此阶段既要长叶生枝，又要开花结果，进入营养生长和生殖生长并行时期，对水分需求十分敏感，是产量和品质形成关键需水期，做好排灌基础设施建设，如发生中旱和重旱应采取人工灌溉等相应措施，有利于稳定提高花椒的产量、品质和产业可持续发展。

（4）雅安市黄果柑种植气候适应性区划的优质区主要集中在石棉的丰乐、安顺、新棉和汉源的大树、富林、九襄等乡镇；适宜区主要集中在石棉的丰乐、宰羊、迎政、美罗、永和、新棉、回隆、擦罗、安顺、先锋、新民、挖角、田湾和汉源的片马、顺河、大树、晒经、小堡、富林、富泉、唐家、九襄、前域、富庄，还有芦山、名山的个别乡镇。

建议：优质区和适宜区主要集中在雅安市南部，可以发展黄果柑产业。因地制宜， 科学选址，政府加大科普宣传力度、统筹规划，正确引导农民或业主在优质区、适宜区种植，提高黄果柑产量和品质；根据气候、本地条件和市场需求，选择适宜本地区的、有较强市场竞争力的、品质优、抗病性强、抗逆强和具耐贮性的品种；栽植时间——在秋梢老熟后气温15℃以上或2—3月春梢萌芽前栽植，容器苗或带土移栽不受季节限制；采收条件——雨天、雾天、雪天、打霜、大风等天气，果面水分未干前不宜采收，在晴好天气，露水干后采收为宜；采收时间——鲜销果在果实正常成熟，具有本品种固有的品质特征（色泽、香味、风味和口感等）时采收，黄果柑鲜销果在3月上中旬采收，贮藏果比鲜销果宜早7～10 d采收，加工用果宜晚7～10 d采收，注意雨天和中午高温时不宜采收。

（5）名山区海拔600～1200 m，是蒙顶山茶最佳生长地域，该区域具有气候温和、冬无严寒、夏无酷暑、气温年较差小、降雨充沛、以散射光源为主的气候特点，茶叶品质形成关键期内光、温、水条件匹配较好，且酸性和微酸性土壤占全区土地面积的70%以上。茶叶品质形成关键时期（采摘期前15d）平均温度在12℃左右，适宜的温度为蒙顶山茶叶的生长提供了充足的热量资源，平均相对湿度在79%左右，逐日日照时数在2～3 h。蒙顶山茶种植区多云多雾天然的遮阴气象条件，使茶叶受到的直射光源较少，散射光源较多，碳代谢明显增强，全氮、咖啡碱、氨基酸的含量增加，减少了茶叶粗纤维的形成。云雾对光的折射可减少蓝紫光的照射，利于茶叶品质的提高。得天独厚的气候条件和地理环境，造就了“蒙顶山茶”清雅醇和的出众品质，氨基酸含量高达5.12%。名山区茶叶种植区平均茶叶气候品质评价指数（I_{tcq}）高达2.6（满分值为3.0），名山区茶叶种植区茶叶气候品质评价等级绝大多数为“优”至“特优”，名山区“蒙顶山茶”是名副其实的“中国气候好产品”。

建议：蒙顶山茶获得“中国气候好产品”授牌后，将携带“身份证”走向全国市场。中国气象服务协会将对蒙顶山茶生长全程进行“电子化”管理，建立透明的“身份档案”，采购者和消费者只需扫描二维码，便能快速查询到其生长全程的气候信息，从而实现“追根溯源”，满足消费者知情权，让采购和消费更放心；有关部门要进一步加大“中国气候好产品——蒙顶山茶”的宣传力度，力争使名山区茶叶在“中国气候好产品”这一国家气候标志的强势助推下，成为引领地方经济大发展的“金叶子”，促进名山区及雅安市旅游业的进一步发展，实现产业增效、农民增收、生态增值。

6 气候与旅游

6.1 气候与生物种群

雅安市属中亚热带湿润季风气候区，境内地势高低差异很大，最高、最低海拔相差5277 m，导致气象要素垂直差异大，立体气候特征十分明显，部分山体从山脚到山脊可出现中亚热带、山地北亚热带、暖温带、中温带、寒温带和亚寒带等气候带。众多的气候带造就了雅安独特的生物种群，类型多样的植被带和种类繁多的动物群（图6.1、图6.2）。

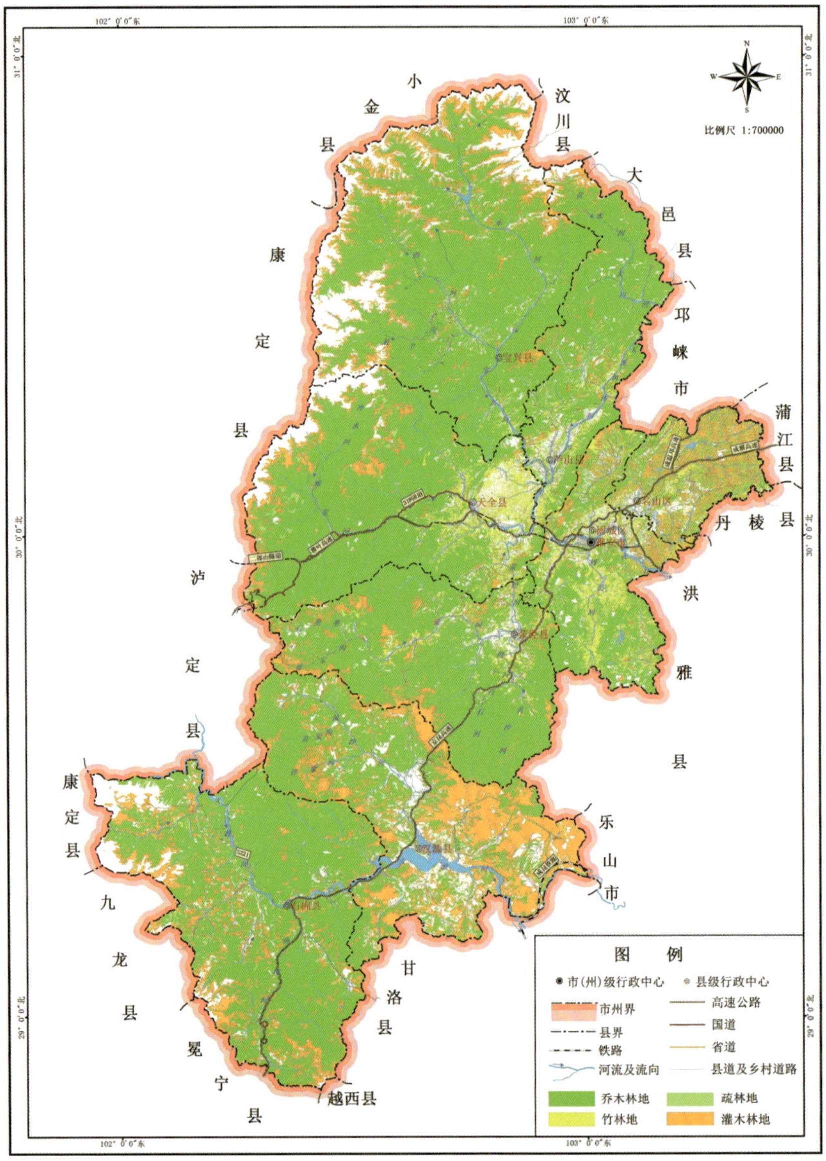

图6.1 雅安市森林分布图（雅安市林业局供图）

图6.2 宝兴县夹金山杜鹃花海（孟水明拍摄）

雅安市常被生物学术界称为“天然的生物基因库”和“动植物博物馆”。截至2019年年底资料统计，雅安境内分布陆生野生动物700余种，其中有国家一级重点保护动物19种（含兽类9种、鸟类10种），国家二级重点保护动物73种（含兽类20种、鸟类51种、两爬类2种）；分布有植物185科869属3000多种，有国家重点保护野生植物28科47种，其中国家一级保护植物10种（含天然分布7种、栽培3种），占四川省分布（18种）的55.6%，隶属8科，国家二级保护植物37种（含天然分布32种、栽培5种），占四川省分布（56种）的66.1%，隶属22科。

复杂多样的地形地貌和自然气候形成多样的生境，为特有物种的发展和保存创造了条件，使雅安市存有大量的古老孑遗的特有种类（如动物活化石大熊猫，植物活化石珙桐等），产生了大量的模式标本，成为第三纪植物的“避难所”，古老珍稀物种极其丰富，有“动植物的基因库”和“大熊猫诺亚方舟”之称。

雅安处于“华西雨屏”中心地带，终年潮湿多雾，水热条件较好，海拔1600 m以下立体条件优越，特别适宜茶树生长；海拔2000 m以下适宜常绿硬杂木林和珍贵木材，如樟、润楠等，同时也适宜油竹子和拐棍竹等大熊猫的主食竹种生长；海拔2000～2500 m一带，适宜桦木、漆树、曼青冈、连香树等阔叶树种，和大熊猫主食竹种拐棍竹和石棉玉山竹等生长；海拔2500 m以上适宜铁杉、冷杉等亚高山暗针叶群种，以及大熊猫主食的冷箭竹等高山竹种生长。

6.2 生态旅游气候资源

雅安市立体气候特征十分明显，独特的气候条件加上特有的地理位置、地质结构和地壳运动，使雅安市集高原风光、原始森林、地热温泉、珍稀动植物、地质奇观、江河湖泊等于一体，具有资源丰富、类型多、品位高、综合性好的特点。良好的气候条件使雅安市森林覆盖率高，气温偏低，降雨量大，具有“天然氧吧”“天府之肺”“雨城”等之称。雅安境内夹金山脉东坡被世界生物学界称为“第四纪冰川时期古老生物的避难所”，有700万～800万年前留下的孑遗动物，地球上现今最为珍稀的动物活化石，和剑齿象、剑齿虎等同时代的动物——大熊猫；而1000万年前留下来的孑遗植物，“植物活化石”——珙桐等，目前仍然大量存活在这一地区，这充分说明了该地区生态环境异常优异，具备较好的人居环境和生态旅游气候资源。

1. 气　温

雅安市也为少有的度夏胜地。随着全球气候变暖，夏天极端高温天气频繁出现，追求凉爽宜人的气温条件是人们夏季外出旅游的重要动机之一。雅安市城区夏季（6—8月）平均气温为22.1～24.8 ℃，最低在宝兴，最高在雨城区，正好处于最有利于人类延年益寿温度（23 ℃）附近。现代医学临床研究发现，在23 ℃时，人体消耗的氧气最少，新陈代谢率最低，心率、血压平稳，心脏负担最小，最有利于细胞及器官组织修复，人体抗病能力增强，器官组织衰老减缓，特别有利于患有慢性呼吸道疾病、心脏病的中老年人的康复。可见，雅安市夏季是不可多得的疗养胜地，对老人健康长寿十分有利。各县、区城区全年日平均温度高于28 ℃的天数（d）分别为：宝兴0.1、天全0.7、芦山1.5、雨城8.0、名山2.3、荥经1.1、汉源4.5、石棉5.9。最高气温≥35 ℃的天数（d）分别为：宝兴0.1、天全0.9、芦山2.2、雨城3.7、名山1.3、荥经1.0、汉源5.1、石棉14.2。雅安夏季高温天气出现次数非常少，尤其是宝兴县，夏天也很凉爽。由此可见雅安市夏无酷暑、气温平和，较为凉爽，具有很好的温度气候资源，加上较好的水墨自然景观，越来越成为游客心仪的避暑胜地（图6.3、图6.4）。

图6.3　雅安市城市风光（孟水明拍摄）

图6.4 雨城区碧峰峡景区（孟水明拍摄）

2. 降 雨

雅安市也为少有的多雨日、多夜雨的滋润之地。雅安市位于四川省西部，东邻川西平原，西接青藏高原，地处高原东南麓陡峭坡地边缘。北部的名山、雅安、天全一带的青衣江河谷，地形兼有“迎风坡”“喇叭口”的特点。南部的大渡河贯穿东西，整个流域为高差很大的峡谷。在这一特定的地理和地形条件下，地形爬坡和常定性地形涡旋对暖湿气流的强迫性抬升和辐合造成雅安降水较多，无论是年雨量、雨日和暴雨日数，都是高原东部的最大值区，雅安历来素有“华西雨屏”“西蜀漏天”和“雨城”之称，杜甫曾诗曰“地近漏天终岁雨”。

雅安市各县、区城区年平均降水量（mm）分别为：宝兴956.7、天全1565.1、芦山1266.7、雨城1637.3、名山1439.4、荥经1157.2、汉源750.7、石棉801.8，雨城最多，汉源最少。雅安市各县、区城区年平均有降雨现象的天数（d）分别为：宝兴257.6、天全273.2、芦山246.3、雨城249.8、名山245.7、荥经243.9、汉源186.7、石棉201.6，天全最多，汉源最少。雅安市各县、区城区年平均日雨量≥0.1 mm的天数（d）分别为：宝兴173.1、天全226.1、芦山196.8、雨城205.3、名山200.2、荥经186.2、汉源136.7、石棉133.6，天全最多，石棉最少。

雅安市的降雨为典型的午夜峰值型，强降雨基本都在夜间。雅安市各县、区城区年平均夜雨率（夜间降水量占全天降水量的比例，%）分别为：宝兴74.6、天全72.0、芦山75.7、雨城74.1、名山70.8、荥经77.1、汉源75.3、石棉76.7，石棉最高，名山最低，但夜间降雨都在7 ~ 8成，而且各季节变化不大，可见夜雨现象非常显著，是“巴山夜雨”现象最为突出的地区。唐朝诗人李商隐的《夜雨寄北》曰：“君问归期未有期，巴山夜雨涨秋池。何当共剪西窗烛，却话巴山夜雨时”，说明川中夜雨，自古著名。

“雅雨”是雅安特有的一种局地性降水现象。雅安降水丰沛地区主要集中在青衣江河谷地区，降雨较少的地区主要集中在北端和南端的大渡河河谷地区。如今，如烟如丝的“雅雨”已成为雅安市生态旅游的品牌标志，也已成为造就这座滋润、充满神奇魅力城市不可或缺的重要元素，形成了“水墨雅安”的自然景观。近年来外地游客到雅安来，都把在雅安“雨中漫步”作为享受“三雅”（雅雨、雅鱼、雅女）文化之首。

3. 光　照

雅安市也为少有的紫外线辐射很少之地。太阳紫外线是电磁波谱中波长从0.01～0.40 μm辐射的总称。阳光中有大量的紫外线。紫外线对人类的生活和生物的生长有很大影响。紫外线按其波长可分为三部分：A紫外线波长位于0.32～0.40 μm，A紫外线对我们的影响表现在对合成维生素D有促进作用，但过量的A紫外线照射会引起光致凝结，抑制免疫系统功能，太少或缺乏A紫外线照射又容易使人患红斑病和白内障；B紫外线波长位于0.28～0.32 μm，B紫外线对我们的影响表现在使皮肤变红和短期内降低维生素D的生成，长期照射可能导致皮肤癌、白内障及抑制免疫系统功能；C紫外线波长位于0.01～0.28 μm，C 紫外线几乎都被臭氧层所吸收，对我们影响不大。紫外线对人类的影响主要表现为A紫外线和 B紫外线的综合作用。

长期以来，人们只知道紫外线对人体有益，因为它有利于维生素 D 的合成，促进骨骼组织发育等，成长期的儿童多晒太阳，可防止佝偻病，皮肤晒得又黑又红则是健康的象征。但是，现代科学研究认为，紫外线对人体的危害远大于它的有利作用，人们应当注意防御紫外线带来的危害。

紫外线指数（URI）是指一天当中太阳在天空中的位置最高时（也即中午前后），到达地面的太阳光线中紫外线辐射对人体皮肤的可能损伤程度。紫外线指数一般用0～15表示。通常规定，夜间紫外线指数为0，在热带或高原地区、晴天无云时，紫外线最强，指数为15。可见紫外线指数值越大，表示紫外线辐射对人体危害越大，也表示在较短时间内对皮肤的伤害越强。在实际预报中常将紫外线指数分为5级发布。

由于独特的地理地形条件，雅安市是全球层状云气候分布最高的地区。这就相当于常年在雅安市上空拉上了一个巨大的遮阴篷，使太阳紫外线强度大为削弱。雅安市北部的紫外线指数等级基本上都是1～2级，南部的紫外线指数等级基本上都是1～3级。

自古就有“雅安出美女”之说，现在“雅女” 更是世界闻名，雅安姑娘大都身材窈窕、眉清目秀、皮肤如荷花般水灵和细腻。该地区紫外线强度弱，是天造“雅女”的原因之一。

据1991—2020年（30年） 资料计算，雅安市各县、区城区年平均日照时数（h）分别为：宝兴762.2、天全911.7、芦山887.2、雨城900.9、名山886.5、荥经843.2、汉源1301.3、石棉1198.8，宝兴最少，汉源最多。

据2004—2020年（17年）资料计算，雅安市各县、区年平均太阳总辐射值（$MJ \cdot m^{-2}$）分别为：宝兴3383、天全3638、芦山3504、雨城3597、名山3635、荥经3574、汉源4199、石棉4105，宝兴最少，汉源最多。汉源县为雅安市境内的阳光之城，年平均太阳总辐射值比最少的县高出近20%。

6.3　生物气象指标

据人类生物气象学的研究，气象要素对人体的生理反应有很大影响。局地的小气候条件随地点、时间、环境特点不同有很大的差异。目前，衡量小气候对人体影响的生物气象指标有酷热指数、寒冷指数、人体舒适度气象指数等，其物理意义和计算方法分别如下：

1．酷热指数（HI）

人体为维持自身的热平衡机制，通过生理反应而适应环境的温度变化。人体正常体温稳定在36.5～37 ℃，当气温为28 ℃时，人体处于热平衡状态，皮肤温度为34 ℃，感觉最舒适；气温高于28 ℃时，为适应环境温度的变化，维持人体热平衡，血管扩张，将更多的血液向皮肤表层输送，促使皮肤温度升高，以散失多余热量；当气温高于30 ℃时，人体将以排汗方式散发热量；当气温超过35 ℃时60%左右的余热通过排汗散失。因而随着环境温度的升高，人体的热负荷增加，不舒适感增强，若温度超过人体热平衡系统的调节范围，就会产生中暑等热病。从人体平衡调节机能看，环境温度高时，排汗是调节热平衡的主要手段，而能否快速地以这种方式散失人体多余热量则与空气的饱和差和流经皮肤表面的风速成正比，其中饱和差，即空气饱和水汽压与水汽压之差是主要的影响因素，因此，气温和相对湿度是影响人体热感觉和维持热平衡的两个最重要的因子。

适合我国气象观测资料情况的酷热指数（HI）的计算公式如下：

$$HI=(1.8T_c+32)-(0.55-0.55H_r)(1.8T_c-26) \tag{6.1}$$

式中 T_c——气温，℃；

H_r——空气相对湿度，计算时以分数值代入计算，如50%则以0.5代入。

HI为无单位数值，数值越高，则表明当地人体对气候的不适程度越严重。对于不同地区、不同民族，同一指数反映的不适应程度不完全相同。但大量实验数据表明：HI在60～75，大部分人感觉舒适；HI>75时近50%的人感觉不适；HI>80时大部分人感觉不适。

2．寒冷指数（CI）

在寒冷的气候中，影响人体热损失的主要因素是空气流速和空气温度。最早提出寒冷指数（或称为风冷指数）的是Bedford，后经Court及Thomas-Boyd等人做了发展，Siple和 Passel（1945年）把这两个因素综合成一个单一的指数，称为寒冷指数（CI），用来衡量在皮肤温度为33 ℃时皮肤表面单位面积的热量损失，单位为kJ · m^{-2} · h^{-1}。根据实验和观测资料拟合，计算寒冷指数（CI）的经验公式为：

$$CI=\Delta t\cdot(9.0+10.9\sqrt{V}-V) \tag{6.2}$$

式中 Δt——人体温度与环境气温之差，℃；

V——环境风速，m · s^{-1}。

为了实际计算方便，本文对式（6.2）做如下变换：

$$\Delta t=T_b-T_c \tag{6.3}$$

式中 T_b——人体温度，℃；

T_c——气温，℃。

如取人体皮肤温度为33 ℃，则 $\Delta t=33-T_c$，代入式（6.2）则有

$$CI=(33-T_c)\cdot(9.0+10.9\sqrt{V}-V) \tag{6.4}$$

式（6.4）就是计算寒冷指数的公式。寒冷指数（CI）与人体的生理反应见表6.1。

表6.1 不同寒冷指数时人体的生理反应（据Siple等，1945年）

CI / kJ · m^{-2} · h^{-1}	生理反应
837	舒适
1674	凉

续 表

CI / kJ · m^{-2} · h^{-1}	生理反应
2512	很凉
3349	冷
4186	很冷
5023	极度寒冷
5860	裸露皮肤冻伤
8372	裸露皮肤在1 min内冻伤
10465	裸露皮肤在半分钟内冻伤

3. 人体舒适度气象指数（BCMI）

人类机体对外界气象环境的主观感觉有别于大气探测仪器获取的各种气象要素结果。人体舒适度气象指数是为了从气象角度来评价在不同气候条件下人的舒适感，根据人类机体与大气环境之间的热交换而制订的综合性的生物气象指标。

人体的热平衡机能、体温调节、内分泌系统、消化器官等生理功能受到多种气象要素的综合影响，如大气温度、湿度、气压、光照、风等。实验表明，气温适中时，湿度对人体的影响并不显著。由于湿度主要影响人体的热代谢和水盐代谢。当气温较高或较低时，其波动对人体的热平衡和温热感就变得非常重要。例如，气温在15.5 ℃时，即使相对湿度变化幅度达50%，对人体的影响也仅为气温变化1 ℃的作用。而当温度在21 ~ 27 ℃时，若相对湿度改变50%，人体的散热量就有明显差异，相对湿在30%时，人体的散热量比相对湿度在80%时多。而当相对湿度超过80%时，由于高温高湿影响人体汗液的蒸发，机体的热平衡受到破坏，因而人体会感到闷热不适。随着温度的升高，这种情况将更趋明显。当冬季天气阴冷潮湿时，由于空气中相对湿度较高，身体的热辐射被空气中的水汽所吸收；加上衣服在潮湿的空气中吸收水分，导热性增大，加速了机体的散热，使人感到寒冷不适。当气温低于皮肤温度时，风能使机体散热加快。风速每增加1 m · s^{-1}，会使人感到气温下降了2 ~ 3 ℃，风越大，散热越快，人就越感到寒冷不适。一般而言，气温、相对湿度、风速三个气象要素对人体感觉影响最大。

1966年，Terjung正式提出舒适度指数（Comfort Index）。1971—1994年Steadman以人体热量平衡方程为基础，充分考虑了人体产热和失热的要素，建立了广泛适用的体感温度模型，讨论了辐射、风、湿度对体感温度的影响。1990年冯定原、邱新法根据Steadman的感热温度理论，定量计算了我国各地四季感热温度的分布变化，分析了气象要素对区划结果的影响，并对体感温度的大小对人类活动的影响进行了讨论，已涉及人体舒适度应用。1996年，钱妙芬、叶梅根据舒适和清洁原则提出了“气候宜人度评价”模型。1997年，北京市气象局已对公众发布人体舒适度指数预报。1998年，王远飞等参照国外有关人体不适指数、温湿指数、风寒指数等，结合上海市的气候特点，建立了上海市的人体“气象舒适度指数”计算公式。近年来，四川、云南、天津、江苏、福建等地先后开展了人体舒适度气象指数的发布工作等。目前，国内各省、市人体舒适度气象指数（Body Comfort Meteorology Index，BCMI）计算方法各不相同，很多省市只考虑了温度和湿度。江苏省气象台发布人体舒适度气象指数的计算模型分别考虑了温度、相对湿度和风速对人体的影响，考量全面，对长江流域特别适合。本文也采用此模型，其计算公式为：

$$\text{BCMI} = (1.8T_c + 32) - 0.55 \times (1 - H_r) \times (1.8T_c - 26) - 3.2\sqrt{V} \qquad (6.5)$$

式中　T_c——气温，℃；

H_r——空气相对湿度，计算时以分数代入计算，如50%则以0.5代入；

V——风速，$m \cdot s^{-1}$；

BCMI——人体舒适度气象指数。

由式（6.5）计算的BCMI值、分级及对应的人体感觉见表6.2。

表6.2　人体舒适度气象指数、分级及对应的人体感觉

人体舒适度气象指数值（BCMI）	分级	人体感觉
>89	10级	酷热，很不舒适
86～88	9级	暑热，不舒适
80～85	8级	炎热，大部分人不舒适
76～79	7级	闷热，少部分人不舒适
71～75	6级	偏暖，大部分人舒适
59～70	5级	最为舒适
51～58	4级	偏凉，大部分人舒适
39～50	3级	清凉，少部分人不舒适
26～38	2级	较冷，大部分人不舒适
0～25	1级	寒冷，不舒适

据雅安市1991—2020年（30年）各县、区月平均气温、月平均相对湿度、月平均风速气候资料，采用式（6.1）、式（6.4）、式（6.5）计算雅安市各县、区逐月的平均酷热指数（HI）、寒冷指数（CI）和人体舒适度气象指数（BCMI），表6.3至表6.10给出了计算结果。表6.11 给出了雅安市各县、区1991—2020年月平均人体舒适度气象指数（BCMI）等级。

表6.3　宝兴县1991—2020年（30年）气候资料及HI 、CI、BCMI和BCMI等级

要素	1月	2月	3月	4月	5月	6月	7月	8月	9月	10月	11月	12月
月平均气温/℃	4.9	6.9	10.7	15.3	18.5	20.9	22.8	22.6	19.3	15.2	11.2	6.4
月平均相对湿度/%	73	73	74	74	76	80	82	82	84	83	78	74
月平均风速/$m \cdot s^{-1}$	2.8	2.9	3	2.9	2.6	2.4	2.3	2.3	2.1	2.1	2.5	2.7
月平均HI	43	46	52	59	64	68	72	71	66	59	53	46
月平均CI/$kJ \cdot m^{-2} \cdot h^{-1}$	2876	2696	2323	1829	1457	1189	992	1013	1302	1691	2164	2696
月平均BCMI	38	41	47	54	59	63	67	66	61	55	48	40
月平均BCMI等级	2	3	3	4	5	5	5	5	5	4	3	3

表6.4 天全县1991—2020年（30年）气候资料及HI 、CI、BCMI和BCMI等级

要素	1月	2月	3月	4月	5月	6月	7月	8月	9月	10月	11月	12月
月平均气温/℃	5.3	7.4	11.2	16.1	19.6	22.3	24.2	23.9	20.4	16.2	11.9	6.8
月平均相对湿度/%	85	84	82	80	78	81	83	83	86	87	86	86
月平均风速/m·s^{-1}	0.5	0.6	0.7	0.8	0.8	0.8	0.7	0.7	0.7	0.5	0.5	0.5
月平均HI	43	46	53	61	66	71	74	73	68	61	54	45
月平均CI/kJ·m^{-2}·h^{-1}	1879	1804	1591	1268	1009	804	640	666	917	1134	1432	1779
月平均BCMI	41	44	50	58	63	68	71	71	65	59	52	43
月平均BCMI等级	3	3	3	4	5	5	6	6	5	5	4	3

表6.5 芦山县1991—2020年（30年）气候资料及HI 、CI、BCMI和BCMI等级

要素	1月	2月	3月	4月	5月	6月	7月	8月	9月	10月	11月	12月
月平均气温/℃	5.7	7.9	11.7	16.5	20.1	22.7	24.5	24.3	20.8	16.7	12.4	7.3
月平均相对湿度/%	83	82	81	80	79	82	85	85	87	87	85	84
月平均风速/m·s^{-1}	0.6	0.7	0.8	0.8	0.8	0.7	0.7	0.7	0.6	0.5	0.6	0.5
月平均HI	44	47	54	61	67	71	75	74	69	62	55	46
月平均CI/kJ·m^{-2}·h^{-1}	1925	1829	1599	1239	971	749	620	636	858	1105	1452	1746
月平均BCMI	41	45	51	58	64	69	72	72	66	60	52	44
月平均BCMI等级	3	3	4	4	5	5	6	6	5	5	4	3

表6.6 雨城区1991—2020年（30年）气候资料及HI 、CI、BCMI和BCMI等级

要素	1月	2月	3月	4月	5月	6月	7月	8月	9月	10月	11月	12月
月平均气温/℃	6.4	8.6	12.6	17.6	21.1	23.7	25.5	25.2	21.5	17	12.8	7.9
月平均相对湿度/%	79	78	75	73	72	75	78	79	82	84	82	81
月平均风速/m·s^{-1}	0.9	1.0	1.2	1.4	1.5	1.4	1.4	1.3	1.1	0.9	0.8	0.8
月平均HI	45	49	55	63	68	72	75	75	69	62	55	47
月平均CI/kJ·m^{-2}·h^{-1}	2055	1930	1687	1323	1038	799	645	657	929	1235	1519	1888

续 表

要素	1月	2月	3月	4月	5月	6月	7月	8月	9月	10月	11月	12月
月平均BCMI	42	46	52	59	64	69	72	71	66	59	52	45
月平均BCMI等级	3	3	4	5	5	5	6	6	5	5	4	3

表6.7 名山区1991—2020年（30年）气候资料及HI 、CI、BCMI和BCMI等级

要素	1月	2月	3月	4月	5月	6月	7月	8月	9月	10月	11月	12月
月平均气温/℃	5.6	7.8	11.7	16.7	20.4	23	24.8	24.4	20.8	16.4	12.1	7.0
月平均相对湿度/%	83	82	79	77	76	80	83	84	86	87	86	85
月平均风速/m·s^{-1}	0.7	0.8	1.0	1.1	1.1	1.0	1.1	1.1	0.9	0.8	0.7	0.7
月平均HI	44	47	54	62	67	72	75	74	69	61	54	46
月平均CI/kJ·m^{-2}·h^{-1}	1997	1892	1687	1318	1021	791	666	695	942	1247	1524	1896
月平均BCMI	41	44	50	58	64	69	72	71	66	58	51	43
月平均BCMI等级	3	3	3	4	5	5	6	6	5	4	4	3

表6.8 荥经县1991—2020年（30年）气候资料及HI 、CI、BCMI和BCMI等级

要素	1月	2月	3月	4月	5月	6月	7月	8月	9月	10月	11月	12月
月平均气温/℃	5.5	7.7	11.4	16.2	19.7	22.3	24.1	23.9	20.5	16.4	12.1	7.1
月平均相对湿度/%	79	79	78	77	77	79	82	82	84	84	82	81
月平均风速/m·s^{-1}	1.0	1.2	1.3	1.4	1.3	1.2	1.1	1.1	0.9	0.9	0.9	0.9
月平均HI	44	47	53	61	66	71	74	73	68	61	54	46
月平均CI/kJ·m^{-2}·h^{-1}	1900	1766	1406	954	649	448	293	301	624	1005	1335	1746
月平均BCMI	41	44	50	57	63	67	70	70	65	58	51	43
月平均BCMI等级	3	3	3	4	5	5	5	5	5	4	4	3

表6.9 汉源县1989—2008年（20年）气候资料及HI 、CI、BCMI和BCMI等级

要素	1月	2月	3月	4月	5月	6月	7月	8月	9月	10月	11月	12月
月平均气温/℃	8.6	10.8	14.6	19.3	21.8	23.5	25.5	25.1	22.3	18.2	14.6	10.0
月平均相对湿度/%	61	59	60	62	68	77	78	78	78	77	70	65

续 表

要素	1月	2月	3月	4月	5月	6月	7月	8月	9月	10月	11月	12月
月平均风速/m·s^{-1}	0.6	0.8	1.0	1.1	0.8	0.5	0.5	0.5	0.5	0.4	0.5	0.5
月平均HI	50	53	58	65	69	72	75	75	70	64	58	52
月平均CI /kJ·m^{-2}·h^{-1}	1720	1666	1457	1109	841	645	511	536	724	958	1247	1561
月平均BCMI	42	45	49	55	60	64	67	67	63	58	51	45
月平均BCMI等级	3	3	4	5	5	5	6	6	5	5	4	3

注：汉源由于迁站，新站址海拔变化很大，对城区代表较差，资料计算年份为1989—2008年。

表6.10 石棉县1991—2020年（30年）气候资料及HI 、CI、BCMI和BCMI等级

要素	1月	2月	3月	4月	5月	6月	7月	8月	9月	10月	11月	12月
月平均气温/℃	8.4	11	14.7	18.9	21.3	22.8	24.7	24.6	21.5	17.7	13.9	9.5
月平均相对湿度/%	55	53	55	60	66	76	77	76	79	76	69	62
月平均风速/m·s^{-1}	1.8	2	2.1	2.2	1.9	1.5	1.6	1.6	1.4	1.3	1.4	1.5
月平均HI	50	53	58	64	68	71	74	74	69	63	57	51
月平均CI /kJ·m^{-2}·h^{-1}	2248	2064	1737	1356	1084	892	737	745	988	1289	1637	2051
月平均BCMI	46	49	54	60	64	67	70	70	65	59	53	47
月平均BCMI等级	3	3	4	5	5	5	5	5	5	5	4	3

表6.11 雅安市各县、区1991—2020年月平均人体舒适度气象指数等级

县、区	1月	2月	3月	4月	5月	6月	7月	8月	9月	10月	11月	12月
宝兴	2	3	3	4	5	5	5	5	5	4	3	3
天全	3	3	3	4	5	5	6	6	5	5	4	3
芦山	3	3	4	4	5	5	6	6	5	5	4	3
雨城	3	3	4	5	5	5	6	6	5	5	4	3
名山	3	3	3	4	5	5	6	6	5	4	4	3
荥经	3	3	3	4	5	5	5	5	5	4	4	3
汉源	3	3	4	5	5	5	6	6	5	5	4	3
石棉	3	3	4	5	5	5	5	5	5	5	4	3

注：①人体舒适度气象指数等级及对应的人体感觉见表6.2。

②汉源由于迁站，新站在萝卜岗山顶，海拔变化很大，气象资料对城区代表性较差，所以用迁站前1989—2008年（20年）资料计算。

4．酷热指数（HI）评价

计算结果表明（参见表6.3至表6.10）：整个夏季（6—8月），宝兴、天全、芦山、雨城、名山、荥经、汉源和石棉的月平均酷热指数（HI）分别为：68～72、71～74、71～75、72～75、72～75、71～74、72～75和71～74。均无HI>75的情况，说明雅安市各县、区夏季“对大多数人来说是感觉舒适的”，无高温不适的气候，雅安市各县、区夏季适合人们旅游。

5．寒冷指数（CI）评价

计算结果表明（参见表6.3至表6.10）：整个冬季（12月至次年2月）期间，宝兴、天全、芦山、雨城、名山、荥经、汉源和石棉的月平均寒冷指数（CI，单位$kJ \cdot m^{-2} \cdot h^{-1}$）分别为：2696～2876、1779～1879、1746～1925、1888～2055、1892～1997、1746～1900、1561～1720和2051～2248。均无CI>3350的情况，除最北端的宝兴县“人体感觉和反映”可达“很凉”级别外，其余县、区“人体感觉和反映”都在“适宜”至“凉”之间。说明雅安市冬季无“严寒不适”气候，对大多数人来说感觉是舒适的，雅安市各县、区冬季也很适合人们旅游。

6．人体舒适度气象指数（BCMI）评价

计算结果表明（参见表6.11）：在冬季（12月至次年2月），宝兴、天全、芦山、雨城、名山、荥经、汉源和石棉的人体舒适度气象指数（BCMI）等级分别为：2～3、3～3、3～3、3～3、3～3、3～3、3～3、3～3，除宝兴县1月BCMI等级为2级，“感觉较冷”外，全市均属于“清凉，大部分人感觉较舒适”的气候区；在夏季（6—8月），宝兴、天全、芦山、雨城、名山、荥经、汉源和石棉的人体舒适度气象指数（BCMI）等级分别为：5～5、5～6、5～6、5～6、5～6、5～5、5～6、5～5，全市均属于“最为舒适”至“偏暖，大部分人舒适”的气候区。

当BCMI等级为4、5、6级时，对应的人体感觉分别为：偏凉，大部分人舒适；最为舒适；偏暖，大部分人舒适。国际旅游界常将BCMI等级为4～6级的总天数定义为“旅游舒适期”，将BCMI等级为5级的总天数定义为“旅游最舒适期”。并且规定：旅游舒适期>165 d的地区为一类适宜旅游地区；旅游舒适期为151～165 d的地区为二类适宜旅游地区；旅游舒适期为135～150 d的地区为三类适宜旅游地区。从表6.11可见，雅安市各县、区的旅游舒适期，宝兴县为214 d，天全、名山、荥经为244 d，芦山、雨城、汉源和石棉为275 d，全市都为一类适宜旅游地区。“旅游最舒适期”天数（d），宝兴、天全、芦山、雨城、名山、荥经、汉源和石棉分别达：153、122、122、152、91、153、152、214。而且，“旅游最舒适期”基本上都出现在夏季（6—8月），这种情况在全国都是少有的。

综上，雅安市具有非常优异的生物气象指标，对旅游非常有利。

6.4 空气负（氧）离子

随着全球气候、环境日益恶化，和城镇化进度的加快，人类对空气负（氧）离子的关注及需求都倍增。长期生活在城市现代化空调建筑中会经常感到烦闷、嗜睡、恶心、眩晕、精神不济等，工作效率和健康状况明显下降，即表现为所谓的“城市办公大楼症候群”（City office block syndrome），这些症状与环境中的空气负离子含量少，且正离子浓度较大相关。

雅安市位于人类宜居的30°N，地处青藏高原东坡，邻接成都平原，境内最高海拔5793 m，最低海拔516 m，高海拔区有蔚为壮观的成排的冰川槽谷和冰斗，低海拔区有以青衣江和大渡河干流为主的水系发达的大小河流，境内气候温和、雨量丰沛，森林茂密，水质优良，空气湿润洁净，空气负（氧）离子浓度高，属于具备最优良人居环境的地区。苏东坡曾赞美雅安道：“江南春尽水如天，肠断西湖春水船。想见青衣江畔路，白鱼紫笋不论钱……”

大气是由氧气、氮气、水蒸气、二氧化碳等多种气体组成的气体混合物，在正常情况下，气体分子及原子内的正负电荷相等，呈现电中性。但在宇宙射线、太阳光线、电磁波、岩石和土壤的射线、海浪、瀑布的剪切作用以及各种气象活动所产生的能量作用下，气体分子中某些原子的外层电子会离开轨道，成为自由电子，呈负电性，而失去一些电子的原子呈正电性，这一现象称为“空气的电离”。游离的自由电子又会与其他中性的分子相结合，使得到多余电子的气体分子呈负电性，被称为“大气负离子”；失去电子的气体分子则成为空气正离子。空气离子的分子式如表6.12所示。

表6.12　空气离子的分子式

正离子	负离子
$H^+(H_2O)n$ $(H_3O)^+(H_2O)n$ $O^+(H_2O)n$	$H_3O_2^-(H_2O)n$ 羟基负离子 $OH^-(H_2O)n$ 氢氧根负离子 $O_2^-(H_2O)n$ 负（氧）离子 $CO_4^-(H_2O)n$ 碳酸根负离子

自然界中空气负离子的产生有三大机理。一是大气分子受紫外线、宇宙射线、放射性物质、雷电、风暴等因素的影响发生电离，产生空气负离子；二是水的Lenard效应使水分子裂解，瀑布的冲击、海浪的翻卷及暴雨的跌撞等自然过程中的水，自上而下，在重力的作用下高速运动，使水分子裂解，产生大量空气负离子；三是森林的树冠、枝叶的尖端放电以及绿色植物的光合作用形成的光电效应也会促使空气电解，产生空气负离子。因此，在具有瀑布、溪水、喷泉和森林的地方，空气负离子浓度往往较高。由于空气中各种气体元素的电子亲和力即“俘获”电子的能力强弱不同，它们俘获电离的自由电子难易程度也就不同。氮的电子亲和力大大低于氧和二氧化碳，而氧是在低层大气中含量第二丰富的元素，约占20%，二氧化碳仅占0.03%，因此空气电离产生的自由电子大部分被氧分子获取，形成负氧离子。于是，空气负离子主要就是负氧离子。

离子迁移率K（单位：$cm^2 \cdot V^{-1} \cdot s^{-1}$）表示离子运动速度的快慢程度，即电场强度$E$=1 $V \cdot cm^{-1}$时，离子移动的速率（单位为$cm \cdot s^{-1}$）。K也表示离子体积的大小，因为在同一电场强度下，离子体积越大，运动速度越慢，体积越小，运动速度越快。因此，离子迁移率K越大，就表示离子体积越小；K值越小，表示离子体积越大。

空气的离子，按其迁移率大小，可分为大、中、小离子，离子迁移率大于0.14的为小离子，而只有小离子或小离子团才能进入生物体，这样的小离子被称为生态级空气负离子，吸入人体的多是以负（氧）离子团的水合物和碳酸根氧离子团的结合物为主。

研究表明，小径负（氧）离子团通过肺部吸入后对人体的作用主要有三个途径：①局部的：可加速呼吸道上皮纤毛运动；②体液的：进入血液后，放出电荷，作用于细胞、蛋白质，进而氧化、抑制血液中的5-羟色胺；③反射的：刺激内感受器官、神经系统传导，而作用于大脑中枢神经及自主神经系统，其电荷通过血脑屏障，进入脑脊液，直到影响神经功能。

自然界的空气负（氧）离子是在紫外线、宇宙射线、放射性物质、雷电、风暴、瀑布、海浪等冲击下产生的，它既不断产生，又不断地消失，保持一个动态平衡状态。负离子的保持时间与环境条件有关，一般几秒、几十秒、几分钟到几十分钟不等。空气中的负（氧）离子含量常用每立方厘米中含有的离子个数来表征，单位为$ions \cdot cm^{-3}$。据国内外监测资料表明：城市空气中的负（氧）离子浓度一般是0～200 $ions \cdot cm^{-3}$，多数情况下是100～200 $ions \cdot cm^{-3}$；森林比空旷地高，森林里一般为600～3000 $ions \cdot cm^{-3}$，空旷地为200～600 $ions \cdot cm^{-3}$；瀑布、溪流、跌水旁负（氧）离子浓度高，通常情况下瀑布附近负（氧）离子浓度可高达4000～10 000 $ions \cdot cm^{-3}$。空气负（氧）离子浓度森林比草地高，草地比空旷地高，针叶林比阔叶林高。空气负（氧）离子在自然生态环境中的浓度分布见表6.13。

表6.13 空气负离子在自然生态环境中的浓度分布（单位：ions·cm^{-3}）

环境场所	浓度分布	环境场所	浓度分布
森林、瀑布	10 000～20 000	城市公园	200～1000
高山、海边	5000～10 000	街道绿化地带	400～600
乡村、田野	1000～5000	楼宇办公室	100～400
公园等	400～1000	城市房间	40～50
旷野、郊区	100～1000	工业开发区	0

注：表中的数据由台湾科技大学叶正涛先生收集整理。

概略来说，空气负（氧）离子和人类相关的作用主要有：①除尘除臭作用；②抑菌除菌作用；③宜于人体健康作用等。因此，空气负（氧）离子常被誉为“人类生命的维生素”。在城市建设中，多制造能够产生空气负（氧）离子的喷泉、瀑布和绿地等景观，可增加环境中空气负离子浓度，在室内保持适宜浓度的空气负（氧）离子，对人体健康大有好处。

世界卫生组织（WHO）规定：清新空气中负（氧）离子含量不应低于1000 ions·cm^{-3}。在我国目前应用得比较多的负（氧）离子浓度等级标准及其与健康的关系如表6.14所示。

表6.14 常见的负氧离子等级标准及其与健康的关系

<table>
<tr><th>环境条件</th><th colspan="2">负离子浓度
/ions·cm^{-3}</th><th>等级</th><th colspan="2">与健康的关系</th></tr>
<tr><td>多人操作的厂房</td><td>0～50</td><td rowspan="3">≤500</td><td rowspan="3">1级</td><td>诱发各种疾病</td><td rowspan="3">不利</td></tr>
<tr><td>都市室内</td><td>60～150</td><td>易诱发生理障碍等</td></tr>
<tr><td>街道绿化区</td><td>200～500</td><td>诱发生理障碍边缘</td></tr>
<tr><td>公园</td><td colspan="2">500～900</td><td>2级</td><td>维持人体健康基本需要</td><td>正常</td></tr>
<tr><td>旷野</td><td colspan="2">900～1200</td><td>3级</td><td>增强人体免疫力、抗菌力</td><td>有利</td></tr>
<tr><td rowspan="2">山顶、森林</td><td colspan="2">1200～1800</td><td>4级</td><td>杀灭病菌，减少疾病传染</td><td>相当有利</td></tr>
<tr><td colspan="2">1800～2100</td><td>5级</td><td>具有自然痊愈力</td><td>很有利</td></tr>
<tr><td>森林、瀑布</td><td colspan="2">≥2100</td><td>6级</td><td>具有治疗和康复功效</td><td>极有利</td></tr>
</table>

雅安市现行负（氧）离子观测站点分布如图6.5所示。表6.15给出了2020年5月至2021年4月（1年）雅安市负（氧）离子观测网资料（单位：ions·cm^{-3}）。由表6.15可见：雅安市各个观测站春、夏、秋、冬、年的平均负（氧）离子数基本都大于1000 ions·cm^{-3}；年平均负（氧）离子个数（ions·cm^{-3}），最小值为城区（雨城区熊猫绿岛公园，1892），最大值为山区（芦山溶洞，3205）；年最大值负（氧）离子个数（ions·cm^{-3}），最小值仍为城区（雨城区熊猫绿岛公园，4195），最大值仍为山区（名山建山，21 081）。即使在年平均负（氧）离子个数最低的城区，空气中负（氧）离子含量也达到了1892 ions·cm^{-3}，远远大于世界卫生组织规定的“清新空气中负（氧）离子含量不应低于1000 ions·cm^{-3}”的标准。大多数情况下，雅安市城区和山区负（氧）离子的等级都大于6级（最高级）。所以，雅安市是名副其实的“天然氧吧”。

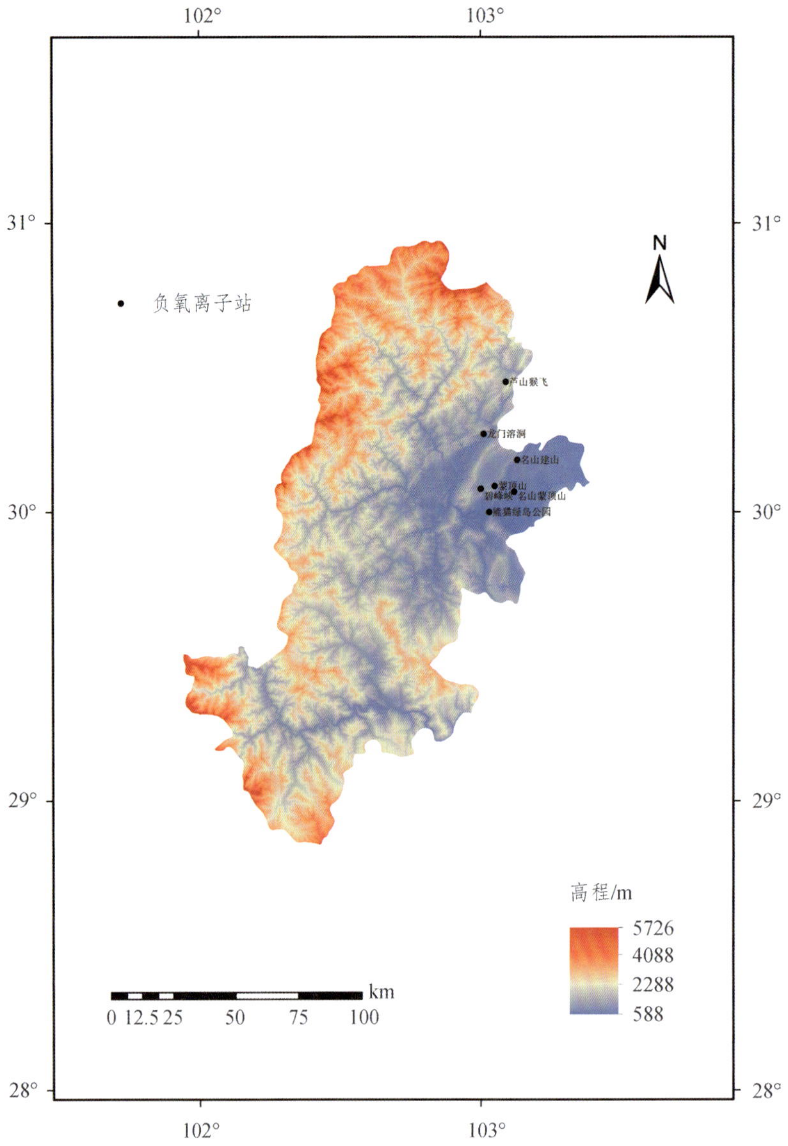

图6.5 雅安市现行负氧离子观测站点分布图

表6.15 2020年5月至2021年4月（1年）雅安负氧离子观测网资料 单位：ions · cm^{-3}

区、县		雨城区		名山区			芦山县	
观测站名		碧峰峡	熊猫绿岛公园	蒙顶山	建山	名山蒙顶山	猴飞	龙门溶洞
春季（4月）	月平均值	2881	2807	3262	3418	1829	3073	2113
	月最大值	3331	3345	3172	4374	4309	2773	5830
夏季（7月）	月平均值	1504	1364	1385	3575	1731	1727	4148
	月最大值	3138	2182	1983	15 546	2003	2678	7235
秋季（10月）	月平均值	1365	1436	792	2776	4943	2635	2125
	月最大值	3822	2828	1985	10 354	10 565	4807	5864
冬季（1月）	月平均值	3112	2640	3553	1523	1579	2158	3072
	月最大值	3622	2759	3919	1822	2116	2419	4575

续 表

区、县		雨城区		名山区			芦山县	
观测站名		碧峰峡	熊猫绿岛公园	蒙顶山	建山	名山蒙顶山	猴飞	龙门溶洞
年	年平均值	1974	1892	2089	3100	2673	2348	3205
	年最大值	4893	4195	6190	21 081	17 777	127 29	12 314

由于雅安特殊的地理环境和地形条件，天气气候表现出鲜明的区域特征，不仅是世界内陆降水的最大中心，也是云量的最大中心、日照的最小中心。雅安是青藏高原东坡一座世界上最滋润的城市，一座充满神奇魅力的城市，一座生态优异、四季舒适的城市。境内高原风光、原始森林、地热温泉、江河峡谷，应有尽有。降水丰沛，年降雨日数、夜雨率为世界之最，是世界著名的“雨城”。江、河、溪、瀑众多，水质优良。全市流域面积在30 km^2以上的河流有131条，其中，在1000 km^2以上的有11条，100～1000 km^2的有42条， 30～100 km^2的有78条。河网密度达0.24 $km \cdot km^{-2}$，是全国河流密度（0.045 $km \cdot km^{-2}$）的5.3倍。其中两大水系较大的支流有：青衣江水系的周公河、荥河、经河、宝兴河、天全河、芦山河，大渡河水系的田湾河、安顺河、南垭河、流沙河。青衣江下游河谷开阔、阶地宽平，多冲积平坝，有利农业生产。市境内工业烟尘污染源少、空气湿润洁净。境内森林覆盖率高达69.14%。700万～800万年前留下的孑遗动物，地球上现今最为珍稀的动物活化石，和剑齿象、剑齿虎等同时代的动物——大熊猫，1000万年前留下来的孑遗植物，“植物活化石”——珙桐等，迄今仍然大量存活在这一地区，被世界生物学界誉为“第四纪冰川时期古老生物的避难所”，这充分说明了该地区生态环境异常优异，属于得天独厚、具备最优良人居环境的地区。雅安市空气负（氧）离子资源非常丰富，很宜于人的长寿。在被生态学家称为“中国西部生态第一村”的碧峰峡，唐、清两朝都曾出现过九世同堂的家族，康熙皇帝还曾向碧峰峡九世同堂的陈氏家族颁赐了“华夏第一家”的金匾。

6.5 生态旅游景观

雅安市气候宜人，大部分区域属于中亚热带湿润季风气候，境内地势高低差异很大，立体气候特征十分明显。雅安冬无严寒、夏无酷热，气温日较差小，四季分明，雨量充沛，雨热同步，无霜期长，热量充足，春季回暖早、冬季霜雪少，全年风速小，夜雨多，雾霾少，无沙尘天气，气象灾害轻，属于具备最优良人居环境和生态旅游气候资源的区域之一。这为境内生物的多样性提供了气候保障，也为雅安市生态旅游提供了不可多得的多样的生态景观资源。雅安市是全球生物多样性保护热点地区，被誉为“中国绿尾虹雉之乡”“中国珙桐之乡”，拥有国家级和省级森林公园4个，是全国森林旅游示范市。以动物活化石大熊猫、植物活化石珙桐为代表的珍稀动植物资源充分展示了雅安独特的生态环境。

2021年1月，雅安市文化体育和旅游局完成了《雅安市文化和旅游资源普查报告》，报告根据《四川省旅游资源分类、调查与评价》（试行），按照游憩度、价值度、珍稀度、丰度、完整度、组合度、知名度7个维度及开发利用价值，将旅游资源予以定级，五级资源为最高级别，三、四、五级资源统称为优良级资源，一、二级资源为普通资源。经普查，雅安市生态景观资源非常丰富。

6.5.1 地文景观

雅安市共有地文景观1242处，优良级旅游资源284处，占地文景观总量的22.87%，自然景观综合体、地质与构造形迹、地表形态、自然标记与自然现象分别占地文景观类的47.02%、25.68%、26.25%、1.05%，自然景观综合体中山岳型景观旅游资源数量最多。284处优良级旅游资源中，包括碧峰峡、蒙顶山、光头山、围塔漏斗、神木垒、牛背山（图6.6）、轿顶山、田湾河河谷等15处五级旅游资源，高叠洞沟谷景观、七星峡谷、射箭坪、鸡冠山、莲花山等 33处四级旅游资源。碧峰峡（图6.7）属地文景观主类，自然景观综合体亚类，沟谷型景观基本类型。碧峰峡位于雅安市雨城区北边约8 km处，景区面积20 km^2，是国家5A级旅游景区、全国科普教育基地、全国旅游服务标准化示范试点单位、省级生态旅游示范区，景区为两条峡谷，左峡长7 km，右峡长6 km，呈“V”字形，宽30～70 m，海拔700～1971 m，峡壁相对高度100～200 m。

图6.6　荥经县牛背山日照金山（孟水明拍摄）

图6.7　雨城区碧峰峡瀑布（孟水明拍摄）

6.5.2 水域景观

雅安市共有水域景观旅游资源1039处，其中优良级旅游资源有264处，占水域景观总量的25.41%。河系、湖沼、地下水、冰雪地分别占水域景观类的61.60%、30.90%、4.91%、2.60%。河系类中瀑布、跌水旅游资源数量最多。264处优良级旅游资源中，包括海子山高山湿地、周公山温泉（图6.8）、上里白马泉、飞仙关水库（飞仙湖）4处五级旅游资源，高叠洞瀑布、百丈水库（百丈湖）、汉源湖、硗碛湖（图6.9）、青衣江源等 20处四级旅游资源。

图6.8　雨城区周公山温泉（孟水明拍摄）

图6.9　宝兴县硗碛湖余晖（孟水明拍摄）

6.5.3 生物景观

雅安市共有生物景观旅游资源2217处，优良级旅游资源有274 处，占生物景观总量的12.26%。植被景观（图6.10）、野生动物栖息地、典型物种分别占生物景观类的20.43%、6.36%、73.21%。典型物种类中古树名木最多。274处优良级旅游资源中，包括碧峰峡大熊猫、喇叭河水鹿栖息地、蜂桶寨原始森林、荥经大熊猫栖息地、云峰寺古桢楠群等20处五级旅游资源，桃花岛候鸟栖息地、大堰村峨眉含笑林、铁坪山杜鹃长廊、同心村千亩（约0.666.7km^2）草地、南酸枣树之王等23处四级旅游资源。雅安地处四川盆地西缘与青藏高原过渡带的邛崃山脉和大雪山脉之中，东低西高，拥有周公山、牛背山、蒙顶山、二郎山、夹金山、灵鹫山等连绵山脉线以及大渡河、青衣江、汉源湖、周公河、陇西河、喷江河、高河、严桥河等众多水系。森林、植被良好，负氧离子含量高，夜雨和雨日多，为动植物生长提供了优良的环境，被学术界誉为“天然的生物基因库”和“动植物博物馆”，是全球生物多样性保护热点地区。在雅安1.53×10^4 km^2的范围内，养育着野生动物470余种，野生鸟类330余种，植物3000余种。栖息着大熊猫、小熊猫、金丝猴、白唇鹿、羚羊、黑颈鹤、雅鱼等近百种珍稀野生保护动物；拥有珙桐、连香树、叶光蕨、扇蕨、岷江柏木等数十种国家保护珍稀濒危植物。

图6.10 宝兴县东拉山红叶之一（孟水明拍摄）

6.5.4 建筑与设施景观

雅安市共有建筑与设施景观旅游资源5227处，其中优良级旅游资源有1053处，占建筑与设施景观总量的20.15%。人文景观综合体，特色镇、村（寨），实用建筑与核心设施，景观与小品建筑分别占建筑与设施景观类的18.94%、4.51%、49.13%、27.42%。实用建筑与核心设施中农家乐、乡村酒店与民宿旅游资源数量最多。1053处优良级旅游资源中，包括碧峰峡熊猫基地、东汉石刻馆、何君尊楗阁刻石、樊敏阙、平襄楼、九襄双节孝石牌坊、名山茶山梯地（大地指纹）（图6.11）、飞仙关、芦山青龙寺、荥经云峰寺、四川小相岭大熊猫野外放归基地、中国工农红军强渡大渡河纪念馆（图6.12）、上里古镇、蒙顶山生态康养产业基地、严道古城文化体验区、雅安茶厂等33处五级旅游资源；雅安博物馆、茶马九十、“4·20”地震纪念馆、藏茶世界、名山民宿群、姚家古墓石刻、宝兴县山地越野景观公路（宝康路）、红军翻越夹金山纪念馆、孟获城、望鱼古镇、雅安廊桥（雨城区，图6.13）等90处四级旅游资源。

图6.11　名山茶山梯地（大地指纹，雅安市文化体育和旅游局供图）

图6.12　石棉县安顺场中国工农红军强渡大渡河纪念馆（孟水明拍摄）

图6.13　雨城区雅安廊桥夜景（孟水明拍摄）

6.5.5　历史遗迹景观

雅安市共有历史遗迹景观旅游资源1171处，其中优良级旅游资源有248处，占历史遗迹景观总量的21.18%。物质类文化遗存、非物质类文化遗存分别占历史遗迹景观类的80.96%、19.04%。物质类文化遗存中建筑遗迹旅游资源数量最多。248处优良级旅游资源中，包括雅安高颐墓阙及石刻（图6.14、图6.15）、邓池沟天主教堂大熊猫科学发现地、红军长征翻越夹金山纪念地、蒙山茶传统制作技艺、十八军进藏线天全段、姜城遗址、严道古城遗址、硗碛多声部民歌、开善寺正殿、茶马古道汉源段（图6.16、图6.17）、尔苏藏族环山鸡节、三雅文化、荥经砂器烧制技艺、南路边茶制作技艺等16处五级旅游资源；茶马司遗址、芦山花灯戏、“家在清风雅雨间”印章、红军长征战斗遗址（荥经段）、安顺场红军渡、茶马古道老城门洞、飞仙关大桥、木雅藏族晒佛节等18处四级旅游资源。

图6.14　雅安汉代高颐阙局部图
（雅安市文化体育和旅游局供图）

图6.15　芦山县汉代石兽
（雅安市文化体育和旅游局供图）

图6.16　名山区茶马古道雕塑小品（孟水明拍摄）

图6.17　名山区蒙顶山古蒙泉（孟水明拍摄）

6.5.6　旅游购品（文创产品）景观

雅安市共有旅游购品（文创产品）景观旅游资源739 处，其中优良级旅游资源有217处，占旅游购品（文创产品）景观总量的29.36%。农业产品、工业产品、手工工艺品、传统与特色菜品饮食分别占旅游购品（文创产品）类的67.48%、1.76%、9.35%和21.41%。农业产品中的农副土特产品旅游资源数量最多。217处优良级资源中，包括雅安藏茶、蒙顶系列茶、芦山根雕工艺品、宝兴汉白玉、荥经砂器、荥经棒棒鸡、汉源花椒、石棉黄果柑8处五级旅游资源，康砖系列茶、蒙顶酒庄系列酒、雅鱼、汉源甜樱桃、尔苏藏族服饰节等10处四级旅游资源。

6.5.7 人文活动景观

雅安市共有人文活动景观旅游资源208处，其中优良级旅游资源有115处，占人文活动景观总量的55.77%。人事活动记录、岁时节令（图6.18）、现代节事活动分别占人文活动景观类的46.15%、18.35%、35.75%。人事活动记录中地方事件旅游资源数量最多。115处优良级资源中，包括蒙顶山国际茶文化节、土司文化（天全）、“4·20”地震重建故事、红军爬雪山4处五级旅游资源；吴理真、大川河t3 越野车赛事、宝兴硗碛上九节、颛项文化主题活动、阿尔芒·戴维宝兴新物种发现之旅、大熊猫放归四川小相岭等15处四级旅游资源。蒙顶山国际茶文化节在蒙顶山国家茶叶公园举办，至今已举办了16届，依托蒙顶山景区，注重突出其茶文化特色，以茶文化为核心，每届都有不同的主题。

图6.18　雨城区上里古镇年猪节景象（孟水明拍摄）

6.6 天象与气候景观

6.6.1 天象与气候景观概述

天象：指天文气象方面的现象，如日月星辰、霞光云雾等，在这里则指在特定地理环境下，天文、气象因素所表现出来的奇异景观。气候：指某一地区多年天气特征的综合。气候是形成一个地区自然景观的主要因素，也是形成人文景观差异的重要因素。天象与气候景观具有独特性、神秘性和不可预测性，正好能够满足游客的求奇求异心理，所以对游客具有很强的吸引力，成为一种特殊的旅游资源。

据中国气象服务协会2016年制订的《气象旅游资源分类与编码（T/CMSA 0001—2016）》，天象与气候景观主要包括：天气景观资源（代码：MSR）、气候环境资源（代码：CER）、人文气象资源（代码：CMR）三个大类。

1. 天气景观资源（MSR）

天气景观资源（MSR）包括：云雾（CF）、雨露（RD）、冰雪（IS）、风（WD）、光（SM）、极端天气（EW）、奇特天象（PW）7个亚类。各亚类中子类名称及释义见表6.16至表6.22。

表6.16 天气景观资源（MSR）大类云雾（CF）亚类各子类景观的名称及释义

代码	名称	释义
001	云海	较平静的气象条件下稳定的、有较大面积的云积层
002	云瀑	流动的云遇到山口或悬崖时，在垂直方向上的动态景观
003	云涛	云配合风力作用形成多层粗糙而松散的云浪
004	云幔	成片的云翳
005	云絮	条状如絮片且颜色轻淡的云朵
006	云盖	状如车盖的云
007	云蔽山	云完全遮蔽山顶形成的景观
008	旗云	由对流性积云配合山顶地形抬升和风力形成，因出现时其形如旗，故称为旗云
009	彩云	由于日光折射而呈现的有色彩的云
010	雨幡	雨滴在下落过程中不断蒸发、消失而在云底形成的丝缕条纹状悬垂物，常见于密卷云下，俗称“附属云”
011	雪幡	雪晶在下降过程中不断升华、消失而在云底形成的白色丝缕状悬垂物
012	朝霞	早上日出之时，如果大气中水汽与云较多，则阳光中一些波长较短的青光、蓝光、紫光被大气散射掉，只有红光、橙光、黄光穿透大气，天空呈现红橙色，形成朝霞
013	晚霞	日落时分，地平线附近大气及云层上因日光斜射而出现的彩色光象或彩色的云
014	雾霞	雾受到阳光照射形成霞光
015	流霞	阳光照射在流动的云层上形成的浮动彩云

表6.17 天气景观资源（MSR）大类雨露（RD）亚类各子类景观的名称及释义

代码	名称	释义
001	夜雨	夜晚连绵霏霏的细雨的景观
002	烟雨	降水过程中雨滴直径很小，形成如烟雾状的细雨
003	雨霁	雨后初晴的景观
004	露	空气中水汽以液滴形式液化在地面覆盖物体上的景观
005	太阳雨	晴天时发生的降水现象

表6.18 天气景观资源（MSR）大类冰雪（IS）亚类各子类景观的名称及释义

代码	名称	释义
001	雪霁	降雪过后初晴的景观
002	飘雪	降雪过程中雪片飞落的动态景象
003	霰	高空水蒸气遇冷凝结成白色不透明的、近似球形（有时呈圆锥形）的小冰粒，下降至地面的景观，多于降雪前出现
004	太阳雪	多指晴天时出现的降雪过程，是天气受冷空气影响形成降雪，同时高层云不足以遮住太阳，于是出现一边下雪一边出太阳的景观
005	雨凇	超冷却的降水碰到温度等于或低于 0 ℃的物体表面时所形成玻璃状的透明或无光泽的表面粗糙的冰覆盖层
006	雾凇	雾中无数 0 ℃而尚未凝华的水蒸气随风在树枝等物体上不断积聚冻粘形成的景观，表现为白色不透明的粒状结构沉积物
007	雪凇	降雪过程中，气温较高，部分雪花落到地面或树木上化成雪水，随后寒流来袭，气温骤降，雪就不再融化，雪花被树枝上的水珠粘住、冻结，形成雪凇
008	霜	指在气温降到 0 ℃以下时，近地面空气中水蒸气凝结形成的白色结晶
009	冰凌	水在 0 ℃或低于 0 ℃时凝结成的固体为冰，积冰为凌

表6.19 气景观资源（MSR）大类风（WD）亚类各子类景观的名称及释义

代码	名称	释义
001	松涛	风吹松林，松枝互相碰击产生的涛声
002	山谷风	山谷内与附近空气之间存在热力差异从而产生空气流动，白天风从山谷吹向坡面，称为谷风；夜晚风从坡面吹向山谷，称为山风，山风和谷风总称为山谷风
003	清风	干洁清新的山谷风

表6.20 天气景观资源（MSR）大类光（SM）亚类各子类景观的名称及释义

代码	名称	释义
001	日出	天气状况良好、空气透射率较高的情况下，太阳最初升出地平线的景观
002	日落	指太阳徐徐落入西方的地平线以下的过程
003	日晕	日光通过云层中的冰晶时，经折射而形成的光现象，围绕太阳呈环形彩色状
004	月晕	月光透过高空卷层云时，受冰晶折射作用，七色复合光被分散为内红外紫的光环或光弧，围绕在月亮周围产生的环状光圈
005	日华	日光通过粒径与其波长相近的小水滴时产生的光强弱相间分布的衍射景观
006	月华	月光通过粒径与其波长相近的小水滴时产生的光强弱相间分布的衍射景观
007	虹	大气中小水滴经日光照射发生折射和反射作用而形成的彩色圆弧
008	霓	彩色光带排列的顺序与虹相反的景观，红色在内，紫色在外
009	宝光	背向太阳时，在由小水滴组成的云、雾背景中，看到在自己影子周围出现的彩色光环，亦称反华、佛光

续 表

代码	名称	释义
010	幻日	阳光穿过空中半透明薄云里飘浮的整齐垂直排列的六角形柱状冰晶体，发生的非常规律的折射景观。此时肉眼一般可观察到多个太阳，常在太阳的左右方见到一抹七彩的光影
011	蜃景	一种因光的折射和全反射而形成的自然景观，是地球上物体反射的光经大气折射而形成的虚像
012	日柱	气温极低时太阳正好升起或落下，高层大气冰晶下落过程中反射的阳光近乎垂直，从而形成类似光柱的景观
013	极光	太阳发出的高速带电粒子与地球大气粒子碰撞，并使之带电辐射后激发的一种色彩瑰丽的大气发光景观

表6.21 天气景观资源（MSR）大类极端天气（EW）亚类各子类景观的名称及释义

代码	名称	释义
001	雷电	云与云之间、云与地之间或者云体内各部位之间的壮观的放电现象及浑厚响声
002	龙卷	由快速旋转并造成直立中空管状的气流形成的景观
003	台风	形成于热带或副热带26°以上广阔海面上的热带气旋
004	沙尘暴	强风把地面大量沙尘物质吹起并卷入空中，使空气特别浑浊，水平能见度小于1 km的严重风沙天气现象
005	冰雹	空气中的水蒸气遇冷液化并凝结成较大的冰团落向地面的现象

表6.22 天气景观资源（MSR）大类奇特天象（PW）亚类各子类景观的名称及释义

代码	名称	释义
001	声雨	湿度大且有特殊的地理位置的地区，由于声波震动而带来降水的景象
002	时钟雨	在特定时间周期中出现降水的景象
003	佛灯	出现于山中深谷里星星点点的萤光，满足一定气象条件后飞腾起来的景象。需满足的四个气象条件：雨后初晴，天空没有明月，山下没有云层，山顶没有大风大雨

2．气候环境资源（CER）

气候环境资源（CER）包括：气候养生（CP）、气候体验（CE）、气候景观（CL）、古气候遗迹（CR）4个亚类。各亚类中子类名称及释义见表6.23至表6.26。

表6.23 气候环境资源（CER）大类气候养生（CP）亚类各子类景观的名称及释义

代码	名称	释义
001	避暑气候	夏季温凉舒适，人们无需借助任何避暑措施，就能保证生理过程的正常进行、感觉刚好适宜且无需调节的气候条件
002	避寒气候	冬季适宜避寒，人们无需借助任何防寒措施，就能保证生理过程的正常进行、感觉刚好适宜且无需调节的气候条件
003	四季如春气候	冬暖夏凉，四季如春，全年平均气温约为15 ℃，一年四季皆适宜旅游的气候资源
004	阳光充足气候	日照充足和煦的气候条件
005	空气清新气候	空气质量好、负氧离子含量高，对治疗疾病、康复疗养有利的特殊气候资源

表6.24　气候环境资源（CER）大类气候体验（CE）亚类各子类景观的名称及释义

代码	名称	释义
001	极端热区	年均气温高于一定阈值，极端高温日数多，降雨量少，蒸发量大，并造就相关的气象景观的区域
002	极端寒区	年均气温低于一定阈值，天气寒冷，并造就相关的气象景观的区域
003	极端雨区	年均降雨日数和雨量高于一定阈值，降水日数多，雨量大，并造就相关的气象景观的区域
004	极端旱区	常年干旱，降水量极少，并造就相关的气象景观的区域
005	极端风区	年均极大风速大于一定阈值，并在此产生一定独特景观的区域
006	立体气候	在某一区域同时分布着从寒带到热带中的某些不同的气候类型的气候资源

表6.25　气候环境资源（CER）大类气候景观（CL）亚类各子类景观的名称及释义

代码	名称	释义
001	冰山	从冰川或极地冰盖临海一端破裂落入海中漂浮的大块淡水冰
002	冰川	极地或高山等气候常年寒冷地区地表上多年存在并具有沿地面运动状态的天然冰体
003	雪山	海拔较高、常年寒冷、顶部终年积雪的山体
004	季节雨	指气候原因造成的特定季节出现的雨
005	凌汛	下游河道结冰或冰凌积成的冰坝阻塞河道，使河道不畅而引起河水上涨的景观
006	物候	动植物适应气候条件的周期性变化，形成与此相适应的生长发育节律，构造出的景观

表6.26　气候环境资源（CER）大类古气候遗迹（CR）亚类各子类景观的名称及释义

代码	名称	释义
001	冰蚀遗迹	冰川运动时对地表进行的侵蚀作用
002	风蚀遗迹	地表松散物质被风吹扬或搬运的过程，以及地表受到风吹起颗粒的磨蚀作用所形成的景观
003	雨蚀遗迹	由于降水作用对地形造成的侵蚀，形成的独特景观

3．人文气象资源（CMR）

人文气象资源（CMR）包括：气象与历史（MH）、人造景观（MS）、人造设施与建筑（MA）3个亚类。各亚类中子类名称及释义见表6.27至表6.29。

表6.27　人文气象资源（CMR）大类气象与历史（MH）亚类各子类景观的名称及释义

代码	名称	释义
001	气象灾害事件遗迹	因暴雨、台风等重大或极端天气过程给人类活动造成影响的历史事件遗迹
002	重大历史事件遗迹	受天气原因影响或利用天气条件发生的重大历史事件的遗址
003	气象文化遗产	与气象相关的节气、民俗、传说、史料等文化资源

表6.28 人文气象资源（CMR）大类人造景观（MS）亚类各子类景观的名称及释义

代码	名称	释义
001	冰雪雕塑	以冰或雪为主要材料来雕塑的艺术形式
002	人造彩虹	基于虹的形成机理，人工制造出的彩虹景观
003	人造蜃景	基于蜃的形成机理，人工制造出的海市蜃楼景观
004	人造雾	基于雾的形成机理，人工制造出雾的局地景观
005	人造雨雪	基于雨雪的形成机理，人工制造的雨景或雪景

表6.29 人文气象资源（CMR）大类人造设施与建筑（MA）亚类各子类景观的名称及释义

代码	名称	释义
001	研究与学习场馆	完成对气象学科门类进行观测研究、科普宣传、展览教育等功能的机构、建筑物或地点
002	气象地标	与气象学科相关的标志性建筑或设施
003	工程与人居	人类为适应自然、改造自然、利用气象资源所建设的有观赏或实用价值的工程、人居建筑

6.6.2 雅安市天象与气候景观概况

雅安市地处30°N附近，位于青藏高原东坡和四川盆地西缘，跨四川盆地和青藏高原两大地形区，地势北、西、南三面较高，中、东部低，最高点为西南缘石棉、康定、九龙三县交界的神仙梁子，主峰海拔 5793 m，最低点在草坝青衣江出境处，海拔 516 m。市境内山脉纵横，地表崎岖，地貌类型复杂多样，山地多，丘陵平坝少。丘陵平坝多分布于河谷两侧，仅占市域面积的6%，山地占全市总面积的94%。高山多分布于宝兴县、天全县西北部，石棉县西南部及芦山县北端，相对高差1000～2000 m。境内主要山地均属邛崃山脉和大雪山脉，东南缘主要为南北向的小相岭北段。大相岭既是大渡河、青衣江的主要分水岭，也是市域自然地理的重要分界线。

雅安全市兼受印度洋和西太平洋水汽输送影响，加之地理地形的作用，云、雾、雨特多，是世界著名的“雨城”。雅安的年均雨日、年均总云量、年均夜雨率等都是全世界最大值区，雅安是“世界上最滋润的城市”，“雅安天漏”现象是世界气象界非常关注的问题。雅安市域空间内，在铅直方向，立体气候特征显著，在高山区山顶和山麓完全是不同的气候。在水平方向，一山之隔就是两样天气，“一山有四季，十里不同天”便是雅安山岳型旅游气候资源的真实写照。

特殊的地理地形条件造就了雅安的天象与气候景观资源异常丰富，而且独具特色。雅安市的天象与气候景观以其神奇多彩、变幻无穷而著称。在特殊地形地貌和气象条件共同作用下，产生的云海、佛光、彩虹、霞光、彩林、雪景等天象与气候景观，总是让人惊艳，晨昏晓夜、日月星光、霓虹、蜃景、风雨烟云、霜雾冰雪等景象是旅行中最美的色彩。受山脉所处位置、海拔、坡向、走向的影响，一条山脉的两侧可以形成截然不同的天象与气候景观，比如在夹金山、二郎山、泥巴山的西侧。除了明显的局地性特点，天象与气候景观随天气系统的进退、强弱变化表现为多变性和多样性，有时一日内或多次生消、时生时消，或时有时无、时强时弱。比如在“亚洲通达性最好的360°高山观景平台”——达瓦更扎，在 360°全方位“中国最大的观景平台”——牛背山等地，出现的云瀑、云海、云涛，每一次云瀑、云海、云涛奇观都是在特定的天气系统、局地水汽供应、大气层结、空气的水平和铅直运动、地形作用、大气凝结核等很多要素作用下完成的过程。

据2021年1月雅安市文化体育和旅游局完成的《雅安市文化和旅游资源普查报告》，雅安市天象与气候景观类旅游资源共184 处，其中优良级旅游资源有100 处，占天象与气候景观总量的54.35%。天象景观、天气与气候现象分别占天象与气候景观类的33.15%、66.85%。天气与气候现象景观中云雾多发区旅游资源数量最多，高达50处。

雅安市的天象与气候景观资源中，太空景象观赏地、光现象观察地 、云雾多发区、极端与特殊气候显示地、物候景象、避暑避寒气候地、康养气候地7个基本类型均有。有碧峰峡康养地、海子山康养地、纱帽山康养地、牛背山天象与气候景观、东拉山大峡谷红叶彩林、达瓦更扎天象景观6处五级资源，周公山康养地、五彩谷、铁坪山日出、喇嘛坪云海、扑鸡沟红叶彩林等14处四级旅游资源。这些天象与气候景观资源也是雅安市旅游资源中的核心优势资源。

碧峰峡康养地：位于雅安市雨城区碧峰峡镇碧峰峡景区。海拔700～1971 m，相对高差悬殊，悬崖陡峭，多飞瀑叠湍、深沟峡谷，有众多的奇峰怪石和飞瀑流泉。植被、峡景和瀑布是碧峰峡的鲜明特色。峡内林木葱郁，苍翠欲滴，峰峦叠嶂，崖壑峥嵘。碧峰峡拥有极其优良的自然生态环境，年平均温度13 ℃，降水量1800 mm左右，森林覆盖率达95%以上。该地区空气优良，$PM_{2.5}$低至0.033 mg·m^{-3}，负氧离子含量高达23 300 ions·cm^{-3}。森林里富含芬多精。水富含人体所需矿物质，是休闲、康养、娱乐的理想地。

海子山康养地：位于雅安市雨城区望鱼镇海子山国际森林康养旅游度假区。该度假区占据川西旅游康养咽喉之地，坐拥成都最近、雅安最大原生态高山湿地王海子、李海子。天气晴朗时在山顶观景台可看到贡嘎雪山，平常可看到瓦屋山。最佳观赏时段：3—11月。区内气候温润，年平均气温在14.1～17.9 ℃，年平均降雨量1800 mm左右，是典型的亚热带季风气候湿润类型，除高寒山地外，一般冬无严寒，夏无酷暑，春季回暖早，降水集中于夏季，多夜雨。海子山所在海拔约1300 m，森林覆盖率90%以上，气候宜人，空气质量极好。

纱帽山康养地：位于雅安市芦山县龙门乡青龙场村。最高海拔1918 m，属于亚热带湿润气候，年平均气温16 ℃，年降水量1249 mm。纱帽山康养地海拔在1200～2000 m，相对高差悬殊，山峦环绕，云层绕着山谷，层层点缀，山峦之间有众多的奇峰怪石和飞瀑流泉。周围植被繁茂，绿意盎然，气候温和，生态环境优越，适宜康疗休养。6—8月平均气温为18.8 ℃，雨量充沛，四季分明，细雨轻风，冬无严寒、夏无酷热。日照偏少、雨日和夜雨偏多、空气滋润是纱帽山康养地气候的显著特点，这种优越的气候条件是康养、度假、休闲、避暑、养颜的理想之地。

牛背山天象与气候景观：处于雅安市荥经县境内，与泸定县交界。因山顶一面悬崖有巨石突出酷似牛头，山脊细长貌似牛背而得名。有360°全方位“中国最大的观景平台”和绝佳摄影胜地的美称。牛背山地处中国地貌第一阶梯青藏高原东部边缘，属于第二阶梯四川盆地向青藏高原的过渡地带，光污染少，空气质量较好，有着绝好的星空观察条件，夜晚可以见到璀璨的星河，通过天文镜可以清晰地看见金星、火星、天狼星等重要星球，还可以观测到如超新星爆炸等稀少的天文现象，是天文爱好者和摄影爱好者的天堂。因其绝佳的地理位置和环境，加之气候独特，拥有六绝景观：日出、云海、夕阳、佛光、星轨、贡嘎雪山。

东拉山大峡谷红叶彩林：位于雅安市宝兴县陇东镇，属于天象与气候景观主类天气与气候现象亚类，物候景象基本类型。该彩林是因植物发芽、展叶、叶变色、落叶等形成的季变现象，红叶彩林广泛分布于东拉山大峡谷各处，一到秋季，漫山遍野均覆盖了红叶彩林。大峡谷红叶是东拉山最大特色，山中有林、林中有水、水中奇石林立，各成一景。东拉山大峡谷海拔1800～5338 m，森林覆盖率极高，负氧离子含量丰富。东拉山大峡谷内还拥有全球最大的野生桂花群落，且野生桂花群4月开花，春秋两季均可欣赏到红叶彩林，形成“春有桂花彩林争芳，夏有高山峡谷纳凉，秋有万山红叶夺艳，冬有雪山冰瀑斗奇”的观景特色。东拉山大峡谷不仅有红叶彩林，其间还分布着大面积的野生花卉，其中杜鹃花和珙桐是佼佼者，每年4月繁花似锦。

达瓦更扎天象景观：位于雅安市宝兴县硗碛藏族乡，属于天象与气候景观主类，天象景观亚类，太空景象观赏地基本类型。最高海拔3866 m，属于邛崃山脉，地势北高南低，是目前为止亚洲通达性最好的360°云海日出观景平台，被誉为亚洲第二大360°观景平台。景区既可环顾北面的四姑娘山、南面的帕格拉神山、西面的贡嘎群峰、东面的峨眉山等名山，又可观赏云瀑云海、日照金山、佛光、星空、草甸、湖泊、峡谷、群峰、雾凇、高山杜鹃、藏寨等各类景观。

6.6.3 雅安市较为出色的天象与气候景观及观赏地

1. 日 出

日出，是太阳圆盘顶部在地平线上出现的时刻。日出时，阳光经过大气层的路径较长，比午间增加约35倍。由于光的散射、折射和选择性吸收作用，阳光中的短波，如紫、蓝、绿色减弱得最多，到达地平线上空时已所剩无几，余下波长较长的红、橙、黄色照射在近地面的天空和云层上。而空气中的分子和杂质含量越多，散射、折射、吸收的短波光就越多，到达地面的红光就越强，色彩就越鲜艳。如果有云，云块也会染上橙红艳丽的颜色。因此，日出的绚丽程度取决于大气中的分子以及悬浮在大气中的水滴、冰晶、浮尘等对阳光的散射、折射、选择性吸收等作用。日出之光瞬息万变，不同地点、不同季节、不同气象条件下的日出之光不尽相同，且独一无二，无可复制，每一次日出都是一幅独特的光与影绘制的美丽画卷。宝兴夹金山、达瓦更扎、铁坪山，汉源轿顶山，石棉王岗坪、姜火山、俄足山、木耳堡子、猛虎岗，荥经牛背山、四人同，芦山莲花山，天全光头山、二郎山、焦山、红灵，雨城周公山、金凤山，名山清漪湖、啄子山、金鼓村、蒙顶山等都是较好的日出观赏地（图6.19、图6.20）。

图6.19 青衣江日出（孟水明拍摄）

图6.20　夹金山日出（雅安市文化体育和旅游局供图）

2．云海（瀑、涛等）

云海是山岳风景的重要景观之一。云海是指在一定条件下形成的云层。当云顶高度低于山顶的高度，人们在高山之巅俯视云层时，看到的便是漫无边际的云，如临于大海之滨观波涛汹涌，因此称这一现象为“云海”。日出与日落的时候，所形成的云海五彩斑斓，称为“彩色云海”，极其壮观。云海一般发生在山腰。它的形成主要有以下条件：当地气候湿润，空气中水汽较多或者植被覆盖良好，植物的蒸腾作用强，山势较高，风力微弱。在这种潮湿的条件下，水汽容易凝结成云，加之山地与周围大气的热力状况不同，使得早晨或傍晚在山腰环绕着大量的云。“云以山为体，山以云为衣”就是对高山云雾的真实写照。通常情况下，气候潮湿多雨山区的春秋季出现云海的概率比较大。宝兴夹金山、达瓦更扎、铁坪山、喇嘛坪，汉源轿顶山，石棉王岗坪、足付村、姜火山、丁家山、猛虎岗，荥经泥巴山、牛背山、四人同、香炉山，芦山射箭坪、刺竹坪、罗纯山、灵鹫山、南天门鸳鸯池、纱帽山，天全光头山、二郎山、焦山，雨城周公山、四岗，名山骑龙、啄子山、蒙顶山等都是云海（瀑、涛）多发地（图6.21、图6.22）。

3．星　空

晴朗夜晚，点点繁星构成的星空可算是自然界最显赫的景观之一。地球的自转运动使得群星每天东升西落；地球的公转运动则造成春夏秋冬四季星空的不同，可谓“物换星移几度秋”。

观赏星空要避开城市及村镇灯光、月光等带来的“光污染”；要选择适合的季节，一年四季均可以看到银河，夏秋之交是最佳观赏时间，可以看到银河最为明亮壮观的部分；要选择适合的时间，每月满月（农历十五）过后一周开始一直到次月（农历初一）之后几天都是比较合适的观赏期，这段时间月亮升起比较晚，上半夜基本看不到月亮，农历初一则是整晚都没有月亮，月亮随着太阳升起落

图6.21 牛背山云海（孟水明拍摄）

图6.22 夹金山云海（孟水明拍摄）

下；要选择晴朗天气，天气对于观赏星空，尤其是拍摄星空是非常重要的，即使我们到了一个没有光污染的地区，也没有月光影响，但如果是阴天或多云天气，仍然无法观测到星空；要选择一个好的观赏地点，观赏星空的最佳地方是山岳型景区的山巅，没有光“污染”，视野开阔，一览无余。宝兴夹金山、达瓦更扎，汉源轿顶山，石棉王岗坪，荥经牛背山、四人同，天全二郎山、光头山，芦山纱帽山等地是赏星的极佳观景平台（图6.23）。

图6.23　牛背山星空照片（雅安市文化体育和旅游局供图）

4．宝光（佛光）

当人站在山顶，脚下云海翻腾，背后阳光灿烂，突然在云雾间出现一个环绕在自己身影周围的光环，其色彩如宝石般绚丽明亮。向光环挥挥手，影子也在招手，人走光环移，人停光环静。这个光环就是宝光，也称佛光。

佛光是一种特殊的大气光学现象，是太阳从观赏者的身后，将人影投射到观赏者面前的云雾之上，云雾中细小冰晶或水滴在衍射和反射作用下，形成独特的圆形彩色光环，人影正好在其中。将镜头拉近，这个彩色光环像彩虹。佛光直径一般在2 m左右，是一个迷你彩虹。佛光离观看者很近，往往只有3～30 m，俯下身，仿佛就能摸到它，而彩虹则要远得多。

佛光的产生需要阳光、云雾和人的配合，三者缺一不可。只有当太阳、人体与云雾处在一条倾斜的直线上时，才能看见佛光。更为神奇的是，即使成百上千人同时观看，也仅仅只能看到自己的宝光环，而看不见旁人的。佛光出现时间的长短，取决于阳光是否被云雾遮盖和云雾是否稳定。如果出现浮云蔽日或云雾流走，佛光即会消失。一般佛光持续的时间为0.5～1.0 h，而云雾的流动促使佛光改变位置。阳光的强弱，使佛光时有时无。佛光彩环的大小则同水滴雾珠的大小有关，水滴越小，环越大；反之，环越小。荥经牛背山、四人同，石棉姜火山、足付村，宝兴达瓦更扎等地是观赏佛光的好地方（图6.24）。

图6.24 荥经县牛背山佛光（孟水明拍摄）

5. 雪 景

从气象学角度讲，雪花是大气中的水汽遇冷凝结成的冰晶，无数雪花在空中飘落到下垫面堆积直至消融的过程，就是人们看到的雪景。那么为什么人们把雪称作“花”呢？是因为雪花的形态确实像花一样漂亮。在放大镜下，每一片雪花都是一幅幅精美的图案：有的是晶莹的薄片，有的像白亮的银针，有的像一把张开的小扇，有的像夜空的星星……据统计，现在观察到的雪花图案，已有10 000多种。尽管雪花万姿千态，但基本形状是相同的，都具有六角形的特征。晚唐著名诗人、军事家高骈在《对雪》中这样写道：“六出飞花入户时，坐看青竹变琼枝。”这六出飞花，便是指有着六个角的雪花。

雅安地形地貌复杂多变，相对高差较大，冬季雪景资源丰富。高山乡村雪景、溪沟雪景、山谷雪景、山岳雪景、草甸雪景、森林雪景都能在雅安寻找到踪迹。荥经大相岭、牛背山、四人同，石棉王岗坪、孟获城，宝兴夹金山、达瓦更扎、铁坪山、喇嘛坪，天全二郎山、光头山、喇叭河，汉源轿顶山，雨城周公山、羊子岭，名山蒙顶山等地都是冬季赏雪景好去处（图6.25、图6.26、图6.27）。

图6.25 天全县二郎山冰瀑（高平拍摄）

图6.26　荥经县龙苍沟雪景（孟水明拍摄）

图6.27　雨城区羊子岭雪凇（高平拍摄）

6．红叶彩林

“停车坐爱枫林晚，霜叶红于二月花。”金秋季节赏秋色，雅安多地万山披彩，层林尽染，形成了浅黄、金黄、绛红、殷红等色彩纷呈的巨幅画廊。

雅安地形地貌复杂多变，降水充沛，空气湿润，受山脉所处位置、海拔、坡向、走向的影响，生长着茂盛的桦树、松树、柏树、枫树、漆树、青榨槭、色木槭等灌木和各种乔木。植物叶片所呈现的颜色是叶绿体和液泡中的叶绿素、叶黄素、胡萝卜素以及花青素等色素共同作用的结果，气候因素变化会引起叶片内各色素比例变化，叶片颜色也随之变化。春秋季节，光照时间长，植物细胞合成较多的叶绿素，大多数植物叶片由于叶绿素含量占优势而呈现为绿色。秋季，日照短、气温低等外界环境因子对植物产生影响，使植物叶片合成叶绿素的速度变慢，且低温有利于类胡萝卜素的合成，叶片细胞内叶绿素含量减少，类胡萝卜素含量升高，使得植物叶片呈现黄色，如连香、金钱松、银杏、红杉、青榨槭等树种。同样，秋季低温和短日照会使花青素的含量升高，从而导致植物叶片呈现红色，如花楸、色木槭、漆树等树种。

红叶作为一种物候景观，是特定地域的特定树木在特定气候条件下作用的结果，是雅安不可多得的宝贵旅游资源。雅安的红叶彩林具有地域性和时节性。由于雅安市地形地势复杂多变，高山林立，立体气候明显，随高山海拔落差，彩林变色呈现垂直变化，高低层次分明，构成一幅幅立体彩色画卷。通常每年10月中下旬至11月上中旬为红叶观赏期。宝兴东拉山大峡谷、夹金山、扑鸡沟、空石林、红叶坪、铁坪山，荥经大相岭，石棉王岗坪、田湾河河谷，天全二郎山、喇叭河五彩谷、英雄五拐等地都是立体红叶彩林鉴赏的好地方（图6.28、图6.29）。

图6.28　宝兴县硗碛湖红叶（孟水明拍摄）

图6.29 宝兴县东拉山红叶之二（孟水明拍摄）

7．烟雨（水墨雨景）

雅安地形多变，山脉众多；水系发达，溪沟纵横；气候温和，植被茂密；风力较小，微风徐徐；空气湿润，云飞雾绕；雨日较多，雨景频现。

雅安雨景，山色清润，润湿得体，动感十足，韵味无穷。雅安雨景随季节、时辰、地域不同而千变万化。有时微风轻拂，细雨扑面；有时细雨如丝，朦朦胧胧；有时飘洒逸宕，氤氲和融；有时风雨急骤，雨飞水溅。当你漫步“雅雨”中，随处可见“远山雾霭，近树清波”的水墨山水画。雨城区青衣江、碧峰峡、上里古镇、望鱼古镇、羊子岭，芦山飞仙关，宝兴东拉山大峡谷，荥经大相岭，石棉王岗坪、田湾河河谷，天全二郎山、喇叭河等都是水墨雨景较佳的观赏地（图6.30、图6.31）。

图6.30 雨城烟雨（彭贵康拍摄）

图6.31 石棉县水墨雨景（彭贵康拍摄）

8．清溪干热风（焚风）

在南丝绸之路、茶马古道（四）川（西）康段上，有三大气象景观：清溪（今汉源县清溪镇）古城的劲风、雨城雅州的烟雨、建昌（今西昌）的明月。因此，自古便有“清风、雅雨、建昌月”之说。齐白石曾为雅安荥经籍书法家陈耀伦刻印“家在清风雅雨间”。地处泥巴山背风坡的汉源县清溪镇多劲风，其实从气象学角度来看，是多干热风（焚风）。当湿空气翻越高山时，常在山的背风坡形成高温干燥的下沉气流，气象学称其为“焚风”。清溪干热风就是典型的“焚风”。

在泥巴山迎风坡，未饱和空气每上升100 m，温度会下降1 ℃；上升到凝结高度时，湿空气达到饱和，湿空气每上升100 m，温度会下降0.5 ℃，凝结的水汽变成雨或雪，在迎风坡降落，雨或雪降落后，空气变干，翻越山顶；在背风坡向汉源清溪吹的时候，每下降100 m，温度升高1 ℃，气块到达山麓时气温远高于迎风坡山麓，湿度远低于迎风坡山麓，所以形成“焚风”。气象学中，把没有和外界进行热量交换的气块运动变化过程称为绝热过程。而清溪焚风的形成过程中气块在迎风坡降落了雨或雪，和外界进行了热量交换，是假绝热过程的典型例子（参见图6.32）。

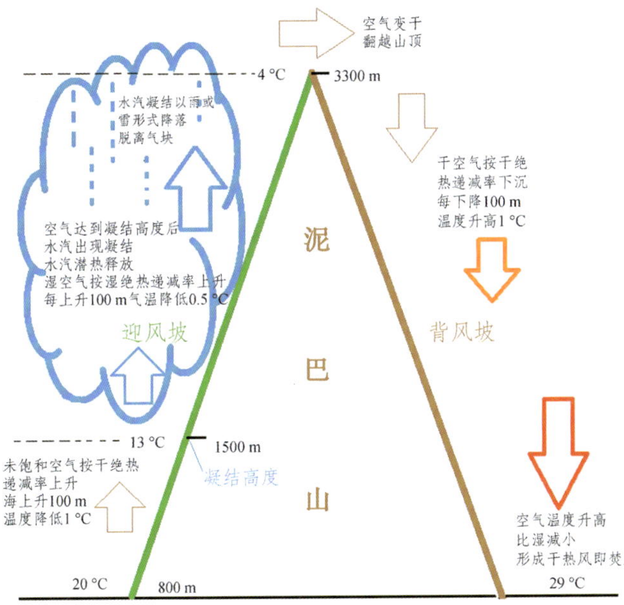

（a）

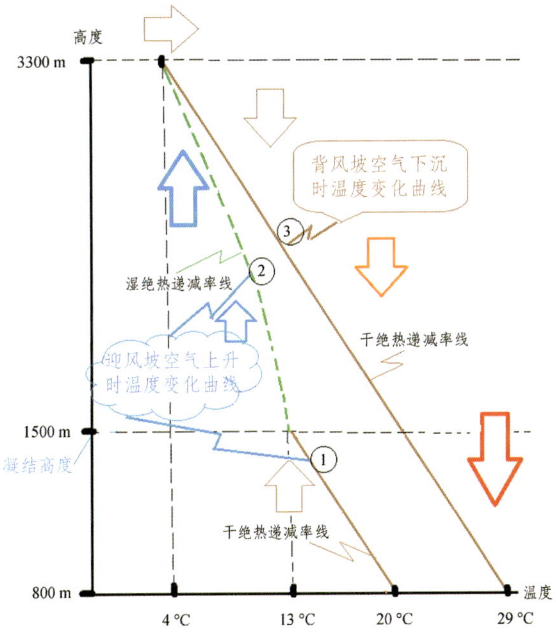

（b）

图6.32　泥巴山焚风形成示意图

泥巴山的“焚风效应”造成了泥巴山南北的气候和景观迥异：迎风坡多雨寡照，年平均干燥度低于0.5；背风坡温暖少雨多日照，年平均干燥度近1.5。观察者如果站在泥巴山顶，就会看到一线之隔的南北坡有完全不同的天气和自然景观。据普查，清溪一带是雅安全市风能资源最大的地方（图6.33）。清溪干热风气候也造就了清溪花椒独有的优异品质（图6.34）。据《汉源县志》记载，在唐代汉源花椒即列为贡品，故名“贡椒”。汉源花椒果粒大、含油量高、色泽深红、芳香浓郁、醇麻爽口，色、香、味、麻等都为全国最优，实为“正宗川菜之魂”。

图6.33　汉源县清溪镇的风力发电机（王琪拍摄）

图6.34　汉源清溪镇中国花椒之乡照片（彭贵康拍摄）

9．宝兴县城山谷风

宝兴县城在清朝乾隆年间名为穆坪，当时实行土司制度。1930年建县，因当地矿产丰富，取《礼记·中庸》“今夫山，一卷石之多及其广大，草木生云，禽兽居之，宝藏兴焉”之意而命名为宝兴。宝兴县全境褶皱密集，断裂发育，形成以高山为主的地貌。地势西北高，东南低，地表崎岖。最高峰狮子山海拔5328 m，最低海拔大溪乡宝兴河谷750 m，全境相对高差达4578 m。宝兴境内河流主要是青衣江上游的宝兴河，穆坪镇的两河口以上称东河，发源于夹金山南坡的三道坪，在两河口与西河相汇。

由于地势所限，宝兴县城基本建在河谷内，四周为高山，有很好的形成山谷风的气象条件。山谷风是出现于山地及其周边地区的，具有日周期的地方性风。

山谷风的形成原理：白天，山坡受太阳辐射升温快，空气膨胀上升，山谷的空气沿山坡向山顶补充，形成谷风；夜间，山坡辐射冷却大于山谷降温，空气冷却下沉，顺山坡流入山谷，形成山风；山风和谷风总称为山谷风（参见图6.35）。

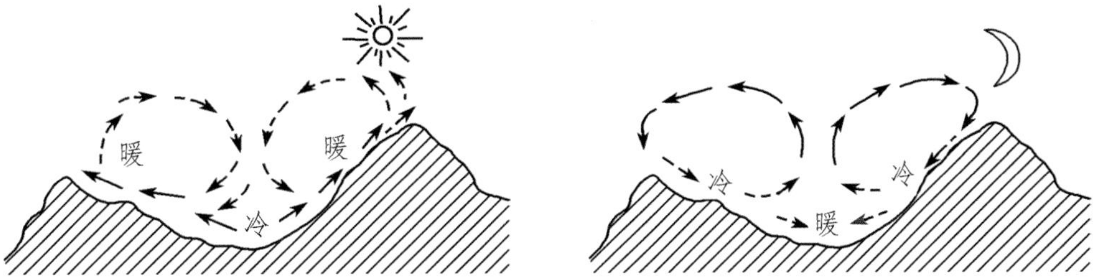

（a）谷风　（b）山风

图6.35　山谷风形成示意图

宝兴县城的山谷风在全雅安市最为显著，据普查，宝兴也是雅安全市风能资源较大的地方。宝兴县城的山谷风一般是冬春季强于夏秋季，这是因为夏秋季的云雨多于冬春季，日照较冬春季少。夏季日照充足时，一般午后到下午就有凉爽的谷风穿城，就像全城自带电风扇一样，使人感觉非常惬意。

10．“周公山戴帽”

周公山，古名蔡山，即《尚书·禹贡》中记载的“蔡蒙旅平”的蔡山。据《山海经》记载也是大禹治水途径的名山。相传三国时期蜀国诸葛亮南征，于山麓夜梦周公授计，从而征战获胜，故而更名此山为周公山。因为山顶极易降雨且雨大，古时曾和蒙顶山一样建有天盖寺，后被毁。于汉、唐迄清，山上建庙甚多，林木森森，风光秀丽，历来名山古刹招引游人众多。现山顶有周公庙遗址，汉代遗留的祈晴的“八卦石”和明清石庙、石兽、石坊等。历代名人书法石刻留于崖壁、石岩、石碑之上，山麓还有澄清庵等人文景观。山麓周公河如玉带萦绕，河中特产“丙穴鱼”（雅鱼），古今驰名，唐代诗圣杜甫曾有“鱼知丙穴由来美”的诗句。

周公山属邛崃山南段余脉，位于雅安市雨城区东南方向的周公河畔，距雨城区主城区仅1 km，整个山势如一个横放在城区东边的巨大的鼻子，突兀的鼻尖为主峰，海拔1721 m。周公山的“鼻尖”如果早上出现对流云，当天傍晚到夜间，雅安城区大概率会出现降雨，这就是当地居民知道的“周公山早戴帽，雅安当夜雨来”，也是雅安独具特色的天象与气候景观之一。

雅安“周公山早戴帽”能预示雅安当夜有雨的原因：一般情况下对流云的生消规律为，在太阳的辐射下，午后到下午对流云才开始生成，如果没有降雨天气系统的作用，夜间对流云即消散。雅安雨城区青衣江河谷的地形犹如大口向东的“喇叭口”，北、西、南方向都为高山阻挡，东面对接四川盆地，2000 m左右到地面，暖湿空气只能从东南方向流入青衣江河谷，而周公山刚好在城区东南面，当有天气系统从东南方向向雅安输送暖湿空气时，会沿周公山陡峭的山壁强迫抬升，冲向山尖，当大气水汽充足、层结不稳定时，就会在山尖形成对流云，即出现“周公山戴帽”，早上“周公山戴帽”

时，即使是晴天，可以发现大气铅直能见度都不会好，说明大气层结是不稳定的（参见图6.36）。周公山早上“戴帽”其实是指证了：雅安上空从2000 m左右到地面有强烈的东南暖湿气流，大气层结处于不稳定状态。这正是雅安傍晚到夜间将产生较强降雨的条件，所以，“周公山早戴帽，雅安当夜雨来”是符合气象学原理的（实景见图6.37）。

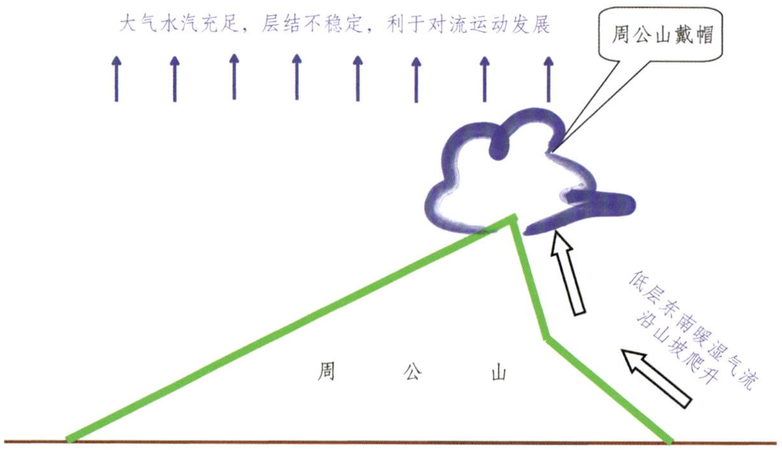

图6.36 周公山戴帽形成示意图

图6.37 周公山戴帽实景（彭贵康拍摄）

11．雨城雨后瀑布云

在雨城区，在降雨天气系统影响以后，特别是有冷空气影响以后，常可在雨城区西边的九岭岩—园光山一带的山顶到山坡的东坡上，出现非常漂亮的瀑布云。

雨城区雨后瀑布云形成的原因：一般在降雨天气系统影响以后，特别是有冷空气影响以后，雅安即转为下沉气流控制，山顶到山坡由于刚降完雨，水汽充足，易形成云雾，但受中高空西风气流和下沉气流的影响即形成瀑布云（参见图6.38）。和周公山戴帽相反，雨城雨后瀑布云指证了：雅安大气层结稳定，为下沉气流控制，未来天气将转好（实景见图6.39）。

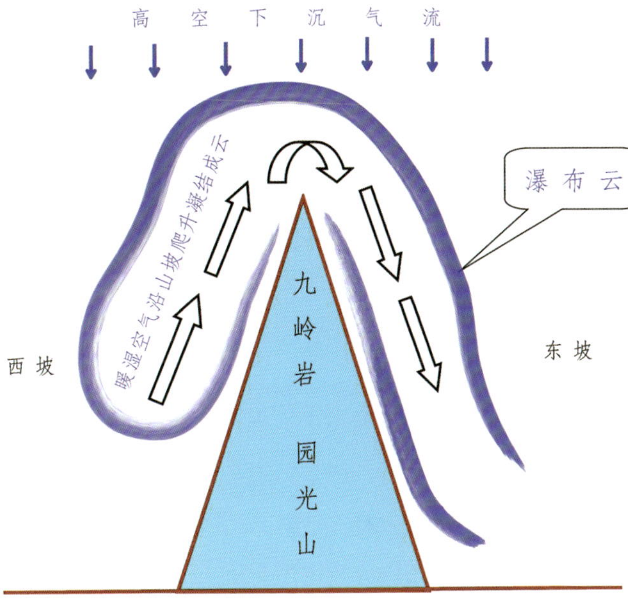

图6.38　雨城雨后瀑布云形成示意图

图6.39　雨城雨后瀑布云照片（彭贵康拍摄）

12．雨城江雾

在盛夏，当雅安市受西太平洋暖湿气流影响时，雨城区的早上，常在青衣江面上形成一层浅雾。雨城江雾出现时，城区呈现一片梦幻般的景观，特别是汉白玉大桥—彩虹桥—雅安廊桥一带，桥和两岸的城郭都像浮在雾上，宛如仙境一般，又宛如海市蜃楼，半个雨城都美得飘起来，景色独具魅力。

雨城江雾的形成和其他地方江雾的形成有很大不同：

水汽压（e）是空气中水汽所产生的分压力（分压强）。国际制单位为hPa。水汽压（e）是间接表示大气中水汽含量的一个量。大气中水汽含量高，水汽压就大；反之，水汽压就小。饱和水汽压（E）是水汽达到饱和时的水汽压强。饱和水汽压大小与温度有直接关系，随着温度的升高，饱和水汽压显著增大。高温时，饱和水汽压大，空气中所能容纳的水汽含量增多；相反，如果降低空气的温度，由于饱和水汽压减小，就会有多余的水汽凝结出来，形成云雾或降水。饱和水汽压与温度的关系可参见图6.40。

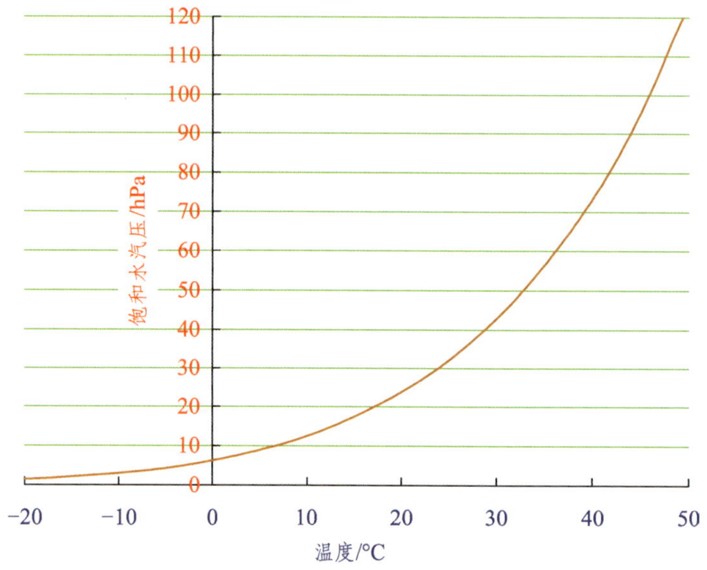

图6.40　饱和水汽压与温度的关系曲线

雅安青衣江发源于邛崃山脉巴朗山与夹金山之间海拔近5000 m的蜀西营（海拔4930 m），常年为冰雪覆盖。所以，青衣江江水温度常年较低，江里所产雅鱼也为典型的“冷水鱼”。特别是在夏季，水温低于气温，且差距较大，即使在酷热时节到江里游泳，也会感觉江水冰冷刺骨。雅安盛夏时期，西太平洋副热带高压西伸北进，常控制在川东一带，来自西太平洋的近饱和的暖湿气流源源不断地向雅安输送，海洋暖湿空气流经青衣江江面上时，由于江面水温远低于海洋暖湿空气流，饱和水汽压变小，就会有多余的水汽凝结出来，形成江雾。

雨城江雾的特点是：雾基本只在江面上很浅的范围形成；一般都在早上形成；江雾出现时，雅安往往有连续性大雨到暴雨（实景见图6.41和图6.42）。

图6.41 雨城江雾景色之一（彭贵康拍摄）

图6.42 雨城江雾景色之二（彭贵康拍摄）

6.7 雅安独有的生态气候名片

1. 雅　雨

雅安降水丰富，无论是年降雨量，还是降雨日数，都是全球中纬度大陆内最多的地区之一，历来素有“天漏”和“雨城”之称， 雅安虽然雨日多、雨量大，但由于全市年平均夜雨率高达72.0%~77.1%，是世界上“巴山夜雨”现象最为突出的地区，所以，“雅雨”虽多，但并不妨碍旅游观景，如烟如丝的“雅雨”反而是雅安生态旅游的品牌标志之一，丰沛的降水造就了“水墨雅安”的特色景观，保障了世界独有的珍稀动植物如蒙顶山茶、大熊猫、雅鱼、珙桐、独叶草等的生存条件。所以说“雅雨”是雅安生态旅游资源之魂（参见图6.43）。曾庆存院士到雅安时曾这样评价雅安的烟雨景观：“没到雅安之前，我总认为传统中国画中的烟雨山水是写意，到了雅安后才知道其实是写实。”国画大师张大千曾在《蜀西纪游》中咏赞雅安：“孤峰绝青天，断崖横漏阁。六时常是雨，闻有飞仙渡。”雅安的雨如云似雾，温润清新，空气中含有大量的负氧离子，所以雅雨可以“洗肺”，有益于身心健康和长寿延年。据史料记载，在唐朝和清朝，雅安都曾出现过九世同堂的长寿家族。清朝康熙年间，康熙皇帝曾向碧峰峡长寿山“九世同堂”的陈氏家族颁赐“华夏第一家”金匾。

图6.43　雅雨造就的水墨东拉山景观（孟水明拍摄）

2. 大熊猫

大熊猫的生存环境与雅安整体生态气候环境有很好的契合度。大熊猫生存了至少800 万年，是生物活化石，也是世界生物多样性保护的旗舰物种。大熊猫是海外认知度最高的中国文化符号之一，具备国际吸引力、世界级影响力和唯一性、独特性。雅安是世界上第一只大熊猫的科学发现地、命名地和模式标本产地，1869 年法国人阿尔芒·戴维在雅安宝兴首次科学发现大熊猫，并命名。大熊猫自此走向世界，成为世界各国了解中国的重要窗口。雅安是全国和全省大熊猫栖息地面积最大的市（州），“世界自然遗产——四川大熊猫栖息地”核心区面积的52%在雅安。雅安占我国第一个大熊猫国家公园面积的28%。1949年以来，“国礼”大熊猫共23 只，雅安赠送数量达18只，为全国第一。雅安是中国大熊猫放归之乡，栗子坪自然保护区拥有全国首个大熊猫野化培训放归基地，截至2017年年底已放归9 只。雅安气候温和且变率较小，特别适合大熊猫主食竹的生长，这为大熊猫生存、生活、繁殖提供了适宜的气候生态环境，全市拥有4822 km^2大熊猫栖息地，6个自然保护区中5个是以大熊猫及其栖息地为主要保护对象的自然保护区。雅安市有大熊猫气候适宜区3600 km^2，约占全省适宜区的20%，大熊猫气候次适宜区7400 km^2，约占全省次适宜区的18%。雅安是四川省大熊猫的主要集中分布区域，是大熊猫与人和谐共处的生态家园，是名副其实的“熊猫故乡”。

3．蒙顶山茶

“扬子江心水，蒙山顶上茶”，蒙顶山茶因其品质优异，工艺精湛，被奉为贡茶。蒙顶山茶之所以享有经久不衰的盛名，首先在于具有得天独厚的气候条件，蒙顶山茶区气候温润，年平均气温14.5 ℃，年降水量丰富，为2000～2200 mm，分布均衡，相对湿度85%，常细雨蒙蒙，雾霭满山，特别适合茶叶的生长。细雨中茶山漫步，在细雨中轻松采茶（图6.44），在细雨中品茶的清香，在细雨中和大熊猫亲密接触，这就是雅安的生态气候名片。雅安是世界茶文明圣山所在地，拥有世界最早人工茶种植历史。蒙顶山为有文字记载最早的人工植茶地。唐《膳夫经手录》记载：“蜀茶得名蒙顶也。”西汉甘露年间（公元前53—前50年）吴理真在蒙山种茶的事迹，在《四川通志》《舆地纪胜》《杨慎记》《金石苑》《名山县志》、“天下大蒙山”碑等文献史料中可见。雅安市茶马古道资源底蕴深厚，川藏茶马古道从雅安起始，是中国世界级四大古道遗产之一。雅安蒙顶山是中国南方边茶茶马古道的起始地。雅安边茶从唐代开始传入西藏，已有1300多年的历史。以蒙顶山茶区为源头的川藏茶马古道，具有最悠久的历史、最遥远复杂的道路、最早的茶叶种植加工、最艰苦卓绝的人文精神和最重要独特的社会政治地位。雅安蒙顶山还具有独特神秘的禅茶文化，以《蒙山施食仪轨》为代表的蒙顶山“禅茶文化”独树一帜，吴理真被宋孝宗追封为“普慧甘露妙济菩萨”之后，蒙山成为佛教名山，共分布有100 多个寺庙，茶僧分工明确，各司其职。其中永兴寺名气最大，源于来自“西域”的不动法师，创立《蒙山施食仪轨》，被选入《禅门日诵》。蒙顶山茶有着悠久的“贡茶”历史，吴觉农《茶经述评》记载：早在公元前1066年西周时期，巴蜀已用所产茶叶作为“贡品”。蒙顶贡茶的记载，盛唐最多，经宋元明清延续到清末，前后绵延1169年没有间断。清光绪知县赵懿“官亲督而采之”，著有《蒙顶茶说》，详尽记述采制贡茶的时间、地点、方法、过程。雅安从古至今都是藏茶生产的中心。公元641年，文成公主入藏将茶叶带进藏区。自此，这种茶叶被称为藏茶，并逐渐成为藏区居民的生活必需品。位于青藏高原东部边缘的雅安，生产藏茶已有千余年历史。近年来，雅安积极推进“雅安藏茶”申报原产地产品保护工作，2018年，“雅安藏茶”品牌评估价值达1845 亿元。现在雅安市仍是产茶大市，是中国重要的产茶基地、当下最活跃的产茶与消费区域，茶产业发展基础雄厚。名山区是四川省唯一一家国家级茶树良种繁育场，是全国首批区域性良种繁育基地，建成中国首个以茶叶为主题的休闲农业公园。雅安保存有完好的茶马古道古驿站遗址，雅安南路边茶制作技艺已入选国家级非物质文化遗产。

图6.44　蒙顶上茶园采茶景象（袁明拍摄）

6.8　舒适、凉爽、滋润休闲地

雅安是全球层状云气候分布最高的地区，夏季“阳伞效应”显著，冬季“棉被效应”显著。夏季“阳伞效应”使太阳紫外线强度大为削弱，对长时间户外安全旅游十分有利。冬季“棉被效应”使雅安夜间辐射冷却小，为中国同纬度最暖的地区。雅安市的空气相对湿度常年接近成人表皮中的水分含量，加之温度适宜，对人的皮肤美容十分有利，是世界上最“滋润”的城市之一。雅安冬季，平均气温和平均最低气温都是最大值区，是最暖地区之一；夏季，平均气温和平均最高气温都是最小值区，是最凉地区之一；年、各季平均气温日较差都是最小值区之一，具有罕见的“冬无严寒、夏无酷暑、气温平和”的气候资源。夏季，雅安市各县区平均气温基本都接近最有利于人类延年益寿的23 ℃，是不可多得的疗养胜地。在雅安市境内，立体气候特征十分显著，雅安市境内最高气温地区和最低气温地区的月平均气温差异都达到8.0 ℃以上。巨大的温度差异造就了雅安市境内在较小的空间里具有不同旅游需求的温度条件。雅安市四季平均风速为0.7～2.5 $m \cdot s^{-1}$，惠风和畅，很适宜人们旅游观光。雅安生态质量位居全国前茅，人居环境极佳，“旅游舒适期”与“旅游最舒适期”和举世闻名的“春城”昆明市相当，整个夏季基本都是“旅游最舒适期”，是不可多得的休闲宜居胜地。

截至2021年5月，雅安市共有国家5A级旅游景区1个（碧峰峡旅游景区），国家4A级旅游景区21个（蒙顶山旅游景区等），国家3A级旅游景区14个（汉源县月亮湾·金钟山等），国家2A级旅游景区2个（汉源体育公园等）；有国家生态旅游示范区1个（宝兴县神木垒）、省级生态旅游示范区2个（雨城区碧峰峡、天全县喇叭河）、省级旅游度假区2个（雨城区周公山、天全县二郎山）、省级全城旅游示范区1个（雨城区、名山区）、天府旅游名县1个（雨城区）、星级宾馆15家、星级农家乐213家等（图6.45、图6.46）。雅安是川藏茶马古道的起点，是汉文化与民族文化结合过渡地带、现代中心城市与自然生态区的结合过渡地带，是国道318川藏线“中国最美的景观大道”的起点，是古南方丝绸之路的重要门户和必经之路，是大成都旅游区、大香格里拉旅游区、大峨眉旅游区、大攀西旅游区和大九寨旅游区的结合部，处于藏汉彝民族文化走廊。随着市境内和周围交通的日益完善，雅安市旅游的区位优势也越来越好。

图6.45　名山区蒙顶山山门（孟水明拍摄）

图6.46　名山区茶园风光（孟水明拍摄）

6.9 气候特色市、县、镇品牌

随着国家改革深入和“双循环”战略的推进，旅游走进大众日常生活，度假、休闲、康养等已成为国民日常生活中的重要组成部分，成为拉动消费和经济增长的新动力。因此，深度挖掘雅安市独特的气候资源，积极开展“中国天然氧吧”“中国天然氧吧城市”“中国气候康养地”“中国气候好产品”“中国避暑避寒地”“四川特色气候小镇”等气候品牌创建工作，不断满足广大人民群众日益增长的对度假、休闲、康养的需求，将雅安市气候资源转化为旅游资源，将生态优势转化为经济优势，更好地促进雅安经济社会发展。截至2020年底，雅安市建成和在建的气候特色市、县、镇品牌有：

“中国生态气候城市”创建成功：雅安市。

“中国天然氧吧”创建成功县区：名山区、芦山县、宝兴县。

“中国气候好产品”创建成功产品：名山区蒙顶山茶。

“国家森林乡村”42个（其中雨城区6个、名山区7个、荥经县8个、天全县5个、宝兴3个、芦山3个、石棉县5个、汉源县5个）。

“省级森林康养基地”19处、“省级森林小镇”9个。

“四川生态气候康养县”创建成功县区：芦山县。

“四川特色气候小镇”创建成功乡镇：11个（其中名山2个、芦山8个、宝兴1个）。

芦山县、天全县正在创建“中国生态气候康养地”。

6.10 旅游气候资源与国内部分重要旅游城市比较

为了弄清雅安市的旅游气候资源在国内的水平，彭贵康等人曾利用1971—2010年（40年）的气象资料，计算了国内部分著名的旅游城市的人体舒适度气象指数（BCMI）等级（参见表6.30、表6.31）。

表6.30 1971—2010年（40年）雅安市与国内相近纬度重要旅游城市月平均BCMI等级比较

地点	月份											
	1	2	3	4	5	6	7	8	9	10	11	12
雅安北部月平均BCMI等级	3	3	3	4	5	5	5	5	5	4	4	3
雅安南部月平均BCMI等级	3	3	4	4	5	5	5	5	5	5	4	3
拉萨市月平均BCMI等级	2	3	3	3	4	4	4	4	4	3	3	3
成都市月平均BCMI等级	3	3	3	4	5	5	6	6	5	5	4	3
武汉市月平均BCMI等级	2	3	3	4	5	6	7	6	5	5	3	3
杭州市月平均BCMI等级	2	3	3	4	5	6	7	7	6	5	3	3

注：雅安北部以天全县资料为代表，雅安南部以石棉县资料为代表。

表6.31 1971—2010年（40年）雅安市与国内不同纬度重要旅游城市月平均BCMI等级比较

地点	月份											
	1	2	3	4	5	6	7	8	9	10	11	12
雅安北部月平均BCMI等级	3	3	3	4	5	5	5	5	5	4	4	3
雅安南部月平均BCMI等级	3	3	4	4	5	5	5	5	5	5	4	3
哈尔滨市月平均BCMI等级	1	1	2	3	4	5	5	5	4	3	2	1
大连市月平均BCMI等级	2	2	2	3	4	5	5	5	5	4	3	2
济南市月平均BCMI等级	2	2	3	4	5	5	6	6	5	4	3	2
桂林市月平均BCMI等级	3	3	4	5	5	6	7	6	5	5	4	3
丽江市月平均BCMI等级	3	3	3	3	4	5	5	4	4	4	3	3
昆明市月平均BCMI等级	3	3	4	4	5	5	5	5	5	4	3	3
厦门市月平均BCMI等级	3	3	4	5	5	6	6	6	6	5	5	4
香港特区月平均BCMI等级	4	4	5	5	6	6	7	7	6	5	5	4
海口市月平均BCMI等级	4	5	5	5	6	6	6	6	6	6	5	5

注：①雅安北部以天全县资料为代表，雅安南部以石棉县资料为代表。

②香港的资料年限为1971—2000年。

由表6.30可见，与国内相近纬度（30°N附近）部分旅游城市月平均人体舒适度气象指数（BCMI）等级比较，雅安市北部“旅游舒适期”（BCMI等级为4～6的天数，以下同）约244 d，5—9月都是“旅游最舒适期”（BCMI等级为5的天数，以下同），达153 d。雅安市南部“旅游舒适期”约275d，5—10月都是“旅游最舒适期”，达184d。拉萨、成都、武汉、杭州的“旅游舒适期”和“旅游最舒适期”天数（d）分别为：153和0、244和122、183和92、152和62。而且，雅安基本上5—10月都是“旅游最舒适期”，除拉萨市夏季偏凉外，其他城市夏季都偏暖（甚至闷热，如武汉7月，杭州7月、8月），而雅安市北部和南部，整个夏季基本都是“旅游最舒适期”，旅游气候资源比“上有天堂，下有苏杭”的杭州市还好。可见，雅安市是国内同纬度附近旅游气候最好的地区。

由表6.31可见，雅安市与国内不同纬度重要旅游城市月平均人体舒适度气象指数（BCMI）等级比较，纬度偏北的城市中，哈尔滨、大连、济南，“旅游舒适期”和“旅游最舒适期”天数（d）分别为：153和92、184和122、214和91；纬度偏南的城市中，桂林、丽江、昆明、厦门、香港（只有1971—2000年的统计资料）、海口“旅游舒适期”和“旅游最舒适期”天数（d）分别为：244和122、185和62、245和153、306和122、303和122、365和150。雅安市“旅游舒适期”为244～275 d（北部到南部），“旅游最舒适期”为153～184 d（北部到南部），均优于纬度偏北的城市。纬度偏南的城市中，“旅游最舒适期”达到150d以上的只有昆明和海口，海口市5—10月均偏暖，“旅游最舒适期”出现在2—3月和11—12月。雅安市北部的“旅游舒适期”和“旅游最舒适期”和举世闻名的“春城”昆明市相当（分别为244 d和245 d，153 d和153 d），雅安市南部的“旅游舒适期”和“旅游最舒适期”超过昆明市（分别为275 d和245 d，184 d和153 d），显然，从不同纬度比，雅安市的旅游气候资源也是全国最好地区之一。

6.11 旅游气候资源与国外部分重要旅游城市比较

为了进一步弄清雅安市的旅游气候资源在全球范围内处于什么水平，彭贵康等人曾利用1971—2010年（40年）的气象资料，计算了全球范围内部分著名的旅游城市的人体舒适度气象指数（BCMI）等级（资料表略，结果参见图6.47、图6.48）。

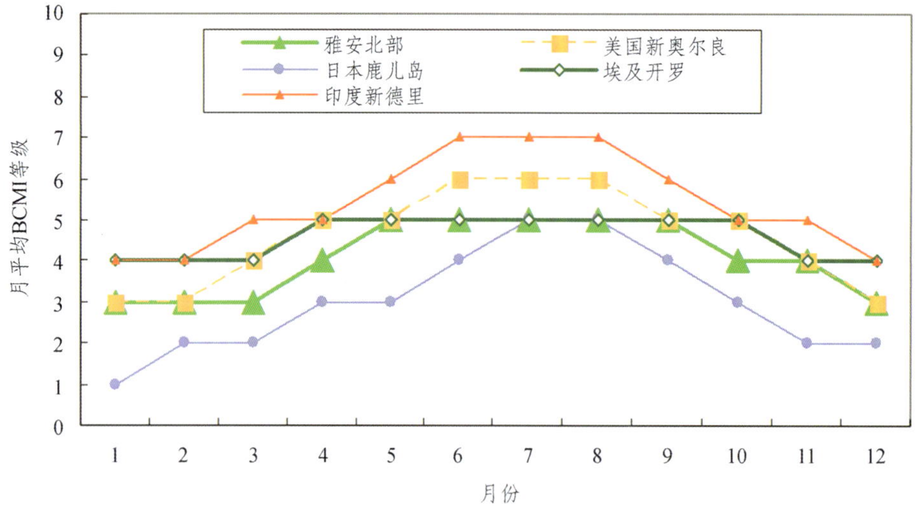

图6.47 雅安市北部与国外相近纬度重要旅游城市月平均BCMI等级比较

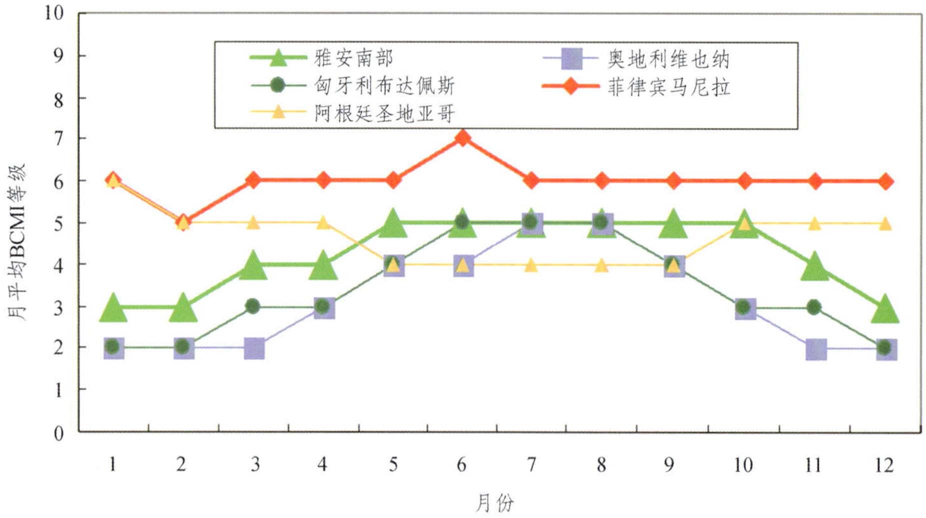

图6.48 雅安市南部与国外不同纬度重要旅游城市月平均BCMI等级比较

与国外相近纬度（30°N附近）重要旅游城市月平均人体舒适度气象指数（BCMI）等级比较，美国新奥尔良、日本鹿儿岛、埃及开罗、印度新德里的“旅游舒适期”和“旅游最舒适期”天数（d）分别为：275和122、122和62、365和214、273和122。可见，国外30°N附近重要旅游城市中，埃及开罗的“旅游舒适期”和“旅游最舒适期”天数分别达365 d和214 d，为最好，雅安市次之，印度新德里夏季偏闷热，美国新奥尔良夏季偏暖，日本鹿儿岛冬季显著偏冷、夏季偏凉，都不如雅安（图6.47）。

与国外不同纬度重要旅游城市月平均人体舒适度气象指数（BCMI）等级比较，奥地利维也纳、匈牙利布达佩斯、菲律宾马尼拉、阿根廷圣地亚哥“旅游舒适期”和“旅游最舒适期”天数（d）分别为：153和62、153和92、335和28、365和181。可见，国外不同纬度重要旅游城市中，阿根廷圣地亚哥的“旅游舒适期”天数高达365 d，为最高，“旅游最舒适期”天数达181 d；雅安市南部的“旅游最舒适期”天数为184 d，为最高，雅安市北部的“旅游最舒适期”天数为153 d，次之；菲律宾马尼拉全年偏暖（6月偏闷热），奥地利维也纳和匈牙利布达佩斯大部分月份偏凉（或偏冷），都不如雅安，阿根廷圣地亚哥的“旅游最舒适期”出现在2—4月和10—12月，而雅安的“旅游最舒适期”出现在5—10月（图6.48）。

由上述可见：在全世界范围内，雅安市的旅游气候资源也是属于最好的地区之一，特别是在夏季（5—9月），尤为突出。

6.12 结论和建议

1．结 论

（1）复杂多样的地形地貌和自然气候形成多样的生境，为特有物种的发展和保存创造了条件，使雅安市存有大量的古老孑遗的特有种类（如动物活化石大熊猫、植物活化石珙桐等），产生了大量的模式标本，成为第三纪植物的“避难所”，古老珍稀物种极其丰富，是少有的动植物的基因库。

（2）雅安市立体气候特征十分明显，独特的气候条件加上特有的地理位置、地质结构和地壳运动，使雅安市集高原风光、原始森林、地热温泉、珍稀动植物、地质奇观、江河湖泊等于一体，具有资源丰富、类型多、品位高、综合性好的特点。雅安市城区夏季（6—8月）平均气温为22.1～24.8 ℃，在最有利于人类延年益寿温度（23 ℃）附近，是少有的度夏胜地。雅安市各县、区城区年平均有降雨现象的天数（d）分别为：宝兴257.6、天全273.2、芦山246.3、雨城249.8、名山245.7、荥经243.9、汉源186.7、石棉201.6；雅安市各县、区城区年平均夜雨率（夜间降水量占全天降水量的百分率，%）分别为：宝兴74.6、天全72.0、芦山75.7、雨城74.1、名山70.8、荥经77.1、汉源75.3、石棉76.7，是世界上降雨日数最多的地方，是世界上夜雨率最高的地方，是世界上最滋润的地方。由于独特的地理地形条件，雅安市是全球层状云气候分布最高的地区，冬季“棉被效应”显著，使雅安冬季气温高于同纬度其他地区，夏季“阳伞效应”显著，使雅安夏季气温低于同纬度其他地区。“阳伞效应”还使太阳紫外线强度大为削弱，雅安市北部的紫外线指数等级基本上都是1～2级。自古就有“雅安出美女”之说，现在“雅女”更是世界闻名，雅安姑娘大都身材窈窕、眉清目秀、皮肤如荷花般水灵和细腻，该地区紫外线强度弱，是天造“雅女”的原因之一。

（3）据近30年标准气候值资料统计，雅安市具有非常优异的生物气象指标。夏季（6—8月），宝兴、天全、芦山、雨城、名山、荥经、汉源和石棉的月平均酷热指数（HI）分别为：68～72、71～74、71～75、72～75、72～75、71～74、72～75和71～74。均无HI>75的情况，说明雅安市各县、区夏季“对大多数人来说是感觉舒适的”，无高温不适的气候，雅安市各县、区夏季适合人们旅游。冬季（12月至次年2月），宝兴、天全、芦山、雨城、名山、荥经、汉源和石棉的月平均寒冷指数分别为（CI，单位：$kJ \cdot m^{-2} \cdot h^{-1}$）：2696～2876、1779～1879、1746～1925、1888～2055、1892～1997、1746～1900、1561～1720和2051～2248，均无CI>3350的情况，除最北端的宝兴县“人体感觉和反映”可达“很凉”级别外，其余县、区“人体感觉和反映”都在“适宜”至“凉”之间，说明雅安市冬季无“严寒不适”气候，对大多数人来说感觉是舒适的，雅安市各县、区冬季也很适合人们旅游。雅安市各县、区的旅游舒适期，宝兴县为214 d，天全、名山、荥经为244 d，芦山、雨城、汉源和石棉为275 d，全市都为一类适宜旅游地区。“旅游最舒适期”天数（d），宝兴、天全、芦山、雨城、名山、荥经、汉源和石棉分别达：153、122、122、152、91、153、152、214。而且，“旅游最舒适期”基本上都出现在夏季（6—8月），这种情况在全国都是少有的。

（4）雅安市是名副其实的“天然氧吧”。雅安各个观测站春、夏、秋、冬、年的平均负（氧）离子数基本都>1000 $ions \cdot cm^{-3}$；年平均负（氧）离子个数（$ions \cdot cm^{-3}$），最小值为城区（雨城区熊猫绿岛公园，1892），最大值为山区（芦山溶洞，3205）；年最大值负（氧）离子个数（ions · cm^{-3}），最小值仍为城区（雨城区熊猫绿岛公园，4195），最大值仍为山区（名山建山，21081）。即使在年平均负（氧）离子个数最低的城区，空气中负（氧）离子含量也达到了1892 ions · cm^{-3}，远远大于世界卫生组织规定的“清新空气中负（氧）离子含量不应低于1000 ions · cm^{-3}”的标准。大多数情况下，雅安市城区和山区负（氧）离子的等级都大于6级（最高级）。

（5）独特的自然环境造就了雅安市丰富多样的生态景观，包括地文景观、水域景观、生物景观、建筑与设施景观、历史遗迹景观、旅游购品（文创产品）景观、和人文活动景观等。据《四川省旅游资源分类、调查与评价》（试行），按照游憩度、价值度、珍稀度、丰度、完整度、组合度、知名度7个维度及开发利用价值将旅游资源予以定级，五级资源为最高级别，三、四、五级资源统称为优良级资源，一、二级资源为普通资源。经普查，雅安市共拥有一级旅游资源4348处，二级旅游资源5123处，三级旅游资源2227处，四级旅游资源223处，五级旅游资源106处。截至2021年5月，雅安市共有国家5A级旅游景区1个（碧峰峡旅游景区），国家4A级旅游景区21个（蒙顶山旅游景区等），国家3A级旅游景区14个（汉源县月亮湾 · 金钟山等），国家2A级旅游景区2个（汉源体育公园等）。

（6）天象与气候景观具有独特性、神秘性和不可预测性，能够满足游客的求奇求异心理，所以对游客具有很强的吸引力，成为一种特殊的旅游资源。特殊的地理地形条件造就了雅安的天象与气候景观资源异常丰富，而且独具特色。据2021年1月雅安市文化体育和旅游局完成的《雅安市文化和旅游资源普查报告》，雅安市天象与气候景观类旅游资源共184 处，比全省市州平均多37处，其中优良级旅游资源有100处，占天象与气候景观总量的54.35%，5级资源6处，比全省市州平均多4.2处，四级资源14处，比全省市州平均多6.6处。天象景观、天气与气候现象分别占天象与气候景观类的33.15%、66.85%。天气与气候现象景观中云雾多发区旅游资源数量最多，高达50余处。

（7）雅雨、大熊猫、蒙顶山茶为雅安市独有的生态气候名片。如烟如丝的“雅雨”是雅安生态旅游的品牌标志之一，是雅安生态旅游资源之魂，是“水墨雅安”的血液。大熊猫是海外认知度最高的中国文化符号，具备国际吸引力、世界级影响力和唯一性、独特性，雅安是世界上第一只大熊猫的科学发现地、命名地和模式标本产地，“世界自然遗产——四川大熊猫栖息地”核心区面积的52% 在雅安。“扬子江心水，蒙山顶上茶”，蒙顶山茶因其品质优异，工艺精湛，被奉为贡茶，蒙顶山茶之所以享有经久不衰的盛名，首先在于具有得天独厚的地理地形、土壤和气候条件。

（8）雅安市是少有的舒适、凉爽、滋润的生态休闲和康养胜地，有国家生态旅游示范区1个、省级生态旅游示范区2个、省级旅游度假区2个、省级全城旅游示范区1个、天府旅游名县1个、星级宾馆15家、星级农家乐213家等。雅安是川藏茶马古道的起点，是汉文化与民族文化结合过渡地带、现代中心城市与自然生态区的结合过渡地带，是国道318川藏线“中国最美的景观大道”的起点，是古南方丝绸之路的重要门户和必经之路，是大成都旅游区、大香格里拉旅游区、大峨眉旅游区、大攀西旅游区和大九寨旅游区的结合部，处于藏汉彝民族文化走廊。

（9）雅安市内气候特色市、县、镇品牌丰富，截至2020年底，雅安市建成的气候特色市、县、镇品牌有：“中国生态气候城市”（雅安市）、“中国天然氧吧”（名山区、芦山县、宝兴县）、“中国气候好产品”（名山区蒙顶山茶）、“国家森林乡村”42个（其中雨城区6个、名山区7个、荥经县8个、天全县5个、宝兴3个、芦山3个、石棉县5个、汉源县5个）、“省级森林康养基地”19处、“省级森林小镇”9个、“四川生态气候康养县”（芦山县）、“四川特色气候小镇” 11个（其中名山2个、芦山8个、宝兴1个）；在建的气候特色市、县、镇品牌有：芦山县、天全县正在创建“中国生态气候康养地”。

（10）雅安市旅游气候资源与国内部分重要旅游城市比较：与国内相近纬度（30°N附近）部分旅游城市月平均人体舒适度气象指数（BCMI）等级比较，雅安市北部“旅游舒适期”约244 d，5—9月都是“旅游最舒适期”，达153 d，雅安市南部“旅游舒适期”约275 d，5—10月都是“旅游最舒适期”，达184 d，雅安市是国内同纬度附近旅游气候最好的地区；雅安市与国内不同纬度重要旅游城市月平均人体舒适度气象指数（BCMI）等级比较，雅安市的旅游气候资源也是全国最好地区之一。

（11）雅安市旅游气候资源与国外部分重要旅游城市比较：与国外相近纬度（30°N附近）重要旅游城市月平均人体舒适度气象指数（BCMI）等级比较，埃及开罗的“旅游舒适期”和“旅游最舒适期”天数（d）分别达365和214，为最好，雅安市次之；与国外不同纬度重要旅游城市月平均人体舒适度气象指数（BCMI）等级比较，阿根廷圣地亚哥的“旅游舒适期”天数高达365 d，为最高，“旅游最舒适期”天数达181 d，雅安市南部的“旅游最舒适期”天数为184 d，为最高，雅安市北部的“旅游最舒适期”天数为153 d，略次之。在全世界范围内，雅安市的旅游气候资源也是属于最好的地区之一，特别是在夏季（5—9月），尤其突出。

2．建　议

（1）雅安市政府和各有关部门，在宣传推介雅安市的旅游、康养等项目时，应把雅安市定位为：雅安市具有多样的生态景观，包括地文景观、水域景观、生物景观、建筑与设施景观、历史遗迹景观、旅游购品（文创产品）、人文活动和天象与气候景观等，是一座充满神奇魅力的城市；雅安市是世界上雨日和夜雨最多的地方，温度、湿度宜人，是一座世界上最滋润的城市；雅安市具有非常优异的生物气象指标，是一座生态优异、四季舒适的城市。建议市政府和各有关部门尽快申报雅安全市为“中国天然氧吧市”。

（2）雅安市政府和各有关部门，要围绕“熊猫故乡探秘之旅、世界茶源寻根之旅、最美国道318线体验之旅、绿色生态康养之旅、红色文化传承之旅”5条精品旅游线路和“春季赏花品茶、夏季避暑纳凉、秋季品果赏叶、冬季玩雪泡汤”四季主题旅游线路，丰富产品和业态；要突出核心资源和优势资源，重点发展山地旅游、康养旅游、乡村旅游、冰雪旅游、交通旅游等。

（3）雅安市政府和各有关部门加大天象与气候景观资源宣传推介，及时将天象与气候景观资源转化为旅游资源，促进雅安旅游业快速发展。加快天象与气候景观地的综合气象监测业务工作，为进一步开发利用天象与气候景观旅游资源奠定基础。气象部门开展天象与气候景观预报服务。完善主要天象与气候景观地的旅游基础设施。建立有雅安特色的气象公园，比如“牛背山云海气象公园”“东拉山红叶气象公园”“海子山康养气象公园”“周公山雷达站气象公园”等。

7 气候与康养

7.1 康养气候环境

气候是指一个地区光温水气等气象条件的长期平均状况，包括温度、光照、降水、湿度、气压以及风速、风向等，这些要素的组合构成了人们赖以生存的气候环境。人体健康与气候密切相关，舒适的气候和有助于人体机能恢复的气候条件，称为康养气候。每个区域都或多或少地拥有康养气候资源，有利气候因素所维持的时间长短，不同区域也不同。雅安市在气温、空气湿度、近地面风速、海拔、空气负氧离子等方面，具有非常优异的康养气候资源。

总体来说，良好的气候不仅可以让人感觉舒适，还可以让人健康。雅安空气湿润，空气质量好，日照少，属于湿润温和的气候，对呼吸道疾病非常有利；空气中负氧离子的含量高，属于天然氧吧，对治疗疾病，康复休养，调养身体非常有利。综上可以得出：雅安市冬无严寒、夏无酷热，适合夏季避暑，冬季避寒，四季皆可开展旅游、保健、养生等相关活动。

7.1.1 人体舒适度气象指数（BCMI）

根据本书第6章中所列出的人体舒适度气象指数（BCMI）计算公式［参见公式（6.5）］，编写Python程序读取数据库中宝兴、天全、芦山、名山、雨城、荥经、石棉1991—2020年（30年），汉源1989—2008年（20年，汉源国家气象观测站因为修建水电站搬迁到萝卜岗山顶海拔达1098m，新站址较原站址海拔增加了302.1 m，不能很好地代表汉源城区的气象情况，故用迁站前的资料计算，以下同）每天的气象资料，计算人体舒适度气象指数（BCMI），再平均到年的情况。表7.1给出了各县、区人体舒适度气象指数等级在4～6级（对应人体感觉分别为：4级——偏凉，大部分人舒适；5级——最为舒适；6级——偏暖，大部分人舒适）、7～9级（对应人体感觉分别为：7级——闷热，少部分人不舒适；8级——炎热，大部分人不舒适；9级——暑热，不舒适）、10级（对应人体感觉为：酷热，很不舒适）、1级（对应人体感觉为：寒冷，不舒适）的天数。

表7.1 雅安市城区BCMI等级为4～6级、7～9级、10级、1级的年平均天数（单位：d）

BCMI等级 年均天数	宝兴	天全	芦山	名山	雨城	荥经	汉源	石棉
舒适天数	219	244	245	242	249	243	287	274
闷热天数	0	2	7	5	6	1	16	1
酷热天数	0	0	0	0	0	0	0	0
寒冷天数	0	0	0	0	0	0	0	0

注：舒适天数是BCMI等级为4～6级的天数；闷热天数是BCMI等级为7～9级的天数；酷热天数是BCMI等级为10级的天数；寒冷天数是BCMI等级为1级的天数。

由表7.1可见：我们用每天的气象资料计算所得出的人体舒适度气象指数，比在第6章6.3节中用月平均气象资料计算的人体舒适度指数更为精细，但结果两者差异不大。雅安市城区全年人体感觉“大部分人舒适”和“最为舒适”的天数在219～287 d，其中宝兴的天数最少（219 d）（冬季清凉和较冷相对其他县、区要多一些），汉源县的天数最多为287 d；雅安市城区全年人体感觉“闷热”至“暑热”的天数在0～16 d，宝兴无闷热天气，荥经、石棉闷热以上的天数为1 d，天全为2 d，雨城、芦山、名山在6～7 d，汉源闷热以上的天数最多，为16 d。雅安市城区夏季无酷热天气，温度适宜，适合夏季避暑；雅安市城区冬季无寒冷天气，温度较宜人，适合冬天避寒。

7.1.2 气　温

空气温度对人体影响主要表征在冷热感，它影响人体的新陈代谢、热量产生和周围环境热平衡。人体通过不断地产生和耗散热能达到与环境温度平衡，在高温下容易出现热痉挛、痱子甚至中暑。高温对胃肠消化功能和消化液分泌有明显的减弱作用，造成食欲减退。而低温使人体关节的润滑液黏度增加，影响关节活动能力，甚至造成关节功能的疾病。气温高低对脑垂体、甲状腺、副甲状腺、肾上腺皮质、肾上腺髓质等多重内分泌腺的功能也有不同程度的影响。

雅安市城区的年平均气温为14.6～17.4 ℃。最冷月在1月，月平均气温为4.9～8.4 ℃，最热月在7月，月平均气温为22.8～25.5 ℃。 四季分明，温度适宜。雅安市城区 4—10月的月平均气温（图7.1）在15.3～25.5 ℃，属于凉爽舒适的温度。夏季（6—8月）城区的年平均气温为22.1～24.8 ℃，接近最有利于人类长寿的温度（23 ℃）。

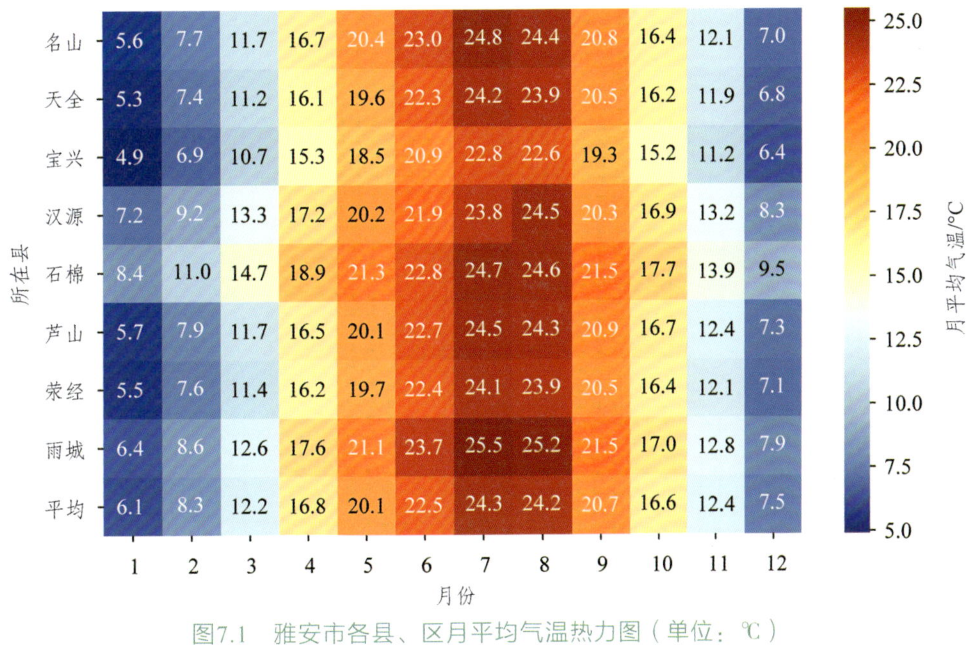

图7.1　雅安市各县、区月平均气温热力图（单位：℃）

全域来看，雅安市冬季（1月）的气温（图7.2）除了高山地区的站点在0 ℃以下，其余地区基本在0 ℃以上，相对来说，雅安的冬天温度不算很高，但无明显的严寒天气。春季（4月）（图7.3）和秋季（10月）（图7.4）全域气温基本维持在15～19 ℃，属于凉爽舒适的天气。夏季（7月）（图7.5）全域的月平均气温基本在22.8～25.5 ℃之间，在人体体感最舒适的20～26 ℃内，夏天无明显的酷暑天气。雅安市境内在冬（1月）、春（4月）、夏（7月）、秋（10月）月平均气温的最高气温和最低气温的差异都达到 14.0 ℃以上。雅安市域内立体气候非常显著，巨大的温度差异造就了雅安市境内在较小的空间尺度里就具有不同康养需求的温度条件，有丰富的立体康养气候资源（参见图7.6）。

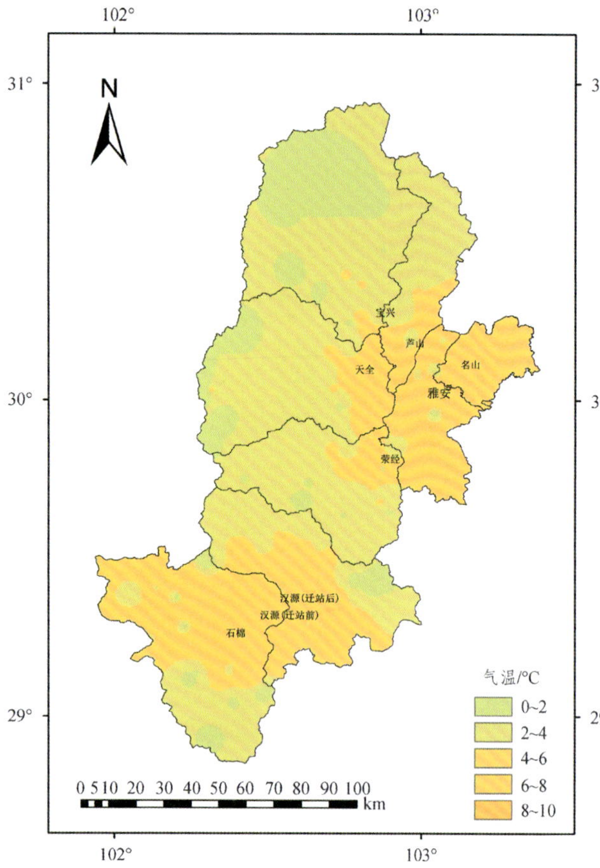

图7.2　雅安市冬季（1月）月平均气温（单位：℃）

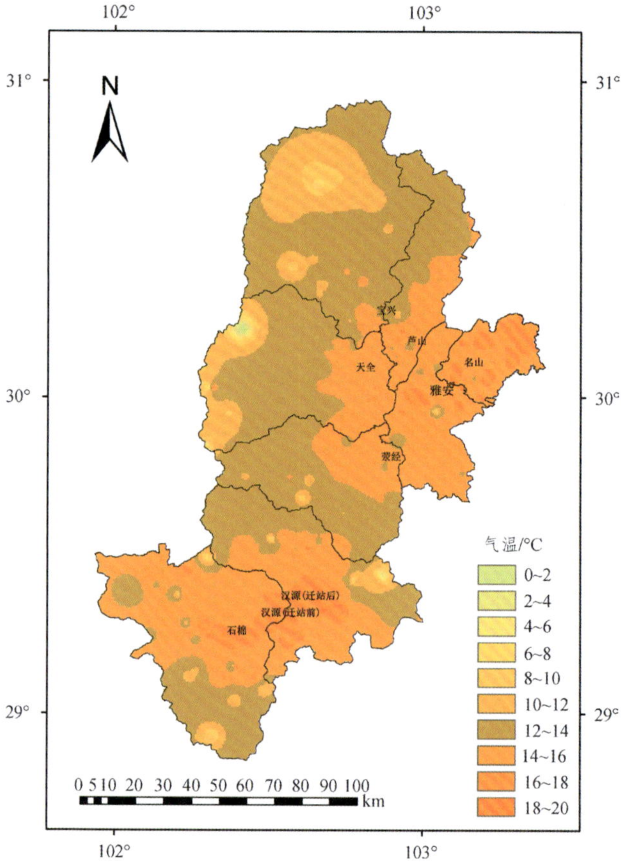

图7.3　雅安市春季（4月）月平均气温（单位：℃）

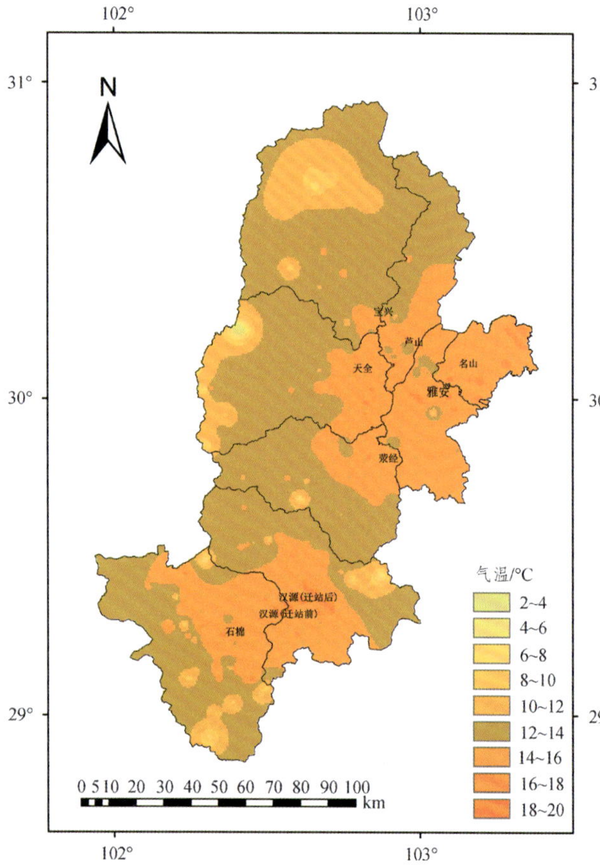

图7.4　雅安市秋季（10月）月平均气温（单位：℃）

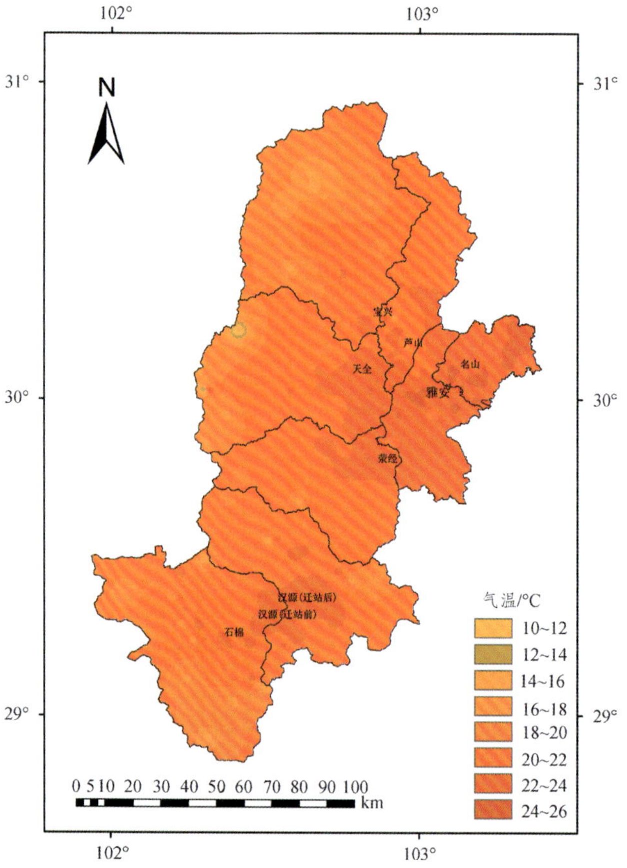

图7.5　雅安市夏季（7月）月平均气温（单位：℃）

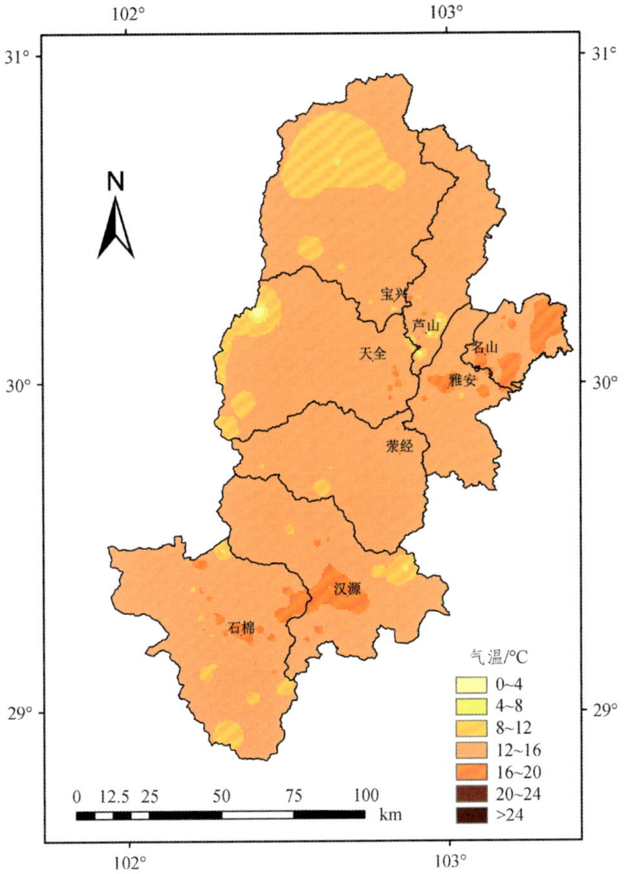

图7.6 雅安市年平均气温（单位：℃）

2021年4月19日，世界气象组织（WMO）发布的《2020年全球气候状况》报告显示，2011—2020年是有气象记录以来最热的10年，全球平均气温比工业化之前水平高出1.2 ℃。地球大环境的改变，恶劣的天气越来越多，不仅会影响人类的正常生活，还会对人体健康造成直接影响。2020年12月，《柳叶刀倒计时》2020年度报告发布，新证据显示，与高温相关的死亡率不断上升。而由于地形、多雨和森林覆盖率高等，据宇如聪等人的研究，在全球气温升高的大背景中，雅安市是温度升高最小的地区之一。夏季北部大多数区域气温都为最适合人类健康的23 ℃左右，这实在是大自然对雅安的偏爱有加，对康养非常有利。

7.1.3 气压（海拔）

大气压力的变化尤其是气压的急剧变化会引起许多健康问题。人体对于气压缓慢变化有较好的适应性，但是气压在短时间内快速波动对于身体有较大的影响。由低地上升到高原，很多人会出现“高原反应”，这是因为气压下降，氧气含量相对减少，机体为了补偿缺氧而加快呼吸以及血液循环，从而引发头痛、恶心、呕吐和无力等症状。

1500 m亚高原区域，气压和空气密度约为海平面的80%，机体的组织、器官、系统对亚高原轻度缺氧环境产生一系列的代偿性适应，心血管和呼吸机能以及氧运输、代谢和免疫能力一定程度上有所提高。亚高原轻度缺氧环境对机体的刺激程度较大，有助于身体健康，还可以辅助治疗高血压、糖尿病、心脏病等慢性病，改善高血糖、高血脂和高胆固醇等症状。亚高原区域可以增强人体体质、促进健康，达到养生和长寿的目的。

从全球五大长寿之乡和中国77个长寿之乡的共同特征来看，这些区域大多在海拔1500 m左右的山地，此区域自然条件较优越：气候舒适、冷暖适中、物产丰富、植被茂密、负氧离子含量高，有利于人体健康。因此，海拔1500 m是最佳的康养海拔，即亚高原区域。雅安市处于青藏高原和四川盆地的过渡带，最高海拔为5793 m，最低海拔为516 m，立体气候特征明显（图7.7）。大多数人口居住在海拔600～2000 m，具有优越的自然条件，有利于人体机体的健康和长寿。

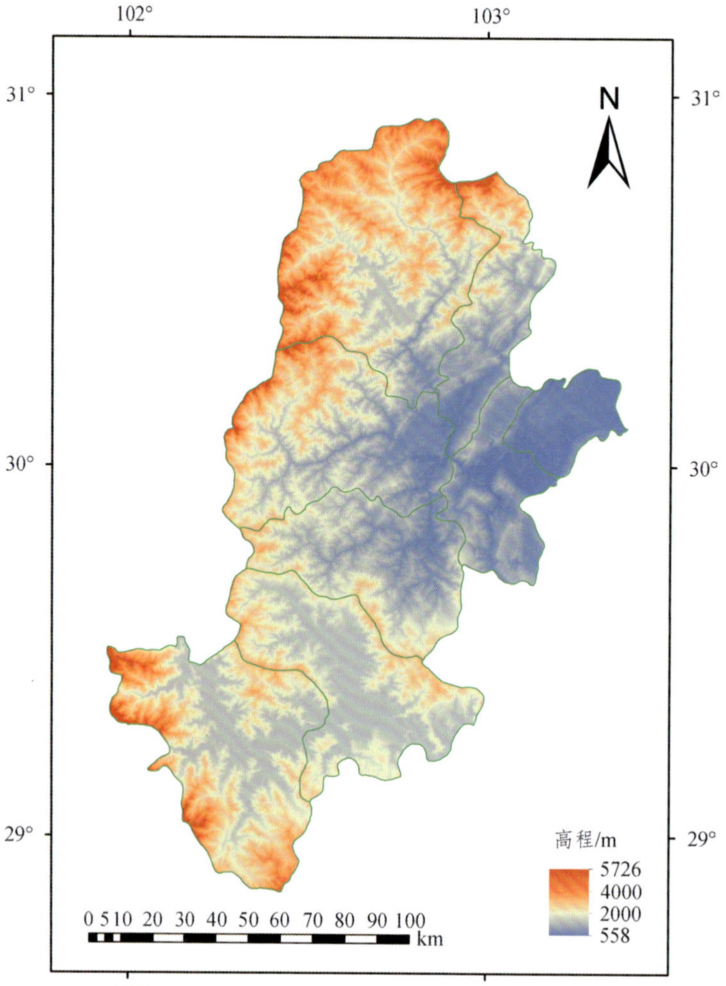

图7.7　雅安市海拔（单位：m）

7.1.4　湿　度

空气湿度是指空气的潮湿程度，用来表示空气中水汽含量距离饱和的程度。研究表明，最有益于人体健康的相对湿度为45%～60%。如果空气中的相对湿度低于40%，会造成室内干燥，导致皮肤、咽喉、呼吸道干燥，容易引发哮喘等呼吸道疾病；而当空气相对湿度高于80%时，则属于湿度过高，会使人体散热困难，从而导致体温升高、心跳加快、头晕恶心等症状。

雅安市北部县、区偏湿润，南部偏干燥。城区年平均相对湿度：北部县、区为78%～83%；南部两县为67%～68%；石棉、汉源、宝兴、雨城的年平均相对湿度为67%～78%，属于人体相对舒适的湿度。

结合温、湿状况分析，雅安市夏季（6—8月）平均气温为22.1～24.8 ℃，所以虽然雅安夏季相对湿度略大，但是温度较低，很少出现“桑拿天气”，温暖湿润的气候对人体健康非常有益。

7.1.5 风

由于雅安市地处青藏高原陡峭地形东坡，也是四川盆地西边缘，境内风速总体都很小，年平均风速：宝兴、汉源和石棉为1.7～2.5 $m \cdot s^{-1}$，中部县、区为 0.6～1.1 $m \cdot s^{-1}$。月平均风速：全市城区内最大为2.8 $m \cdot s^{-1}$，最小为0.5 $m \cdot s^{-1}$，月平均风速差别不大，整体介于1～2级，属软轻风。夏季多微凉风、冬季少寒风。风速柔和宜人，是最适合人们在户外活动的风速。

7.1.6 日 照

日照对人体的影响取决于日照强度和日照时间两个因素。光照对人体生化、视觉和心理有明显影响。太阳光照射可以促进人体维生素D的合成，促进钙的吸收，有利于生长发育。太阳光由可见光、红外线和紫外线构成。阳光中的紫外线能加强机体的新陈代谢，促进钙磷代谢，还能刺激机体的造血机能。但过度的紫外线照射也会对人体造成不同程度的伤害，如使皮肤变黑，出现色斑，导致晒伤，引起角膜炎、结膜炎，长期晒伤会导致白内障及抑制免疫系统功能，甚至导致皮肤癌。

紫外线指数（URI）是指一天当中太阳在天空中的位置最高时（即中午前后），到达地面的太阳光线中紫外线辐射对人体皮肤的可能损伤程度。紫外线指数一般用0～15表示。通常规定，夜间紫外线指数为0，在热带或高原地区、晴天无云时，紫外线最强，指数15。可见紫外线指数值越大，表示紫外线辐射对人体危害越大，也表示在较短时间内对皮肤的伤害越大。在实际预报中常将紫外线指数分为5级发布。

雅安市北部县、区城区，云丰雨沛，日照较少，紫外线较弱，年平均日照时数为762.2～911.7 h；雅安市南部的汉源和石棉县受地形下沉气流影响形成比较独特的干暖气候，云量少，晴天多，日照时间较长，年平均日照时数为1198.8～1301.3 h，有相对较好的日照资源。由于独特的地理地形条件，雅安市中部是全球云量气候分布最高的地区，也是全国日照时数较少的地区之一。这就相当于常年在雅安市中部上空拉上了一个巨大的遮阴篷，使太阳紫外线强度大为削弱。雅安市北部的紫外线指数等级基本上都是1～2级，南部的紫外线指数等级基本上都是1～3级。紫外线强度较弱，短时间外出不需要做防护措施。光照资源虽然不足，但是紫外线较弱也有利于人体皮肤的健康。

7.1.7 空气负氧离子

雅安市空气负氧离子资源非常丰富，很宜于人的长寿。习近平总书记曾赞美雅安“天府之肺”。在被生态学家们称为“中国西部生态第一村”的碧峰峡，唐、清两朝都曾出现过九世同堂的家族。

概略来说，空气负氧离子和人类相关的作用主要有：①除尘除臭作用；②抑菌除菌作用；③宜于人体健康作用等。因此，空气负离子常被誉为“人类生命的维生素”。在城市建设中，多制造能够产生空气负离子的喷泉、瀑布和绿地等景观，可增加环境中空气负离子浓度，在室内保持适宜浓度的空气负离子，对人体健康将大有好处。世界卫生组织规定：清新空气中负离子含量不应低于每立方厘米1000个（即1000 $ions \cdot cm^{-3}$）。

表7.2给出了雅安现行负氧离子观测网中7个负氧离子观测站的年平均和年最大值负氧离子数据（单位：$ions \cdot cm^{-3}$）。资料显示：雅安各个观测站春、夏、秋、冬、年的平均负氧离子数基本都大于1000 $ions \cdot cm^{-3}$（资料略）；年平均负氧离子个数（$ions \cdot cm^{-3}$），最小值为城区（雨城区熊猫绿岛公园，1892），最大值为山区（芦山溶洞，3205）；年最大值负氧离子个数（$ions \cdot cm^{-3}$），最小值仍为城区（雨城区熊猫绿岛公园，4195），最大值仍为山区（名山建山，21081）。即使在年平均负氧离子个数最低的城区，空气中负氧离子含量也达到了1892 $ions \cdot cm^{-3}$，远大于世界卫生组织规定的“清新空气中负离子含量不应低于1000 $ions \cdot cm^{-3}$”的标准。大多数情况下，城市和山区负氧离子含量都大于6级（最高级）。所以，雅安市是名副其实的“天然氧吧”，非常适宜康养人群。

表7.2　2020年5月至2021年4月（1年）雅安负氧离子观测网资料　　单位：ions·cm^{-3}

区、县	雨城区		名山区			芦山县	
观测站名	碧峰峡	熊猫绿岛公园	蒙顶山	建山	名山蒙顶山	猴飞	龙门溶洞
负氧离子年平均值	1974	1892	2089	3100	2673	2348	3205
负氧离子年最大值	4893	4195	6190	21 081	17 777	12 729	12 314

7.2　气候康养地评价

7.2.1　康养地气候舒适度的计算方法及评价规则

根据中国气象局公共气象服务中心和中国旅游研究院战略所等单位起草，中国气象服务协会2020年9月发布实施的《气候康养地评价》（T/CMSA 0019—2020）的标准，康养地气候舒适度的计算方法为：

当日平均气温≤16 ℃且≥10 ℃，用风效指数K来评价康养地气候舒适度；当日平均气温>16 ℃，使用温湿指数I来评价气候舒适度；同时，当气温<10 ℃且日平均相对湿度≥85%时，使用温湿指数I来评价气候舒适度；若日平均气温<10 ℃且日平均相对湿度<85%时，用风效指数K来评价气候舒适度。

风效指数K的计算公式为：

$$K = -(10\sqrt{V} + 10.45 - V)(33 - T) + 8.55S \quad (7.1)$$

式中　K——风效指数，为无量纲值，取整数；

V——某一评价时段内的平均风速，m·s^{-1}；

T——某一评价时段内的平均气温，℃；

S——某一评价时段内的平均日照时数，h·d^{-1}。

温湿指数I的计算公式为：

$$I = 1.8T + 32 - 0.55 \times (1 - \mathrm{RH}) \times (1.8T - 26) \quad (7.2)$$

式中　I——温湿指数，为无量纲值，取整数；

T——某一评价时段内的平均气温，℃；

RH——某一评价时段内的平均空气相对湿度，计算时以小数代入计算，如70%，以0.7代入计算。

康养地气候舒适度评价规则如表7.3所述。

表7.3　气候舒适度评价规则

风效指数K值域范围	评价等级	温湿指数I值域范围	评价等级	评价标识符
$K \le -1000$	爆冷或酷冷（很不舒适）	$I<40$	爆冷或酷冷（很不舒适）	E
$-1000<K\le-800$	寒冷（不舒适）	$40\le I<45$	寒冷（不舒适）	D
$-800<K\le-600$	偏冷或凉偏冷（较不舒适）	$45\le I<55$	偏冷或凉偏冷（较不舒适）	C
$-600<K\le-300$	凉（较舒适）	$55\le I<60$	凉（较舒适）	B
$-300<K\le-200$	最舒适	$60\le I<65$	最舒适	A
$-200<K\le-50$	暖（较舒适）	$65\le I<70$	暖（较舒适）	b

续　表

风效指数K值域范围	评价等级	温湿指数I值域范围	评价等级	评价标识符
$-50<K\leq80$	偏热或暖偏热（较不舒适）	$70\leq I<75$	偏热或暖偏热（较不舒适）	c
$80<K\leq160$	热（不舒适）	$75\leq I<80$	闷热（不舒适）	d
$K>160$	暴热或酷热（很不舒适）	$I>80$	极闷热（很不舒适）	e

编写Python程序读取数据库中宝兴、天全、芦山、名山、雨城、荥经、石棉1991—2020年（30年），汉源1989—2008年（20年）每天的日平均气温、日平均相对湿度、日照时数，日平均风速资料，根据公式（7.1）、公式（7.2）计算出雅安市各县、区的气候舒适度在“较舒适”和“最舒适”范围内的天数，再平均到年的情况，即得到雅安市各县、区的康养地气候舒适度指标。表7.4给出了雅安市各县、区年平均气候舒适度指标值域在“较舒适”和“最舒适”（参见表7.3）的天数。

表7.4　雅安市各县、区年平均气候舒适度指标值域在“较舒适”和“最舒适”的天数　　单位：d

县、区	宝兴	天全	芦山	名山	雨城	荥经	汉源	石棉
“较舒适”和“最舒适”的天数	303	245	245	236	241	267	250	266

由表7.4可见，雅安市各县、区年平均气候舒适度指标值域在“较舒适”和“最舒适”的天数高达236 ~ 303 d，其中宝兴最多，高达303 d，表明雅安全市具有非常好的康养地气候条件。

7.2.2　气候属性指标评价

按照《气候康养地评价》（T/CMSA 0019—2020）标准，我们进一步计算了雅安市气候属性指标，如表7.5所示。然后根据《气候康养地评价》（T/CMSA 0019—2020）标准的基本评价指标评分规则（表7.6），得出了雅安市的康养地气候属性指标评分（表7.7）。由表7.7可见，雅安市各县、区的康养地气候属性指标评分为56 ~ 60分（满分60分），均为“优”等级，表明雅安全市具有优异的康养地气候属性。

表7.5　雅安市气候属性指标内容

指标名称	指标内容
气温指标	雅安市区域内常年年适宜气温（15 ℃≤日平均气温≤25 ℃）的累计天数（TSDays）作为气温指标
降水指标	将区域内常年年降水总量（PREtotal）作为降水指标
气候舒适指标	将区域内常年气候舒适度较舒适和最舒适等级的累计天数（CCDays）作为气候舒适指标

表7.6　康养地气候属性指标评分规则（满分60分）

指标名称	赋分标准	得分
气候舒适指数（40分）	CCDays≥120 d	40分（120 d以上均为40分）
	100 d≤CCDays＜120 d	30 ~ 40分（100 d为30分，每多2 d加1分）
	80 d≤CCDays＜100 d	20 ~ 30分（80 d为20分，每多2 d加1分）
	CCDays＜80 d	20分以下（基于80 d，每少2 d减1分，直至不得分）

续 表

指标名称	赋分标准	得分
降水指标（12分）	800 mm≤PREtotal≤1200 mm	12分
	800 mm≤PREtotal≤1200 mm 或1200 mm≤PREtotal≤1600 mm	10分
	PREtotal＜400 mm 或PREtotal＞1600 mm	8分
气温指标（8分）	TSDays≥150 d	8分
	120 d≤TSDays＜150 d	6分
	TSDays＜120 d	4分

表7.7　雅安市的康养地气候属性指标值、评分和等级评价

县、区	宝兴	天全	芦山	名山	雨城	荥经	汉源	石棉
CCDays/d	303	245	245	236	241	267	236	266
TSDays/d	181	176	178	169	166	180	182	193
PREtotal/mm	956.7	1565.1	1266.7	1434.9	1637.3	1157.2	750.7	801.8
评分	60	58	58	58	56	60	58	60
等级评价	优	优	优	优	优	优	优	优

7.2.3　典型康养气候分型

根据《气候康养地评价》（T/CMSA 0019—2020）中典型康养气候分型标准（表7.8），对雅安市各县、区的典型康养气候分型（表7.9）。夏季（6—8月），宝兴县较舒适以上天数为40 d，最高气温≥35 ℃的天数为0.1 d，故宝兴县属于标准的“夏季清凉型”特色气候康养地；北部其他县、区夏季最高气温≥35 ℃的天数为0.9 ~ 3.5 d（达到“夏季清凉型”的标准），但清凉舒适的天数为10 ~ 19 d（少于“夏季清凉型”气候标准要求的40 d），基本接近“夏季清凉型”特色气候康养地的标准。因为气候康养地评价要求有日照资料，除了国家气象观测站外，其他气象观测站都没有日照资料，国家气象观测站都设在城区，海拔基本上都是各县、区域内较低处，气温相对较高，实际温度观测资料表明，北部县、区大部分区域都满足“夏季清凉型”特色气候康养地的标准。

针对南部县的“冬季舒适型”典型康养气候分型，我们也进行了详细客观的计算，得出石棉县的无冬日（12月至次年2月日平均气温≥10 ℃的天数）为37.7 d，汉源无冬日为41.1 d，石棉略低于标准40 d；冬季（12月至次年2月）气候舒适度为较舒适以上的天数石棉为82 d，汉源为89 d，汉源县为标准的“冬季舒适型”典型康养气候分型，石棉县也基本接近“冬季舒适型”典型康养气候分型。

针对南部县的“日光疗养型”典型康养气候分型，我们也进行了详细客观的计算，全年气候舒适度为较舒适以上的天数参见表7.4，汉源和石棉县的气候舒适度为较舒适以上的天数为246 ~ 274 d，比180 d的标准高66 ~ 94 d，但日均日照时数汉源为3.0 $h \cdot d^{-1}$，石棉为2.8 $h \cdot d^{-1}$，日照时数均低于标准要求的6.0 $h \cdot d^{-1}$，日均日照时数略少，所以汉源和石棉县是接近“日光疗养型”典型康养气候分型。

表7.8 康养气候分型标准

气候分型	分型标准
夏季清凉型	夏季（6—8月）气候舒适度为较舒适以上等级的天数≥40 d，且气候舒适度为闷热以上等级的天数或者最高气温超过35 ℃的天数≤5 d
冬季舒适型	冬季（12月至次年2月）的无冬日≥40 d，且气候舒适度为较舒适以上等级的天数≥40 d
日光疗养型	年内气候舒适度为较舒适以上等级的天数≥180 d，同时在较舒适区以上等级的天数期间内每天日照时数≥6 h
干爽调养型	年降水量＜400 mm，且年平均相对湿度＜60%
湿润温和型	年降水量为800～1200 mm（含800 mm和1200 mm），且年平均气温为10～13 ℃（含10 ℃和13 ℃）

注：无冬日是指冬季（12月至次年2月）日平均气温≥10 ℃的天数。

表7.9 雅安市各县、区“夏季清凉型”典型康养气候分型要素表

县、区	宝兴	天全	芦山	名山	雨城	荥经	汉源	石棉
夏季较舒适以上等级天数/d	40	18	14	13	10	19	11	18
夏季气温≥35 ℃天数/d	0.1	0.9	2.3	1.3	3.5	1.0	10.7	11.2

注：本文所指的夏季是6—8月，冬季是12月至次年2月。夏季较舒适以上等级天数是指$55 \leq I < 70$的天数

综上，雅安康养地气候属性指标计算结果表明：雅安市各县、区全年气候舒适度为较舒适以上等级的天数为236～303 d，其中宝兴最多，高达303 d，气候舒适度高，气候属性指标优异，全市都具有“优”级康养地气候属性。典型康养气候分型结果为：雅安市北部县、区基本接近“夏季清凉型”典型康养气候分型，其中宝兴县属于标准的“夏季清凉型”典型康养气候分型；雅安市南部县属于标准的“冬季舒适型”典型康养气候分型，也接近“日光疗养型”典型康养气候分型。

“夏季清凉型”“冬季舒适型”和“日光疗养型”具备相应的气候优势，因此存在适宜在该类型区域调养的体质或能在该类型区域获得健康疗养的病症。同时，每种气候类型也具备相应的劣势，因此也存在不利于在该类型区域调养的体质。雅安市域内康养气候分型适合人群详情如表7.10所示。

表7.10 雅安市域内康养气候分型及气候优劣势

气候康养分型	得益体质及病症	主要得益病症	不利体质及病症
夏季清凉型	烦热等阴血虚体质	1. 心痹（风湿性心脏病）；2. 肺心病（慢性肺源性心脏病）；3. 心悸（心律失常）；4. 胸痹或心痛（冠心病、缺血性心脏病）；5. 虚眩（体质性低血压）；6. 血劳（缺铁性贫血、失血性贫血、慢性溶血性贫血）；7. 肺热病（急性肺炎）；8. 暴咳（急性气管-支气管炎）；9. 久咳（慢性气管-支气管炎）；10. 哮病（支气管哮喘、哮喘型支气管炎）；11. 肺胀（慢性阻塞性肺气肿）；12. 肺络张（支气管扩张、支气管慢性化脓性炎症）；13. 肺痿（肺不张、肺纤维化、肺硬变、矽肺、肺梗塞）；14. 肺痈（肺脓肿）；15. 肺痨（肺结核）；16. 肺癌（原发性支气管肺癌）；17. 肺水（肺水肿）；18. 肺厥（肺性脑病）；19. 肺衰（呼吸衰竭、成人呼吸窘迫综合征）；20. 尘肺（矽肺、石棉肺、蘑菇肺）；21. 悬饮（胸腔积液）；22. 干胁痛（干性纤维性胸膜炎）；23. 喉痹（慢性咽喉炎）	手脚冰凉、极度怕冷等极度阳虚体质

续 表

气候康养分型	得益体质及病症	主要得益病症	不利体质及病症
冬季舒适型	手脚偏凉、怕冷等阳虚体质	1．心痹（风湿性心脏病）；2．心衰（心力衰竭）；3．心瘅（急性病毒性心肌炎、感染性心内膜炎）；4．心悸（心律失常）；5．胸痹或心痛（冠心病、缺血性心脏病）；6．厥心痛或真心痛（急性心肌梗死）；7．高原胸痹（高原病）；8．支饮（渗出性心包炎）；9．风眩（高血压病）；10．蓄血病（血紫质症）；11．髓劳（再生障碍性贫血）；12．紫癜病（血小板减少性紫癜、过敏性紫癜）；13．喉痹（慢性咽喉炎）	
日光疗养型	气虚体质、亚健康状态、免疫力低下	1．癌痛（癌症疼痛）；2．月经病（痛经、闭经、月经不调、月经量多或少）；3．月子病（附件炎、宫颈炎、白带过多、阴痒症）；4．子瘕（子宫肌瘤、卵巢囊肿、附件血管瘤）；5．子宫癌（子宫内膜癌）；6．乳癖（乳腺或小叶增生、乳房纤维瘤）；7．乳岩（乳腺癌）；8．性冷淡（女性性冷淡）；9．胆疸（胆汁淤积性黄疸）；10．视瞻昏渺（中心性视网膜炎）；11．耳鸣（神经性耳鸣）；12．鼻窒（慢性鼻炎）；13．鼻槁（慢性萎缩性鼻炎）；14．鼻渊（鼻窦炎）；15．口疮（慢性口角炎）；16．眼疾（多种眼睛疾病）；17．胃缓（胃下垂、胃无力症）；18．痈疮（化脓性软组织炎）；19．脱发（脱发）；20．痔疮（内痔、外痔、混合痔）	多动、狂躁症等阳亢，皮肤过敏体质

7.3 交通区位

雅安正在加快建设以4条铁路、8条高速公路、14条国省干线为骨架的川西门户枢纽（图7.8）。境内高速公路、国道、省道联网成片，成雅城际动车每日开行29对，单程约50mim。成雅高速（熊猫高速）、成名高速和即将建成的成雅快通将雅安与成都紧密相连。对接蓉欧快铁的川藏物流园、无水港等加快建设，交通物流等极为便捷，1 h可直达双流国际机场、天府国际机场、成都青白江区西部最大内陆港。目前来雅游客和“候鸟式”休养人群主要集中在成渝两地，这两个国家级的中心城市拥有1.3亿人的消费市场，近年来雅安接待国内游客年均增长20%以上，具有广阔的康养市场前景。

图7.8　雅安市交通区位图（雅安市卫生健康委员会供图）

随着雅西、雅康、雅马、成雅高速公路体系的完善，连接成渝、昆明、康定等地高速公路的设计建设，和川藏铁路雅安至林芝段的开工建设，雅安市作为中国向西、向南开放过程中的“锁钥”地位更加明显，城市的康养知名度与影响力将更为显著。

7.4 游养休憩景（园）区

雅安市有碧峰峡、蒙顶山、牛背山、喇叭河等丰富多样的旅游资源，截至2021年5月，雅安市有国家生态旅游示范区1个（神木垒）、省级生态旅游示范区2个（碧峰峡、喇叭河）、省级旅游度假区2个（周公山、二郎山）、省级全域旅游示范区2个（雨城区、名山区）、天府旅游名县1个（雨城区）；有国家A级旅游景区38个，包括国家5A级旅游景区1个（碧峰峡旅游景区）、国家4A级旅游景区21个（蒙顶山旅游景区等）、国家3A级旅游景区14个（汉源县月亮湾·金钟山等）、国家2A级旅游景区2个（汉源体育公园等）； 有国家级自然保护区3个、国家森林公园4个［含西岭国家森林公园（雅安部分）］。是在建的国家大熊猫公园的重要区域，是国家在成渝经济区中规划的唯一生态旅游城市，是中国低碳先锋城市、中国生态气候城市、国家生态文化旅游融合发展试验区、首批入选的全国生态文明先行示范区、全国首个休闲农业与乡村旅游示范地级市、国家首批医养结合试点城市。目前，雅安正抢抓机遇、融合优势，构建“一核三带三片”的雅安全域旅游产业布局。“一核”即“一城五园”，以国际熊猫城（中心城区）为极核和新增长点，联动周边，重点建设蒙顶山生态旅游康养产业园、碧峰峡熊猫山谷文旅康养产业园、周公山文化旅游康养产业园、凤鸣诗歌文化康养园、中国藏茶城产业园五大园区；“三带”即大熊猫生态文化旅游带、318 川藏风情体验旅游带和攀西特色康养休闲旅游带；“三片”即城市休闲度假旅游片区、生态文化休闲旅游片区和特色康养休闲旅游片区。

7.5 主要康养地简介

目前雅安市的气候康养地主要有：碧峰峡康养地、海子山康养地、纱帽山康养地、周公山康养地和桌山康养地等。医疗康养休闲场所主要有：雨城区的碧峰峡野生动物世界，名山区的百丈湖国际旅游度假胜地、蒙顶山生态康养产业基地、月亮湾度假胜地、牛碾坪和名山民宿群，芦山县的大川度假小镇和飞仙关，石棉县的王岗坪、安顺场和孟获城等。海子山康养地和桌山康养地简要介绍如下。

7.5.1 海子山康养地

海子山康养地位于雅安市雨城区望鱼镇海子山国际森林康养旅游度假区（图7.9）。该度假区拥有距成都最近的雅安最大原生态高山湿地王海子、李海子。天气晴朗时在山顶观景台可看到贡嘎雪山，平常可看到洪雅瓦屋山。海子山所在海拔约1300 m，森林覆盖率90%以上，气候宜人，空气质量极好，空气负氧离子含量高，处于最适宜人类长寿的海拔。总规划面积73 km^2，其中核心区14.58 km^2，总投资300亿元。

距海子山康养度假区较近的望鱼气象观测站资料显示，海子山康养度假区年均气温在14.0 ℃左右，年降水量约为1500.0 mm；从四季平均气温来看，冬季平均气温为5.0 ℃，春季的平均气温为14.0 ℃，夏季平均气温在22.0 ℃，秋季平均气温在14.0 ℃，可以看出海子山周围从春季到秋季温度都比较宜人，适合休闲康养，尤其适合夏季避暑康养。

图7.9　雨城区海子山康养地（世外乡村·海子山供图）

7.5.2　桌山康养地

雅安桌山森林康养国际旅游度假区是雅安市重点打造的新时代国际森林康养度假目的地，位于雅安市荥经县龙苍沟大熊猫国家公园南入口，被龙苍沟国家森林公园环抱，拥有大相岭优渥的生态资源（图7.10）。度假区有两个规划建设中的5A级景区：一是核心景区雅安桌山，是全球第二大、亚洲最大桌山，平均海拔2600～2800 m，景区建成后观景塔可以西望贡嘎，北看夹金山，东观峨眉；二是大相岭景区，在原始森林中最大限度还原自然之境的神秘、野趣，以丛林漂流、科普研学、森林探秘、户外体验为主要游玩内容。桌山森林康养国际旅游度假区距离龙苍沟叠翠溪景区5 km，更有熊猫民宿村等生态旅游体验，度假区平均海拔为1150～1300 m，拥有国际公认的康养宜居海拔。康养度假区总投资30亿元，规划面积约200 hm^2，其中约120 hm^2为开发面积，游客配套服务设施占地约13.33 hm^2，约60 hm^2为森林康养绿化区占地，让建筑与自然和谐相容。

距桌山康养度假区较近的龙苍沟风景区气象观测站资料显示，桌山康养度假区年均气温在12.0 ℃左右，年降水量约为1900 mm；从四季平均气温来看，冬季平均气温为3.0 ℃左右，春季平均气温为12.0 ℃左右，夏季平均气温在20.0 ℃左右，秋季平均气温在13.0 ℃左右，可以看出桌山夏季的平均气温为20 ℃，是非常益于避暑康养的地方。

图7.10 荥经县桌山康养地（彭贵康拍摄）

7.6 医疗养老基础

雅安市开展全国首批医养结合试点已4年，医疗资源具有区域优势，并朝着川西医养高地目标迈进。截至2020年末，全市医疗卫生机构1544个，医疗机构拥有床位1.38万张，每千人口床位8.96张，每千人口执业（助理）医师数3.14人，每千人口卫生技术人员8.56人，每千人口注册护士数3.65人，全科医师627人。市人民医院医养中心、市第四人民医院医养中心等多家公立、民营、公建民营机构投入运营。强化龙头引领作用，以四川大学华西医院雅安市医院、市中医医院为龙头，大力培育以资产为纽带、三级医院为主体、辐射区域二级医院和专科医院的纵向整合型医疗集团，做强龙头集团，引领壮大产业发展。

近年来，雅安市全面推进国家级首批医养结合试点建设，大力实施康养项目引领，整合包装了一批具有示范效应和园区聚集的康养项目，为康养产业发展注入新动力。不断完善居家养老服务，到2025年，基本实现全市智慧化养老体系全覆盖，创建国家级智慧养老示范基地1个、国家级智慧健康养老示范社区8个以上、智慧健康养老示范企业3家以上。通过与国际高端专业机构合作，派出学习或引入培训日本、欧洲等地的护理人才培训，并形成国内最具品质和最大影响力的康养护理人才培训基地。

7.7 发展特色

目前，独具雅安特色的“五养一体的康养模式”正广受国内康养界的赞誉（图7.11）。四川大学华西医院雅安医院合作模式，对深入推进“健康四川”“健康雅安”建设、加快建设川西医养中心具有积极的促进作用，将为雅安及周边藏区、彝区群众提供更加优质、高效、安全的医疗服务。以四川农业大学、成都中医药大学等高校资源为支撑，发展中药材种植。三条“百公里百万亩”（茶、果药、果蔬）产业带形成强大的带动辐射效应。依托三九（雅安）等药企，全市中药加工渐成规模。全力实施中医“治未病”健康工程，天全中医医院骨伤科专科特色优势突出，全市中医药产业已具备加快发展的基础条件。疗养休养、保健、健身休闲、健康旅游等特色潜力行业加快培育。西部、成渝城市群高端健康医养目的地建设初具规模，川西医养健康城建设成效初显。

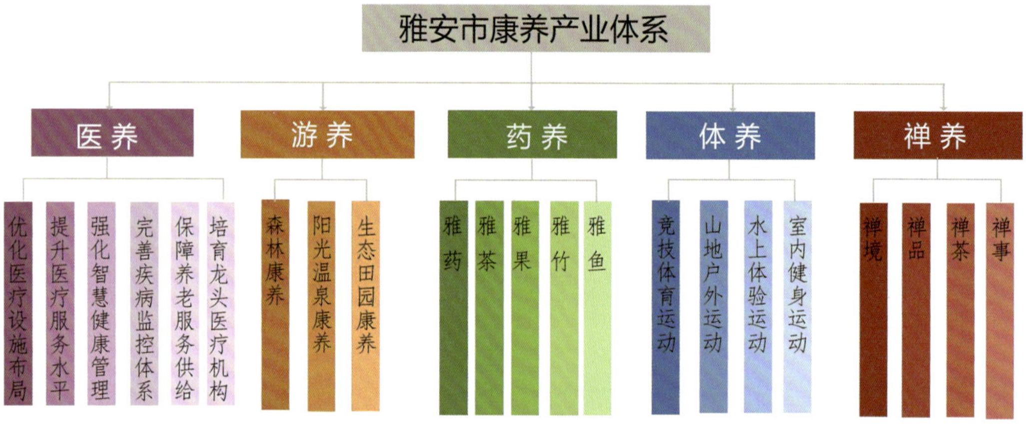

图7.11　五养一体的康养模式（雅安市卫生健康委员会供图）

7.8 要素支撑

人才引进培养力度加大。雅安市卫生健康委员会制订了《建立和完善卫生健康人才队伍建设激励机制的指导意见》，要求卫生健康人才总量基本适应全市人民群众医疗卫生服务需求，新增卫技人员2000人左右，卫技人员总数达12000人左右，引进一批高层次人才和急需紧缺专业人才。与四川大学、省人民医院、成都中医药大学、北京体育大学、省骨科医院等建立合作、协作关系，全面开展医疗人员交流与培训、临床与学术科研等领域合作，促进全域医疗卫生水平提升；心血管内科、肝胆外科、神经外科、眼耳鼻喉科、小儿科、妇产科等重点专科及其他优势学科在雅安市及周边地区享有良好声誉，发挥技术领先和学科带头作用。天全中医医院骨伤特色专科服务除天全县外，还吸引了雅安及周边地区、甘孜等地区40多个市、县的患者前来求医，带动了医院周边服务业及相关产业的发展。

7.9 结论和建议

（1）雅安市具有得天独厚的康养气候环境，冬无严寒、夏无酷热，适合夏季避暑，冬季避寒，四季皆可开展旅游、保健、养生等相关活动。用30年每天的气象资料计算的人体舒适度气象指数（BCMI）结果表明，雅安市各县、区城区全年人体感觉“大部分人舒适”和“最为舒适”的天数高达219～287 d。雅安市域内立体气候非常显著，巨大的温度差异造就了雅安市境内在较小的空间尺度里就具有不同康养需求的温度条件，有丰富的立体康养气候资源，夏季北部大多数区域气温都为最适合人类健康的23 ℃左右，对康养非常有利。雅安市处于青藏高原和四川盆地的过渡带，大多数人口居住在海拔600～2000 m，很多景点和康养地海拔都在1500 m左右，这也是最有利于人类健康长寿的亚高原高度。雅安市年平均相对湿度北部县、区城区为78%～83%，南部两县为67%～68%，属于人体相对舒适的湿度，雅安夏季相对湿度略大，但是温度较低，夏季很少出现“桑拿天气”，温暖湿润的气候对人体健康非常有益，雅安是一座少有的“滋润”城市。雅安市各县、区城区年平均风速为0.7～2.8 $m \cdot s^{-1}$，夏季多微凉风、冬季少寒风，风速柔和宜人，是最适合人们康养和户外活动的风速。雅安市年平均日照时数（h）北部县、区城区为762.2～911.7，南部为1198.8～1301.3，雅安市中部是全球云量气候分布最高的地区，也是全国日照时数较少的地区之一，紫外线强度较弱，紫外线指数等级基本上都是1～2级，有利于人体皮肤的健康。据雅安现行负氧离子观测网中7个负氧离子观测站的资料，雅安各个观测站春、夏、秋、冬、年的平均负氧离子数基本都大于1000 $ions \cdot cm^{-3}$，年平均负氧离子个数（$ions \cdot cm^{-3}$）最小值为城区（雨城区熊猫绿岛公园，1892），最大值为山区（芦山溶洞，3205），年最大值负氧离子个数（$ions \cdot cm^{-3}$），最小值仍为城区（雨城区熊猫绿岛公园，4195），最大值仍为山区（名山建山，21081），即使在年平均负氧离子个数最低的城区，空气中负氧离子含量也达到了1892 $ions \cdot cm^{-3}$，远大于世界卫生组织规定的“清新空气中负离子含量不应低于1000 $ions \cdot cm^{-3}$”的标准，大多数情况下，城市和山区负氧离子含量都大于6级（最高级），所以，雅安市是名副其实的“天然氧吧”，非常适宜康养人群。

建议：有关部门应进一步加大雅安市自然禀赋优异的康养气候的研究、开发和利用。

（2）据雅安市各县、区30年每天的气象资料计算康养地气候舒适度，结果表明各县、区年平均气候舒适度指标值域在“较舒适”和“最舒适”的天数高达236～303 d，全市具有非常好的康养地气候条件。据《气候康养地评价》（T/CMSA 0019—2020）的标准，雅安市各县、区的康养地气候属性指标评分为56～60分（满分60分），全市康养地气候属性均为“优”等级。据《气候康养地评价》（T/CMSA 0019—2020）中典型康养气候分型标准，北部县、区大部分区域都基本满足“夏季清凉型”特色气候康养地的标准，其中宝兴县为标准的“夏季清凉型”特色气候康养地；南部两县大部分区域都基本满足“冬季舒适型”和“日光疗养型”特色气候康养地的标准，其中汉源县为标准的“冬季舒适型”特色气候康养地。

建议：雅安全市应申报“中国气候康养地”，宝兴县应申报“夏季清凉型气候康养地”，汉源县应申报“冬季舒适型气候康养地”，同时有关部门在宣传雅安康养气候时，应进一步细化。

（3）雅安市康养地具有良好的区位优势，随着铁路、高速公路、机场等交通设施的不断完善，雅安市作为中国向西、向南开放过程中的“锁钥”地位更加明显，城市的康养知名度与影响力将更为显著。

建议：有关部门要加大宣传力度，进一步拓展雅安市的康养市场。

（4）目前雅安市的气候康养地主要有：碧峰峡康养地、海子山康养地、纱帽山康养地、周公山康养地和桌山康养地等。医疗康养休闲场所主要有：雨城区的碧峰峡野生动物世界，名山区的百丈湖国际旅游度假胜地、蒙顶山生态康养产业基地、月亮湾度假胜地、牛碾坪和名山民宿群，芦山县的大川度假小镇和飞仙关，石棉县的王岗坪、安顺场和孟获城等。

建议：雅安市应依托优良的生态康养资源，构建多养合一的康养产业生态圈，形成健康管理、运动游乐、田园社区和文化美食等业态功能区，打造川西康养旅居目的地、雅安康养休闲度假新客厅。

（5）雅安市具有良好的医疗养老基础。

建议：加强以雅安市人民医院、雅安市第四人民医院、雅安市中医医院等为龙头的医疗机构，在康养方面加大投入和人员培养。

（6）健康“医养”、生态“游养”、运动“体养”、静心“禅养”、食疗“药养”五养格局基本形成。医养、游养、体养、禅养、药养的发展都离不开康养地的气候舒适度，优异的康养地气候是基础。

建议：以后在“五养一体的康养模式”宣传中，应进一步加大雅安市优异的康养地气候的宣传力度。

（7）在习近平总书记生态文明思想的指引下，在中共雅安市委、市政府和有关部门的领导下，雅安市康养要素支撑不断增强，康养发展势头良好，也将带动疗养、医院周边服务业及相关产业的发展。

8　气候与大熊猫

8.1　第四纪冰川时期古老生物的避难所

大熊猫（图8.1）是一个独特的旗舰物种，是中国特有的濒危物种，也是全世界最珍贵的自然遗产之一，保护大熊猫及其栖息地是保护生物多样性和生态系统功能完整性与稳定性的重要体现，它代表着广义的环境保护。现如今，大熊猫仅零星地分布于我国的秦岭、岷山、邛崃山、大相岭、小相岭、凉山六大山系，雅安市大熊猫栖息地属邛崃山系和大小相岭山系，是大熊猫重要分布区，拥有4822 km^2大熊猫栖息地。全市6个自然保护区中5个是以大熊猫及其栖息地为主要保护对象的自然保护区，即四川蜂桶寨国家级自然保护区（宝兴县）、四川贡嘎山国家级自然保护区（石棉部分）、四川喇叭河省级自然保护区（天全县）、四川栗子坪国家级自然保护区（石棉县）、四川大相岭市级自然保护区（荥经县）。大熊猫保护区总面积1787 km^2，其中大熊猫栖息地1272 km^2，占全市大熊猫栖息地的26.38%。

图8.1　雅安碧峰峡保护基地的大熊猫（雅安市文化体育和旅游局供图）

1869年，雅安成为大熊猫的科学发现地。1955年以来，雅安先后送出活体大熊猫130多只，第一只出国的活体大熊猫、第一只以“国礼”身份出国的活体大熊猫均出自雅安。四川大熊猫栖息地核心区52%的面积在雅安。2006年，以雅安为主要核心区的四川大熊猫栖息地列入世界自然遗产名录“大熊猫故乡”，雅安将每年7月12日确定为“雅安大熊猫栖息地世界自然遗产生态保护日”。

雅安市山地面积占94%，森林覆盖率2020年底的数据为69.14%，森林覆盖率名列四川省之冠。雅安市夹金山脉东坡被世界生物学界称为“第四纪冰川时期古老生物的避难所”，是中国稀有种和特有种动植物保存最丰富的地区之一，是世界上第一只大熊猫标本（现存于法国历史博物馆的“雅宝”）的产地。世界自然基金会（WWF）是世界最大的、经验最丰富的独立性非政府环境保护机构，WWF会徽上的大熊猫的原型姬姬（Chi Chi），就是出自雅安市宝兴县硗碛乡，原名为“碛碛”（Qi Qi）。

8.2 大熊猫气候适宜区区划

8.2.1 地形地貌特征

雅安市位于四川盆地西部边缘，是青藏高原向成都平原的过渡地带，北部邛崃山南延到西部二郎山，与北部南延的夹金山会合，西南部为西北—东南走向的大雪山伸入市域，南部和东南部有大相岭与小相岭。全市地形呈北、西、南地势高，东部地势较低的地理格局。西南、西北边缘地带的极高山（海拔5000 m以上）终年积雪，其中石棉与康定、九龙交界的神仙梁子，主峰海拔 5793 m。高山（海拔3500 ~ 5000 m）分布于宝兴、天全西北部和石棉西南部等地，相对高差可达1000 ~ 2000 m，此两类地形占全市总面积的21%；分布于各县区的中山（海拔1000 ~ 3500 m）占总面积的69%，范围广，面积大；低山（海拔500 ~ 1000 m）仅占4%，主要在雨城区和名山区一带。丘陵与平坝占总面积的6%，多集中于河谷两侧，以青衣江两岸最多。河谷东端出境处海拔516 m，为全市最低点。雅安特殊的地理环境，孕育了独特的生物资源，是四川大熊猫的主要栖息地和世界自然遗产核心区。目前，在雅安生活着340多只野生大熊猫、50多只圈养大熊猫，为世界前列。根据大熊猫的栖息习性并结合雅安地形特征（参见图8.2和图8.3），将海拔和坡度划分为“不适宜”“次适宜”和“最适宜”三个等级（表8.1）。

由表8.1可知，大熊猫最适宜生存的海拔在1500 ~ 3500 m，坡度在25° ~ 35°；次适宜区海拔在1000 ~ 1500 m、3500 ~ 4000 m，坡度在5° ~ 25°、35° ~ 40°。

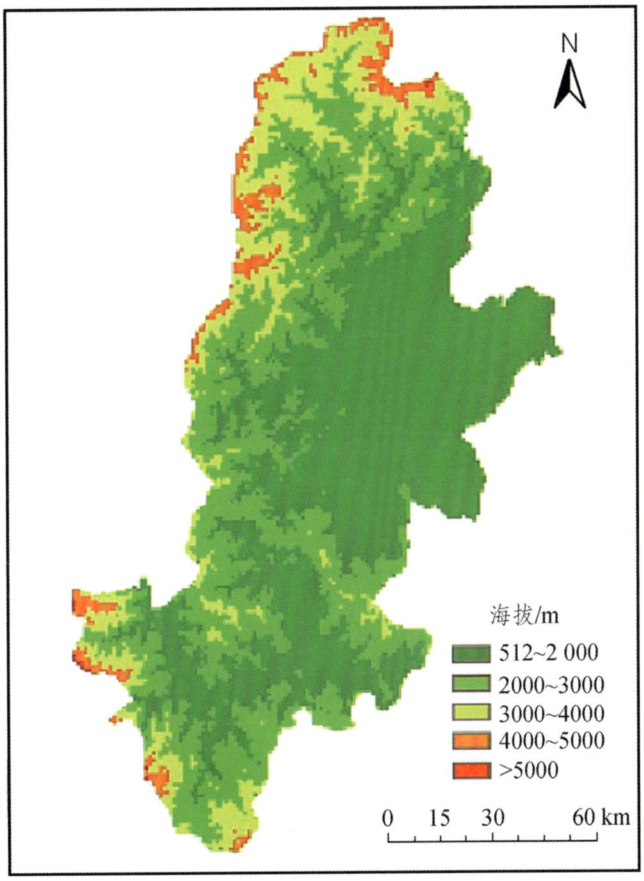

图8.2 雅安市海拔分布图（据陈家良，2020年）

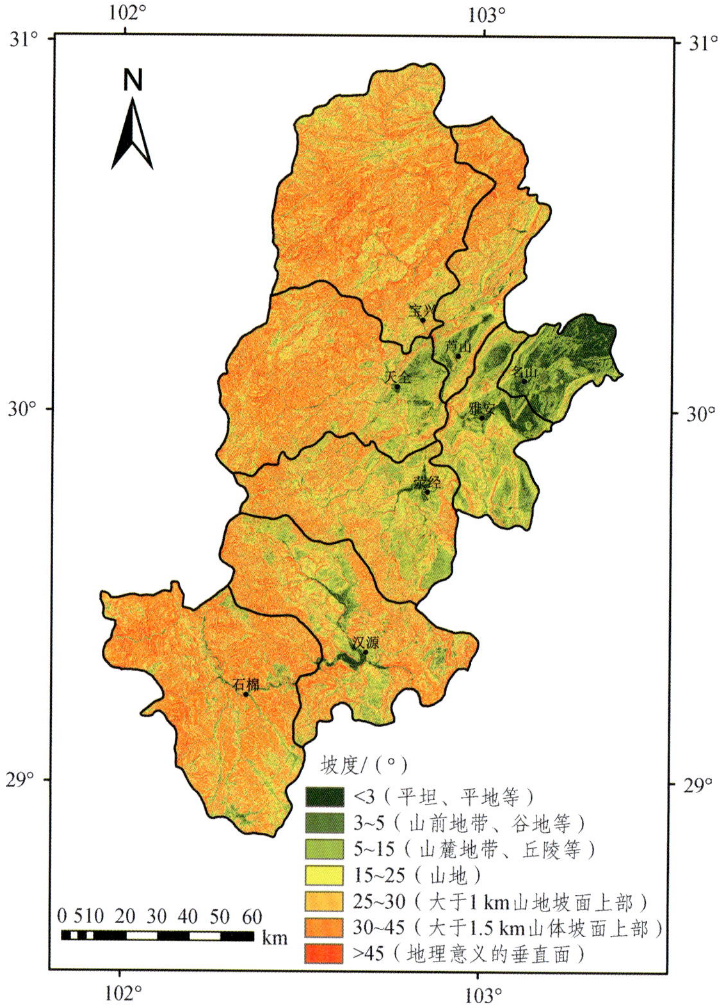

图8.3 雅安市坡度分布图（据周学云，2019年）

表8.1 雅安市大熊猫适宜海拔和坡度

海拔/m	坡度/（°）	栖息状况
＜1000	＜5	不适宜
1000～1500	5～25	次适宜
1500～3500	25～35	最适宜
3500～4000	35～40	次适宜
＞4000	＞40	不适宜

8.2.2 植被覆盖度特征

雅安市自然条件得天独厚，蕴藏着丰富的自然资源。全市土地面积15 046 km^2，截至2020年底，森林覆盖率为69.14%，居全省第一；比四川省森林覆盖率高29.11%（四川森林覆盖率40.03%），比全国森林覆盖率高出46.1%（全国森林覆盖率为23.04%）。活立木蓄积1.033 216 × 10^8 m^3。

雅安市植被分布丰富，植被覆盖率逾82%，境内分布的植物约185科869属3000多种，其中木本植物（不含木质藤本）97科890种。分布的国家一级重点保护植物有珙桐、南方红豆杉等8种；二级重点保护植物有连香树、麦吊云杉等21种。植被类型主要包括常绿阔叶林、落叶混交林、针阔混交林、针叶林、高山灌丛、高山灌丛草甸和流石滩植被。

植被指数的提取公式为：

$$\mathrm{NDVI} = (N_{\mathrm{IR}} - R)/(N_{\mathrm{IR}} + R) \quad (8.1)$$

式中　NDVI——归一化植被指数；

N_{IR}——近红外地表反射率；

R——可见光红光波段地表反射率。

植被覆盖度的提取公式为：

$$F_{\mathrm{C}} = (\mathrm{NDVI} - \mathrm{NDVI}_{\mathrm{soil}})/(\mathrm{NDVI}_{\mathrm{veg}} - \mathrm{NDVI}_{\mathrm{soil}}) \quad (8.2)$$

式中　F_{C}——植被覆盖度；

$\mathrm{NDVI}_{\mathrm{soil}}$——裸地的NDVI值；

$\mathrm{NDVI}_{\mathrm{veg}}$——高覆盖的NDVI值。

图8.4给出了由2016年遥感资料，根据公式（8.1）和公式（8.2）算出的雅安市植被覆盖度分布图。

在参考相关研究的基础上，结合雅安市特有的生态环境特点，将植被覆盖度等级划分成5级进行研究：Ⅰ级高植被覆盖度，$F_{\mathrm{C}} \geqslant 0.7$；Ⅱ级中植被覆盖度，$0.5 \leqslant F_{\mathrm{C}} < 0.7$；Ⅲ级中低植被覆盖度，$0.3 \leqslant F_{\mathrm{C}} < 0.5$；Ⅳ级低植被覆盖度$0.1 \leqslant F_{\mathrm{C}} < 0.3$；Ⅴ级裸地植被覆盖度，$F_{\mathrm{C}} < 0.1$（图8.4）。从图8.4可以看出，雅安市植被覆盖度总体较高。

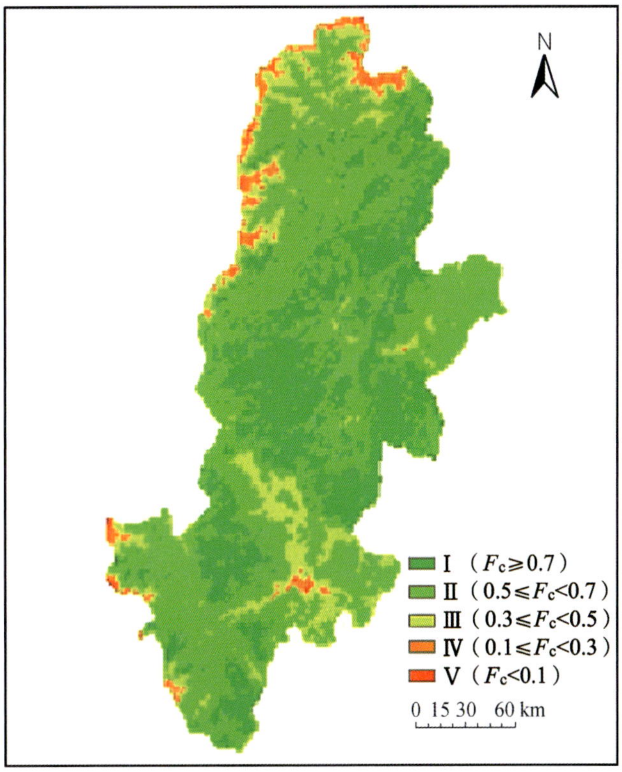

图8.4　雅安市植被覆盖度分布图（2016遥感资料计算，据陈家良）

8.2.3 大熊猫取食竹分布特征

我国是竹类分布最丰富地区之一，约有40属400种，四川分布约14属80多种，其中可供大熊猫食用的竹类有20多种。据第四次大熊猫调查统计，雅安可供大熊猫食用的竹类有6属18种（表8.2）。这些竹类又以各种箭竹、拐棍竹、冷箭竹、玉山竹、八月竹等分布面积最大，为大熊猫的主要食物来源。大熊猫喜爱吃的竹类或食竹部位随季节变化而异。春季（3—4月）喜欢吃拐棍竹的竹笋；夏季（6—8月）喜欢吃冷箭竹的一年生竹秆，多年生的竹秆基本不采食；秋季（9—11月）和冬季（12月至次年2月）喜欢吃当年生的冷箭竹和拐棍竹的竹秆及叶子。在非产笋期间，大熊猫幼体、衰老成体，以及产仔前后和产仔期间的雌体都以叶、枝梢为主要食物。相岭山系和邛崃山系南部，由于竹种较多，冷箭竹、玉山竹和拐棍竹春季出笋，八月竹和刺竹子秋季出笋，因此，形成大熊猫春秋两次掰笋采食活动。

表8.2 雅安市大熊猫栖息地内大熊猫取食竹统计表（据第四次大熊猫调查资料） 单位：km^2

县（区）		小计	宝兴	芦山	天全	荥经		石棉	汉源
所属山系			邛崃山	邛崃山	邛崃山	邛崃山	大相岭	小相岭	大相岭
巴山木竹属	巴山木竹	12.6162	12.5935	0.0227	*	*	*	*	*
	峨热竹	176.56	*	*	*	*	*	176.56	*
	冷箭竹	2384.9022	1066.8288	197.2947	779.0413	104.6383	181.9532	44.449	10.6968
方竹属	八月竹	672.2422	56.7842	1.487	354.7415	46.6314	212.598	*	*
	刺黑竹	5.9568	2.4066	3.5502	*	*	*	*	*
	刺竹子	1.2435	*	*	1.2435	*	*	*	*
刚竹属	白夹竹	146.6795	35.3548	77.2202	24.5327	2.5051	7.0667	*	*
	金竹	10.6985	*	*	2.1291	2.9144	5.655	*	*
	毛金竹	13.233	4.0949	5.8684	3.2696	*	*	*	*
箭竹类	丰实箭竹	76.8068	*	*	1.8121	*	*	74.9947	*
	拐棍竹	141.032	*	141.032	*	*	*	*	*
	华西箭竹	51.853	51.7913	*	*	*	*	*	0.0617
	九龙箭竹	36.0259	*	*	*	*	*	36.0259	*
	油竹子	0.3391	*	0.3391	*	*	*	*	*
邛竹类	三月竹	98.6874	*	*	1.6288	49.2071	47.8516	*	*
玉山竹类	白背玉山竹	8.1777	*	*	*	*	8.1777	*	*
	短锥玉山竹	1056.8562	683.9953	48.3272	231.3789	48.6539	35.6429	*	8.858

续 表

县（区）		小计	宝兴	芦山	天全	荥经		石棉	汉源
所属山系			邛崃山	邛崃山	邛崃山	邛崃山	大相岭	小相岭	大相岭
玉山竹类	石棉玉山竹	449.3342	3.1202	77.3735	18.6953	18.1092	39.0381	292.998	*
总计		5343.2442	1916.9696	552.5151	1418.4728	272.6594	537.9831	625.0276	19.6165

注：带“*”为不足0.01 km^2。

雅安气候温和且变率较小，特别适合大熊猫主食竹的生长，这为大熊猫生存、生活、繁殖提供了适宜气候的生态环境，是大熊猫重要分布区。雅安市大熊猫栖息地属邛崃山系和大小相岭山系。邛崃山系（包括邛崃山、夹金山和二郎山）是岷江、大渡河的支流和青衣江的发源地。大熊猫主要分布于芦山、宝兴、天全、荥经等县，其数量较多。在这些地区，海拔1600 m以下为常绿阔叶林，林下灌木层，多为油竹子、白夹竹、八月竹、刺竹子等；海拔1600～2000 m，为常绿与落叶阔叶混交林，林下灌木层多为拐棍竹、短维玉山竹、刺竹子等；海拔2000～2600 m，为针阔叶混交林，林下灌木层多为拐棍竹，其次为冷箭竹、短维玉山竹、华西箭竹、丰实箭竹等；海拔2600～3600 m，为亚高山针叶林，林下灌木层多为冷箭竹，其次为华西箭竹、短锥玉山竹等。

小相岭位于大凉山西部，为越西河和安宁河的上游及发源地。大熊猫主要分布于石棉县的部分地区。大相岭位于大凉山北部，为大渡河下游的高山深谷地带，大熊猫主要分布于荥经、汉源县部分地区。在这些地区，海拔1800 m以下为常绿阔叶林，林下灌木层多为八月竹和冷箭竹，生长茂密；海拔1800～2100 m为常绿与落叶阔叶混交林，林下灌木层多为石棉玉山竹；海拔2100～3500 m为针阔叶混交林、亚高山针叶林，林下灌木层多为八月竹、冷箭竹和石棉玉山竹等。

8.2.4 气候特征及适宜区

大熊猫在四川境内栖息地可分为岷山山系、邛崃山系和大小相岭山系三个地域。这三个地域处于亚热带与暖温带交错地带，气候既有亚热带较暖的特征，又有温带冬季温度较低的特点。同时，这些地域处在东南暖湿气流的迎风面和西南季风的北缘，水分条件较为充足。雅安市大熊猫栖息地属邛崃山系和大小相岭山系，分布区气候温和且变率较小，这为大熊猫生存提供了有利的气候条件。

雅安市大部分区域属于中亚热带湿润季风气候区。总的气候特点是：冬无严寒，夏无酷热，气温日较差小，四季分明，雨量充沛，雨热同步，无霜期长，热量充足；春季回暖早，秋季多绵雨，冬季霜雪少；全年风速小，夜雨多，雾霾少，无沙尘天气。境内地质地貌复杂，地势高差悬殊，气象要素的垂直差异大，立体气候明显，部分山体从山脚到山脊可出现亚热带、暖温带、中温带、寒温带、亚寒带和寒带等气候带。这为境内生物多样性提供了气候保障，为大熊猫生存、生活、繁殖提供了许多适宜的局地生态环境。

雅安全市城区年平均气温为14.6～17.4 ℃，年均日照时数为762.2～1301.3 h，年均风速为0.6～2.5 $m \cdot s^{-1}$，年均相对湿度为67%～83%，年平均夜雨率（夜间降水量占全天降水量的比例）为70.8%～77.1%，年平均降水量为750.7～1637.3 mm，其中，尤以地处在青衣江河谷的雨城区降水日数最多。南部的汉源和石棉县受地形下沉气流影响，形成比较独特的干暖气候，云量少，晴天多，日照时间较长，干湿季节分明，降水量较少，气温较高，年平均气温为16.3～17.4 ℃，年平均日照时数为1198.8～1301.3 h，年平均风速为1.7～2.2 $m \cdot s^{-1}$，年平均相对湿度为67%～68%，年平均夜雨率为75.3%～76.7%，年平均降水量为750.7～801.8 mm。雅安市满足大熊猫气候适宜区的面积约3600 km^2，约占四川省适宜区面积的20%，满足大熊猫气候次适宜区的面积约7400 km^2，约占四川省次适宜区面积的18%，是四川省大熊猫的主要集中分布区域（图8.5）。

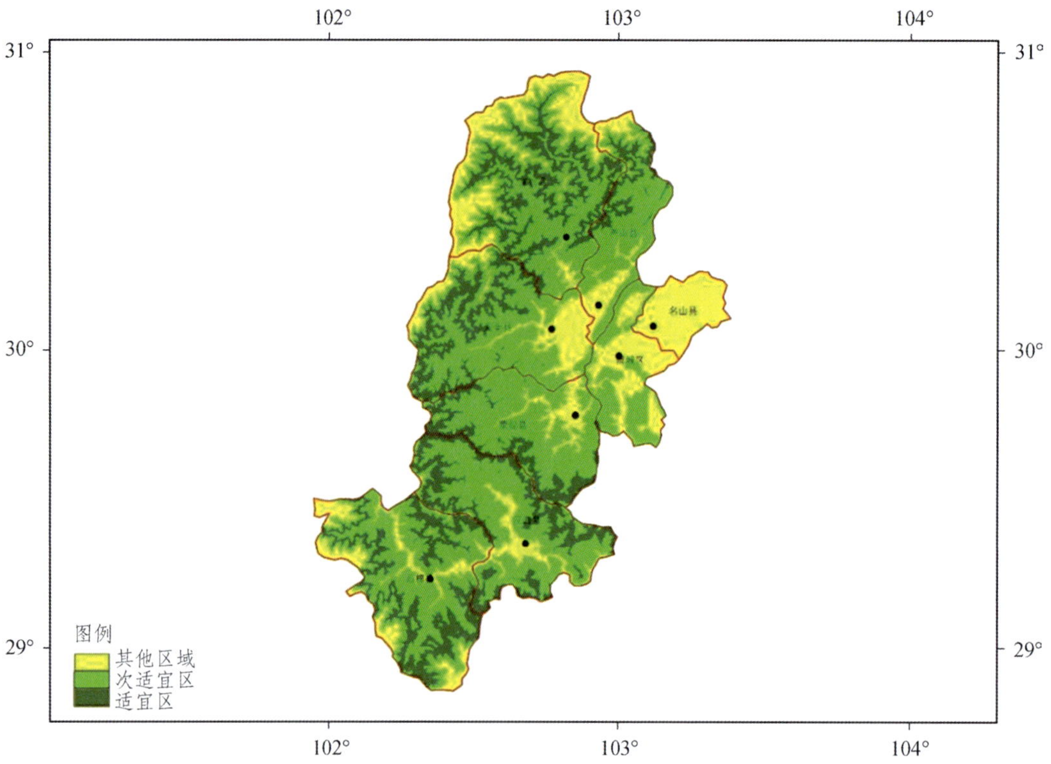

图8.5　雅安市大熊猫气候适宜区分布图

8.3　大熊猫国家公园（雅安片区）

国家公园是国家自然保护地最重要的类型之一，属主体功能区规划中的禁止开发区域，位于生态红线区管控范围内，实行最严格的生态保护。大熊猫国家公园坚持生态保护第一和世代传承，首要功能是保护大熊猫及其栖息地自然生态系统的完整性和原真性，为子孙后代留下珍贵的自然遗产，同时兼具科研、教育、游憩等综合功能。

大熊猫国家公园雅安片区是连接邛崃山—大相岭山系大熊猫栖息地的重要廊道，连接小相岭—凉山山系的关键区域，对于连通相互隔离的大熊猫栖息地，实现隔离大熊猫种群基因交流具有重要意义。

雅安有6219 km^2、占全市41.3%的行政区划划入大熊猫国家公园，占全国大熊猫国家公园的23%，占全省大熊猫国家公园的31%，其中核心保护区面积4668 km^2，一般控制区1551 km^2，范围内有17个自然保护地和13个管理机构，涉及宝兴、天全、芦山、荥经和石棉5个县、22个乡镇、70个行政村，是大熊猫国家公园中面积最大、县份最多、占比最大的市（州），其中宝兴县85.99%（2675 km^2）、天全县67.66%（1615 km^2）、荥经县48.74%（865 km^2）、芦山县49.72%（589 km^2）、石棉县17.82%（477 km^2）的行政区面积划入大熊猫国家公园。

8.4　结论和建议

研究表明：大熊猫是山地森林栖息动物，最适宜在中高海拔、缓坡、植被覆盖度高、上层乔木有一定郁闭度的各种竹林中生活。雅安特有的亚热带湿润季风气候为境内生物多样性提供了气候保障，为大熊猫生存、生活、繁殖提供了许多适宜的局地生态环境。

由于大熊猫自身的生物学弱点、自然干扰以及人类干扰造成的栖息地破碎化，生存的危险性日益增加，为保护雅安大熊猫生存、生活，提出以下建议：

（1）加强宣传工作。广泛开展向社会和学校的宣传，利用各类科普教育设施，采取展台、展板、视频、画册、解说、互动体验等多种方式宣传保护大熊猫的重要意义，使人民群众了解保护生态环境与保护大熊猫的必然联系，进一步明晰保护大熊猫工作中的职责、义务，避免发生对大熊猫生存、生活、繁殖等有影响的活动。

（2）要注意保护大熊猫生境。开垦土地、乡镇建设、交通道路修建、放牧及偷猎等人类行为极大地破坏了大熊猫的生境。要继续实施天然林资源保护、退耕还林还草、水土流失治理、水土保持、河湖和湿地生态保护修复等重点生态工程，强化森林健康和可持续发展能力。推进大熊猫食用竹的更新复壮，建立森林、竹林协调的更新恢复环境，加快大熊猫栖息地的植被恢复，进一步恢复和扩大大熊猫栖息地。

（3）加强大熊猫生境动态研究，推进科研成果转化、推广和普及，为制订和及时调整大熊猫优质生境方案提供科学依据。

（4）野生大熊猫是非常稀缺和宝贵的物种，也是一种极其脆弱的物种。它们生存在密林中，自然栖息地很容易受到污染和破坏，以及易受自然灾害、被其他动物攻击等一些不可控因素的影响，所以要对原有自然保护地的站点进行升级改造。加强大熊猫疾病防治、检疫常态工作，夯实基础设施建设，提高综合防治水平，增强应对突发生物灾害的控灾能力。尽快改善现有科研基础设施落后状况，加速试验、观测、调查、科技资料、标本制作、储存、陈列、科研管理等保护设施建设。全面提升保护管理能力，着力提升信息化管理水平，加强栖息地质量提升和破碎化连接。

9 气候与交通

9.1 川藏铁路（雅安部分）

9.1.1 项目基本情况

川藏铁路（雅安至林芝段），新建正线1011 km，全线共设26座车站，计划工期3651 d，2020年11月8日开工，2030年11月7日竣工。雅安至林芝段位于四川、西藏境内。线路自四川雅安起，至西藏林芝终，为国家1级双线铁路，其中四川雅安境内线路起于雨城区雅安火车站，止于天全县二郎山隧道。川藏铁路雅安段横穿雅安市境内的雨城区、芦山县、天全县，线路大部分在天全县境内（参见图9.1）。

图9.1 川藏铁路雅林段（红线）示意图

9.1.2 区域气候背景、高影响天气及关键气象因子

雅安市天全县位于雅安市西北部，青衣江上游，土地面积2390 km^2，人口15.4万。属中纬度内陆亚热带季风湿润气候。据1991—2020年（30年）气候资料统计，年平均气温15.5 ℃，最热月7月平均气温24.2 ℃，最冷月1月平均气温5.3 ℃。年平均降雨量1565.1 mm，汛期（5—9月）降雨量1141.7 mm，占全年总降雨量的比例为72.9%。最大暴雨日雨量为162.7 mm（1992年6月11日），年平均暴雨日数为4.4 d，年平均大暴雨（日雨量≥100 mm）日数为0.6d。近30年最大风速为12.9 m·s^{-1}（2018年6月14日）。

天全县境（参见图9.2）大致从老场以南，小河、城厢、思经以东，新业以北乡镇为全县的丘陵台地和河谷平坝区，地势最低，大暴雨、强降雨天气较多，从小河、城厢沿318国道向西的紫石、两路及西北大片区域地势逐级抬升，依次从低山区过渡为中高山区，强降雨天气相对偏少一些。

川藏铁路雅安段地形地质和气候条件复杂、生态环境脆弱，修建难度之大世界罕见。川藏铁路雅安段部分工区正处于天全县鱼泉、思经、紫石一带的强降雨区域中心，该中心降水主要集中于汛期（5—9月），强降水主要集中在7—8月，平均每年有6～8次暴雨天气过程，2次以上的大暴雨天气过程。

图9.2 雅安市天全县地形图

9.1.3 项目主要气象灾害

暴雨、雷电、大风和大雪等恶劣天气对工程建设的安全运行有着十分重要的影响，尤其是由强降雨或雷电等引发的地质、山洪、森林火险等次生灾害，严重威胁工程施工人员和管理人员的生命安全。雷电、暴雨、大风、浓雾、高温、低温等恶劣的极端天气均有可能导致相关工程设备损坏。

1984年5月10日，天全县老场、永兴受暴雨、大风、冰雹袭击。永兴邮电所电话线被大风吹起缠绞，中断通话5 h，永兴大桥另一头被洪水冲走3 m，冲走玉米24.47 hm^2（老场13.33 hm^2），小麦共1.67 hm^2（老场0.67 hm^2），油菜、鱼塘损失也不小。老场大风吹倒小麦37.6 hm^2，茶园、苗圃、西瓜园、砖坯损失较大。永兴因雷电烧坏变压器2台，吹倒房子76间；两处公路塌方、堰道多处垮塌，天全电厂堰道进水口被冲，停电1日。

1992年8月10日大风，吹倒玉米213.33 hm^2，损失产量50 000 kg。活性炭厂车间被雷击，被迫停产，损失20余万元，雷电击毁变压器4台、输电线1500 m、民房42间。

天全县暴雨引起的山洪灾害造成人民生命财产损失最重的是1988年，当年7月1—2日连降暴雨，农作物受灾3133 hm^2，绝收320 hm^2，损坏电信线路3 km，电力线路5 km、房屋253间，倒塌64间；遇难8人，失踪1人。7月20日又降暴雨，农作物受灾136 hm^2，1座电站被洪水冲走，4座电站被迫停产，损失发电量5920 kW。冲毁房间27间，遇难5人。

1997年8月6—7日，部分地区出现暴雨、大风，丁村坝电站损失300余万元，邮电局电话总机受雷击。2011年7月1日开始的天全县洪涝泥石流灾害，造成天全县1人死亡。2013年9月18日凌晨，天全县小河乡龙六村发生山体崩塌，形成小型堰塞湖，造成2人失踪。2019年9月12—13日，天全县出现暴雨天气，局部大暴雨；受强降雨影响，天全县城及始阳镇遭城市内涝，部分低洼处被淹没。

2020年8月17日晚间开始，雅安市普降大到暴雨，局部大暴雨，在天全县乐英乡仁和村，暴雨导致洪水倒灌进入村民家中。据统计，雅安市气象部门15—17日连续发布暴雨黄色预警3次，暴雨预警信号5期，重大气象信息专报2期，山洪气象风险预警3期，地质灾害气象风险预警3期，雨量现报8期，短时临近预报13期。由于预报准确及时，从17日当晚开始，乐英乡陆续转移安置群众452人，其中集中安置40人，分散安置412人，没有人员伤亡。

川藏铁路雅安段的施工地主要位于大渔溪、思经和紫石大仁烟的朱岗山横洞，施工地点普遍分布于野外河谷地带，气象环境复杂多变，为高山区、雷害区、暴雨区，自然环境恶劣，极端天气多发。据统计，由强降雨引发的地质、山洪等次生自然灾害的比例占90%以上。近年来，由雷击、高温、大风或人为原因导致的森林火灾异常偏多，而天全县森林覆盖率达73.48%，发生森林火灾的风险很高。

天全是暴雨、雷击、短时强降水等气象灾害易发地区，由强降水诱发的地质灾害、山洪灾害和泥石流等次生灾害也时常发生，对工程施工影响较大。

9.2 雅安名山通用机场

9.2.1 项目基本情况

雅安市名山区通用机场项目预选址在名山区茅河镇（图9.3），规划占地约66.67 hm^2。其中一期占

图9.3　雅安市名山区地形图

地约53.33 hm^2，拟建成跑道长度1200 m、宽度30 m的A类通用机场，以及机坪、机场综合楼、机库、空管、助航灯光、消防救援等相关配套设施。同时，为确保机场可持续发展，预留二期发展用地约13.33 hm^2，适时将机场跑道长度延伸至1800 m，扩建站坪等。离名山区茅河镇最近的气象观测要素齐全的气象站是名山国家气象观测站，气象区站号为56280，坐标103.17°E、30.08°N，海拔691 m，与预选场址直线距离约25 km。

9.2.2　区域气候背景

名山区属中纬度内陆亚热带季风半湿润气候，据1991—2020年（30年）气象资料统计，年平均气温15.9 ℃，最热月7月平均气温24.8 ℃，最冷月1月平均气温5.6 ℃，年平均日照时数为886.5 h，年平均降雨量1439.0 mm，汛期（5—9月）降雨量1133.5 mm，占全年总降雨量为78.8%。冬无严寒，夏无酷热，气温日较差小，四季分明，雨量充沛，雨热同步，无霜期长，热量充足；春季回暖早，秋季多绵雨，冬季霜雪少；全年风速小，夜雨多，雾霾少，无沙尘天气。

近5年，名山区最热月7月的日最高气温的月平均值在28.7 ~ 32.4 ℃，极端最高气温为38.1 ℃，出现在2020年7月。极端最低气温为－4.4 ℃，出现在2016年1月。年平均相对湿度为84%。

近5年的年降雨日数在242 ~ 294 d。年降雨量在1262 ~ 2110 mm。日最大降雨量为181 mm，出现在2020年。年平均积雪天数为0.6 d。

近5年能见度在4000 m以上出现的天数在313 ~ 335 d，能见度小于800 m出现的天数只有1 d，能见度在800 ~ 2000 m出现的天数年平均为6.2 d。因为名山国家气象观测站无云高观测资料，名山国家气象观测站与雅安国家基本气象站海拔较接近，水平距离也较近，故可用雅安国家基本气象站的云观测资料代替名山国家气象观测站云高观测资料。云高主要在2600 m以上，出现概率为47.2%；云高低于500 m出现的概率基本为0；云高为500 ~ 800 m的云也比较常见，出现概率为37.7%。

近5年，名山区年平均风速为1.1 $m \cdot s^{-1}$主导风向为NNE风，频率为17.6%，次多风向为NE，频率为10.6%，无大风天气，静风较多，频率为8.2%（图9.4、表9.1）。

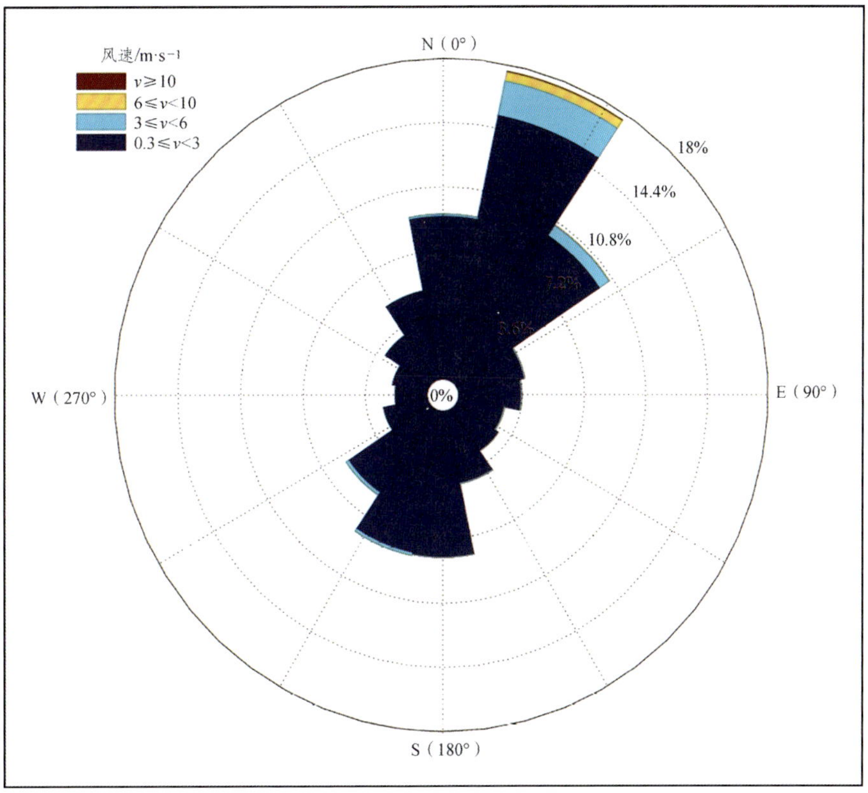

图9.4　2016—2020年雅安市名山区风玫瑰图

表9.1 名山区2min平均风速2016—2020年各风向风速频率表（%）

风向	风速/m·s^{-1}				
	0.3~5.0	5.0~6.5	6.5~10.0	>10.0	合计
N	9.3	0	0	0	9.3
NNE	16.8	0.4	0.4	0.1	17.6
NE	10.5	0.1	0	0	10.6
ENE	3.9	0	0	0	3.9
E	3.6	0	0	0	3.6
ESE	2.7	0	0	0	2.7
SE	2.9	0	0	0	2.9
SSE	4.2	0	0	0	4.2
S	8.2	0	0	0	8.2
SSW	8.3	0	0	0	8.3
SW	5.8	0	0	0	5.8
WSW	2.6	0	0	0	2.6
W	1.9	0	0	0	1.9
WNW	2.1	0	0	0	2.1
NW	3.1	0	0	0	3.1
NNW	5.1	0	0	0	5.1
静风	—	—	—	—	8.2
合计	90.8	0.5	0.4	0.1	100

注：静风是指风速<0.3 m·s^{-1}。

名山区雷暴天气较多，据人工观测资料（2009—2013年），年平均雷暴日数为28.4 d，年最多雷暴日数为35 d，年最少雷暴日数为23 d，7—8月为雷暴活动高峰期。

名山区近5年年平均雾日有28 d，年最多雾日为61 d，年最少雾日为11 d。

9.2.3 项目主要气象灾害

据近5年气象资料分析显示，名山区主要的气象灾害有暴雨、雷暴和大雾等；由强降雨造成的洪涝及诱发的中小河流和山洪地质灾害也时常发生。

9.3 雅西高速公路（雅安部分）

9.3.1 项目基本情况

公路交通安全运营极易受到气象因素或天气条件变化的影响，大雾、大风、雷电、低能见度、路面积水、道路结冰及强降水导致公路路基或边坡塌方、泥石流、雷电灾害等都会影响公路交通的安全运营。有研究表明：24%的公路交通事故发生在恶劣天气条件下，59%的重大交通事故与气象因素有关，35.6%的公路阻断是由天气原因造成的。

雅安—西昌高速公路为我国四川省境内连接雅安市与西昌市的高速公路，是中国“十一五”重点公路建设项目，也是中国高速公路网“7918”中的第四条首都放射线北京—昆明高速公路（国家高速G5）中四川境内重要路段（参见图9.5）。

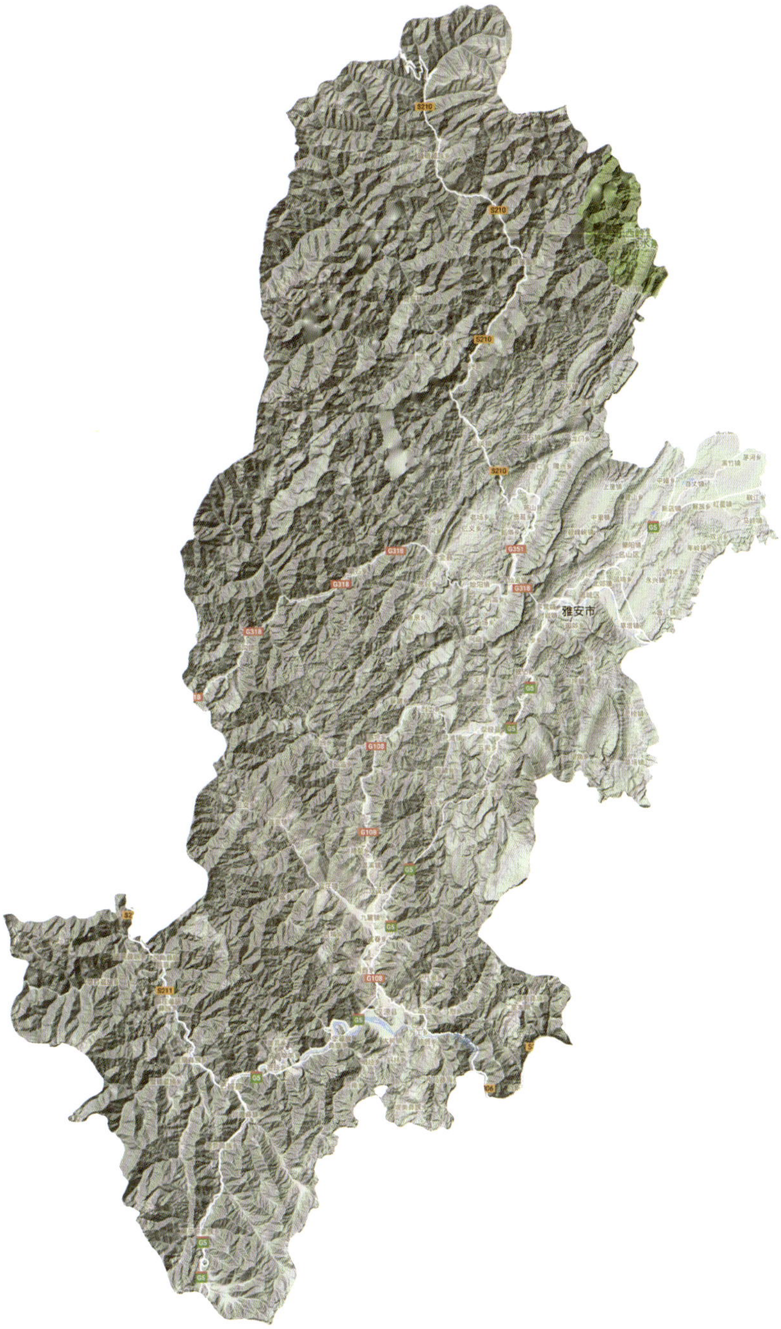

图9.5 雅安市地形图

雅安—西昌高速公路地处雅安市、凉山彝族自治州境内，线路呈正北至正西布置；线路北起雅安市雨城区雅安西互通，途经荥经、汉源、石棉、冕宁等地至西昌泸沽，终至冕宁县冕宁互通。线路全长239.844 km，道路为双向四车道高速公路，设计速度80 $km \cdot h^{-1}$。项目总投资额为163.66亿元。

2007年3月19日动工兴建，2012年4月28日全线通车运营，2020年8月28日通过竣工验收工作。

雅西高速全线有桥梁270座，其中特大桥23座，大桥168座；有隧道25座，其中特长隧道2座，长隧道16座，桥隧比占达到55%。

雅西高速由四川盆地边缘向横断山区爬升，跨越青衣江、大渡河、安宁河等水系和12个地震断裂带，被称为天梯高速和云端上的高速公路。雅西高速途经地质灾害频发地，地形条件险峻，结构复杂，气候也多变，生态环境脆弱。被国内外专家公认为国内乃至全世界自然环境最恶劣、工程难度最大、科技含量最高的山区高速公路之一。

雅西高速最传奇的隧道为泥巴山隧道，这条隧道长约10 km，但奇怪的是隧道两边的气候完全不一样，经常隧道一头阴雨绵绵，另一头晴空万里，十分壮观。

9.3.2　区域气候背景

采用就近筛选法，在雅西高速沿线选取了11个有代表性的气象观测站，利用历年气象监测资料分析雅西高速沿线的气候特征（表9.2）。

表9.2　雅西高速沿线气象观测站气象要素统计

区站号	站名	县、区	海拔/m	年平均暴雨日数/d	年平均大暴雨日数/d	年平均降雨量/mm	最大年降雨量/mm	最小年降雨量/mm	最低气温极值/℃	最高气温极值/℃	日均气温≤0 ℃的年平均天数/d
S7017	八步	雨城	694	3.7	0.5	1071	1439	942	−3.2	37	0.4
S7042	观化	雨城	865	3.3	0.5	1469	1616	1373	−6	34.7	0.8
S7141	麂子岗	荥经	1144	4.0	1.0	1533	1991	1354	−7.8	34.9	4.8
S7142	金子滩	荥经	867	2.0	0.5	1464	1704	1280	−5.1	36	0.6
S7144	高速相岭洞口	荥经	1223	5.7	1.5	2564	2901	2141	−8.7	34.2	13.2
S7213	栗子坪	石棉	1740	0.7	0	1150	1369	956	−7.7	33.6	3.8
S7214	擦罗福龙	石棉	1316	1.3	0	1037	1271	891	−4.9	36.9	0.4
S7216	拖乌山	石棉	2496	2	0	1714	2054	1461	−13.6	27.7	84
S7251	擦罗南桠	石棉	1337	1.2	0.3	1087	1409	697	−5.3	34.7	0.8
S7270	九襄上堰	汉源	1301	0.3	0	702	867	635	−5.3	36.6	0.6
S7275	小堡	汉源	997	0	0	548	823	438	−1.2	38.2	0

雅西高速沿线，年平均降雨量为548～2564 mm；年平均暴雨日数为0～5.7 d，大暴雨日数为0～1.5 d，暴雨、大暴雨日数最多站为荥经大相岭洞口站。

高温易出现站点：雨城八步站，极端最高气温为37.0 ℃；汉源小堡站，极端最高气温为38.2 ℃。

低温最易出现站点：石棉拖乌山站，极端最低气温为−13.6 ℃，日平均气温<0 ℃的天数平均每年为84.0 d；荥经高速相邻洞口站，极端最低气温为−8.7 ℃，日平均气温<0 ℃的天数平均每年为13.2 d。

9.3.3　项目主要气象灾害

雅西高速公路跨越青衣江、大渡河、安宁河等水系和12条地震断裂带，整条高速公路线由四川盆地边缘向横断山区高地爬升，每向前延伸1 km，平均海拔就上升7.5 m，因此气候条件极为复杂，气象及气象次生灾害频发。各路段常见气象灾害及气象次生灾害见表9.3。

表9.3 雅西高速各路段常见气象灾害及气象次生灾害

序号	路段名称	海拔/m	主要气象灾害及气象次生灾害安全隐患类型
1	对岩—鹿子岗	666～984	大雾、路面积雪、道路结冰、强降水、塌方、雷电灾害
2	鹿子岗—龙苍沟收费站	984～1033	大雾、强降水、雷电灾害
3	龙苍沟收费站—大相岭北口	1033～1548	大雾、路面积雪、道路结冰、强降水、塌方、雷电灾害
4	大相岭南口—九襄收费站	1522～1275	强降水、雷电灾害
5	九襄收费站—石棉收费站	1275～870	强降水、落石、雷电灾害
6	石棉收费站—栗子坪收费站	870～1695	团雾、道路结冰、强降水、落石、雷电灾害
7	栗子坪收费站—拖乌山顶	1695～2440	团雾、路面积雪、道路结冰、强降水、雷电灾害
8	拖乌山顶—彝海收费站	2440～2320	团雾、路面积雪、道路结冰、路面凝冻、雷电灾害
9	彝海收费站—冕宁收费站	2320～1825	路面积雪、道路结冰、路面凝冻、雷电灾害

影响雅西高速交通安全的主要灾害性天气有低温、降雪、强降水、雷暴、大风、高温、冰雹、大雾、团雾以及由这些灾害性天气引发的山洪、泥石流、滑坡、路基位移、路面积水、道路结冰、雷击事故等气象次生灾害。

9.4 雅康高速公路（雅安部分）

9.4.1 项目基本情况

雅康高速东起雅安市对岩镇，经过天全县、泸定县，西至康定市炉城镇。雅康高速公路东接成雅高速公路，路线全长约135 km，雅安段89 km，甘孜段46 km，路基宽度24.5 m，项目概算总投资230亿元，批复工期5年，公路全线海拔差达到1900 m。

雅康高速公路贯通运营以后，近3 .5 h可从成都到康定，比原路程至少节约2 h，同时，该项目桥隧比高达82%，是目前全省乃至全国桥隧比最高、施工难度最大的高速公路之一。

雅康高速公路地形条件极其复杂。项目位于四川盆地向青藏高原过渡段内，海拔快速爬升，地貌类型复杂多样、地形狭窄陡峻、沟壑纵横、起伏巨大，路线布设受限等。雅康高速公路地质条件极其复杂：穿越龙门山断裂带，地震烈度高，二郎山特长隧道穿过13条断裂带，泸定大渡河兴康特大桥处于“Y”字型活动断裂区域，滑坡、泥石流、崩塌等不良地质发育。

二郎山特长隧道为雅康高速公路“一桥一隧”重点控制性工程之一，全长13 459 m，是全国通车以及在建公路第四长隧道。二郎山特长隧道地质条件极其复杂，隧道位于八度地震区，隧址穿越13条区域性断裂带。

二郎山位于雅安天全境内，东侧是青衣江和雨城雅安，气候温和多雨；西边是汹涌澎湃的大渡河和康定，气候干燥、少雨。

二郎山位于阶梯交会处，是一条明显的地理分界线，这里也是国宝大熊猫的栖息地保护区。因此，二郎山特长隧道的进出口，均设置在保护区外。隧道上方的大山，就是为大熊猫栖息繁衍留下的绿色通道。

9.4.2 区域气候背景

采用就近筛选法，在雅康高速沿线选取了11个有代表性的气象观测站，利用历年气象监测资料分析雅康高速沿线的气候特征（表9.4）。

表9.4 雅康高速沿线气象观测站气象要素统计

区站号	站名	县、区	海拔/m	年平均暴雨日数/d	年平均大暴雨日数/d	年平均降雨量/mm	最大年降雨量/mm	最小年降雨量/mm	最低气温极值/℃	最高气温极值/℃	日均气温≤0 ℃的年平均天数/d
S7014	大兴	雨城	567	4.1	1.1	1366	1875	331	−3.0	38.0	1.7
S7044	草坝	雨城	548	5.4	1.5	1741	2525	1334	−3.2	39.0	2.3
S7069	始阳	天全	651	3.2	0.4	1378	1642	777	−3.1	38.8	1.7
S7074	思经	天全	763	4.8	1.1	1821	2109	1330	−5.1	37.9	8.3
S7082	多功	天全	635	5.0	0.9	1412	1789	1057	−2.9	37.8	6.7
S7080	紫石隧道口	天全	1131	6.6	1.7	1973	2389	1558	−3.2	33.0	10.6
S7094	紫石大仁烟	天全	1128	2.6	0.1	1250	1533	438	−5.3	33.5	10.4
S7096	两路新沟村	天全	1552	2.3	0.0	1296	1900	429	−7.9	32.8	29.5
S7328	乐英石家村	天全	808	3.9	0.5	1448	1756	1292	−4.7	37.7	4.4
S7397	二郎山收费站	天全	1468	1.7	0.7	1237	1699	394	−13.1	32.4	56.6
56374	康定	康定	2615	3.8	0.0	905	984	756	−13.7	31.6	113.5

雅安境内站点，年平均降雨量为1237～1973 mm，年平均暴雨日数为1.7～6.6 d，大暴雨日数为0～1.7 d。暴雨、大暴雨日数最多站为草坝站（排除紫石隧道口站数据，因为建站时间仅3年，参考性不及草坝站点）。

高温易出现站点为雨城草坝站，极端最高气温为39.0 ℃；天全始阳站，极端最高气温为38.8 ℃。

低温最易出现站点为二郎山收费站，因海拔较高的原因，极端最低气温为−13.1 ℃，日平均气温<0 ℃的天数平均每年为56.6 d；两路新沟村站，极端最低气温为−7.9 ℃，日平均气温<0 ℃的天数平均每年为29.5 d。

雅康高速公路气候条件极其恶劣：穿越不同的气候垂直分布带，高海拔路段的雨、雪、冰、雾、风等恶劣气候影响时间长（参见表9.5）。

表9.5 雅康高速各路段常见气象灾害及气象次生灾害

序号	路段名称	海拔/ m^2	主要安全隐患类型
1	草坝互通—大兴站	560～600	大雾、团雾、强降水
2	大兴站—坪石站	600～647	大雾、团雾、强降水
3	坪石站—对岩互通	614～658	大雾、团雾、强降水
4	对岩互通—多功站	630～690	大雾、强降水
5	多功站—始阳站	678～748	大雾、强降水

续 表

序号	路段名称	海拔/ m^2	主要安全隐患类型
6	始阳站—天全站	710 ~ 911	大雾、强降水
7	天全站—喇叭河站	905 ~ 1096	大雾、强降水
8	喇叭河站—新沟站	986 ~ 1420	降雪、道路结冰、强降水
9	新沟站—二郎山入口	1420 ~ 1461	降雪、道路结冰、强降水
10	二郎山入口—二郎山出口	1461 ~ 1571	降雪、道路结冰、强降水
11	二郎山出口—泸定站	1571 ~ 1605	降雪、道路结冰、强降水

9.4.3 项目主要气象灾害

影响雅康高速交通安全的主要灾害性天气有降雪、道路结冰、强降水、大雾、团雾以及由这些灾害性天气引发的山洪、泥石流、滑坡、路基位移、路面积水、道路结冰等气象次生灾害。

9.5 成雅高速公路（雅安部分）

9.5.1 项目基本情况

成都—雅安高速公路，简称成雅高速。线路北起创业路，接成都市三环路，经武侯区、双流区、新津区、彭山区、邛崃市、蒲江县、名山区、雨城区，南止于对岩，接雅西高速公路，全长141.2 km。成雅高速是四川最早通车的高速公路之一，是国家高速公路网G5京昆高速公路的一部分，是连接成都市和雅安市的重要高速通道之一，四川南向、西向出川（至云南、西藏）大通道的组成部分。它是双向全立交全封闭四车道高速公路，设计时速80 $km \cdot h^{-1}$。1996年12月06日破土动工，2000年12月18日建成通车。

9.5.2 区域气候背景

影响成雅高速交通安全的主要灾害性天气有强降水、雷暴、高温、降雪以及由这些灾害性天气引发的山洪、泥石流、滑坡、路基位移、路面积水、道路结冰、雷击事故等气象次生灾害。成雅高速上大雾和团雾也是严重影响高速运行的天气灾害，特别是在冬季，每年因大雾造成的交通事故频频发生（参见图9.6）。

9.5.3 项目主要气象灾害

经分析比较，雾、雨、雪和道路结冰对雅安市境内的成雅高速公路交通影响最大，雾影响驾驶员的动视力和车辆的最低限速。雨天导致能见度降低，同时道路湿滑，降雪以及雪融化又重新结冰对早晨的交通通行有很大影响。在不利气象因素条件下行车，驾驶员精神高度集中会导致疲劳和最终注意力分散，对外界的综合判断能力下降，一般只能做出模糊的简单判断，对大小和程度的判断不准确，加剧了行车的危险性。

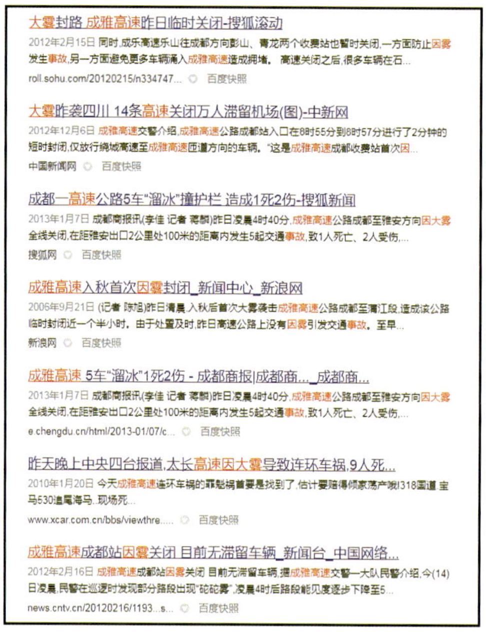
大雾封路 成雅高速昨日临时关闭-搜狐滚动
2012年2月15日 同时,成乐高速乐山往成都方向彭山、青龙两个收费站也暂时关闭,一方面防止因雾发生事故,另一方面避免更多车辆涌入成雅高速造成拥堵。 高速关闭之后,很多车辆在石...
roll.sohu.com/20120215/n334747... 百度快照

大雾昨袭四川 14条高速关闭万人滞留机场(图)-中新网
2012年12月6日 成雅高速交警介绍,成雅高速公路成都站入口在8时55分到8时57分进行了2分钟的短时封闭,仅放行绕城高速至成雅高速匝道方向的车辆。"这是成雅高速成都收费站首次因...
中国新闻网 百度快照

成都一高速公路5车"溜冰"撞护栏 造成1死2伤-搜狐新闻
2013年1月7日 成都商报讯(李佳 记者 蒋麒)昨日凌晨4时40分,成雅高速公路成都至雅安方向因大雾全线关闭,在距雅安出口2公里处100米的距离内发生5起交通事故,致1人死亡、2人受伤,...
搜狐网 百度快照

成雅高速入秋首次因雾封闭_新闻中心_新浪网
2006年9月21日 (记者 陈旭)昨日清晨,入秋后首次大雾袭击成雅高速公路成都至蒲江段,造成该公路临时封闭近一个半小时。由于处置及时,昨日高速公路上没有因雾引发交通事故。至早...
新浪网 百度快照

成雅高速 5车"溜冰"1死2伤 - 成都商报|成都商..._成都商...
2013年1月7日 成都商报讯(李佳 记者 蒋麒)昨日凌晨4时40分,成雅高速公路成都至雅安方向因大雾全线关闭,在距雅安出口2公里处100米的距离内发生5起交通事故,致1人死亡、2人受伤,...
e.chengdu.cn/html/2013-01/07/c... 百度快照

昨天晚上中央四台报道,太长高速因大雾导致连环车祸,9人死...
2010年1月20日 今天成雅高速连环车祸的罪魁祸首要是找到了,估计要赔得倾家荡产哦l318国道,宝马530追尾海马..现场死...
www.xcar.com.cn/bbs/viewthre..... 百度快照

成雅高速成都站因雾关闭 目前无滞留车辆_新闻台_中国网络...
2012年2月16日 成雅高速成都站因雾关闭 目前无滞留车辆,据成雅高速交警一大队民警介绍,今(14)日凌晨,民警在巡逻时发现部分路段出现"砣砣雾",凌晨4时后路段能见度逐步下降至5...
news.cntv.cn/20120216/1193...s... 百度快照

图9.6 成雅高速常因大雾、团雾造成关闭或车祸的新闻报道

9.6 结论和建议

（1）川藏铁路雅安段部分工区正处于天全县鱼泉、思经、紫石一带的强降雨区域中心，该中心降水主要集中于汛期（5—9月），强降水主要集中在7—8月，平均每年有6～8次暴雨天气过程，2次以上的大暴雨天气过程。川藏铁路雅安段的施工地主要位于大渔溪、思经和紫石大仁烟的朱岗山横洞，施工地点普遍分布于野外河谷地带，气象环境复杂多变，为高山区、雷害区、暴雨区，自然环境恶劣，极端天气多发，而气象站点的建设不能完全覆盖所有地区，因此存在高山、河沟监测盲区。

建议：工程建设方加强气象实况监测，在关键区域新建多要素的区域自动监测站；并且要与当地气象部门建立良好的合作机制，及时接收各类气象灾害预报预警消息，提前做好应对灾害的处理预案，保障施工安全和保证工程进度。

（2）雅安市名山区通用机场项目预选址在成雅工业园，据近5年气象资料分析，该区域主要的气象灾害有暴雨、雷暴和大雾等；由强降雨造成的洪涝及诱发的中小河流和山洪地质灾害也时常发生。

建议：机场建设方需加强气象实况资料的监测，在预选场址新建多要素的区域自动监测站，并且加强雷暴、暴雨洪涝和地质灾害的防治工作。每年7—8月降雨多，洪涝和地质灾害防范形势严峻，要克服侥幸心理和麻痹思想，及时排查地质灾害隐患，切实做好地质灾害、山洪和中小河流洪水的防范工作。注意及时接收当地气象台发布的实时天气预报和气象灾害预警、预警信号等气象信息。

（3）影响雅西高速公路（雅安部分）交通安全的气象灾害主要有强降水、雷暴、大风、冰雹、低温、降雪、高温、大雾、团雾等，及由这些灾害性天气引发的山洪、泥石流、滑坡、路基位移、路面积水、道路结冰、雷击事故等气象次生灾害。由于雅安市天全县地形复杂，高山、河沟较多，气象站点的建设不能完全覆盖所有地区，因此存在高山、河沟监测盲区。

建议：公路运营方加强气象实况监测，在关键区域新建多要素的区域自动监测站；并且要与当地气象部门建立良好的合作机制，及时接收各类气象灾害预报预警消息，提前做好应对灾害的处理预案，保障施工安全和工程进度。

（4）雅康高速公路（雅安部分）地质条件极其复杂：穿越龙门山断裂带，地震烈度高，二郎山特

长隧道穿过13条断裂带，泸定大渡河兴康特大桥处于“Y”字型活动断裂区域，滑坡、泥石流、崩塌等不良地质发育；气候条件极其恶劣：穿越不同的气候垂直分布带，高海拔路段的雨、雪、冰、雾、风等恶劣气候影响时间长。影响雅康高速公路（雅安部分）交通安全的气象灾害主要有强降水、雷暴、降雪、道路结冰、大雾、团雾等，及由这些灾害性天气引发的山洪、泥石流、滑坡、路基位移、路面积水、道路结冰、雷击事故等气象次生灾害。

建议：雅康高速运营方和有关部门需加强气象实况资料的监测，在沿线多建观测要素齐全的气象观测站，并且加强暴雨洪涝、地质灾害、道路积雪和结冰的防治工作。夏季重点防范短历时强降雨、持续降雨、雷暴、洪涝和地质灾害等；冬季重点防范道路积雪和结冰、大雾、团雾等，一年四季都要注意及时接收当地气象台发布的实时天气预报和气象灾害预警、预警信号等气象信息。

（5）影响成雅高速公路（雅安部分）交通安全的气象灾害主要有强降水、雾、降雪及道路结冰等。雾天影响驾驶员的动视力和车辆的最低限速；雨天导致能见度降低，同时道路湿滑；降雪以及雪融化又重新结冰对早晨的交通通行有很大影响。

建议：加大向驾驶员及时发布气象信息的力度，尽可能减少交通事故发生的概率。在雨天路滑、雾天能见度下降、降雪和道路结冰的天气发生时，司机朋友们首先应降低车速，同时在身体和视疲劳的时候，及时到服务区休息。

10 气候与城市规划

城市气候条件和生态环境的好坏直接影响城市居民的生活质量和身心健康，气候因素在诸多自然因素中对人们居住环境的影响最显著。城市规划是对一座城市特定时期内发展目标、发展性质、规模布局、土地利用等各项建设的综合性考虑部署，一旦规划，建设后其结果很难逆转，因此城市规划必须具有前瞻性和建设性。科学合理的城市规划可以为城市居民创造舒适宜人的生活环境，可以更有效地减轻环境污染和噪声干扰，塑造城市美好形象，对城市的综合效益具有极大的促进作用。本章主要以雅安市雨城区为例，探究风向、风速、日照、雷电和降水等气象因素对城市规划与建设方面的影响，从气候层面出发，为雨城区城市规划建设的经济性、合理性、前瞻性提出建议，助力雅安建设绿色发展示范市，打造“天府之肺·生态雅安”新名片。

10.1 风向与城市规划

风向是指风的来向，常以8个或16个方位来表示。本章风向采用16方位来表示，静风表示风速≤0.2 m·s^{-1}。风玫瑰图是风向玫瑰图和风速玫瑰图的通称，因统计图形像玫瑰花而得名，是气象上定量分析风要素的专业统计图表。风向玫瑰图最常用的计算公式为：

$$g_n = f_n/(c+\sum_{n=1}^{16} f_n) \tag{10.1}$$

式中 n——风向；

g_n——n 方向的风向频率，%；

f_n——n 方向风的次数；

c——静风次数。

根据公式（10.1）绘制1990—2020年雨城区风向频率玫瑰图（参见图10.1），从图10.1可见，雅安市主城区全年主要盛行SSW—SW风，其中SW风频率最高，为12%，SSW风频率为9%；次盛行NE—E风，ENE风频率最高，为9%，E风频率为7%，两风向频率之和为16%；全年SE、NW和NNW的风向频率最小，均为1%；N、NNE、ESE、SSE、WNW风频率也很小，为2%～3%，说明这些方向的风吹得也很少；全年静风频率为30%。夏季盛行风向、最小风向风频与全年基本相同，夏季更盛行SW风，风频率为17%。冬季主要盛行NE—E风，ENE风频率最高，为11%，NE和E的风频率均为8%，三风向频率之和为27%；次盛行风为SSW—SW风，SW风频率最高，为7%，冬季静风频率为37%。

综合实际观测资料统计分析和雅安市主城区风向频率玫瑰图来看，雅安市主城区主导风向为SW风，次主导风向为ENE风，SW风在夏季更为明显，ENE风在冬半年为主导风向。

风向决定了当地大气污染物、粉尘等的输送方向。雅安市主城区主导风SW与次导风ENE，风向基本相反，因此工业园区不宜建在这两个风对吹的方向，避免民众遭受空气污染的影响。雨城区静风比例较高，绝大多数时间里，静风非常不利于污染物吹走，容易造成污染物累积。因此，雨城区不宜引进高污染、高能耗的工矿企业，宜发展轻工业和第三产业。从雅安市长期规划方案来看，政府部门已将风因素统筹考虑，发展战略指出，雅安将大力发展汽车及机械装备制造、先进材料、清洁能源、农产品加工、现代服务业等支柱产业，积极培育大数据产业，加快形成以五大千亿产业、大数据产业为主体的“5+1”绿色产业体系。

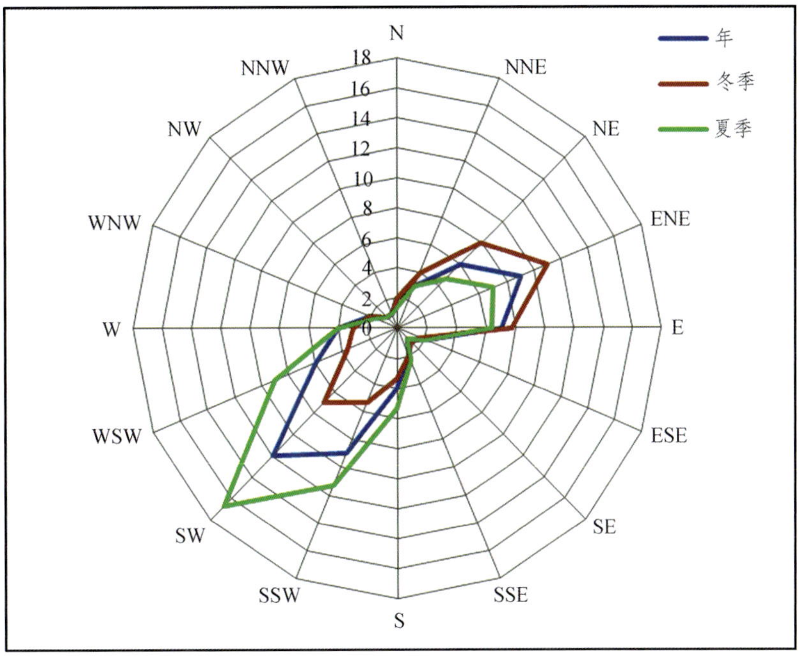

图10.1 1990—2020年雨城区风向频率玫瑰图

10.2 风速与城市规划

空气从气压大的地方向气压小的地方流动形成了风，当气流在建筑物前受阻壅塞时，形成高压气幕。流速越大，对建筑物的压力也越大。

近年来，随着城市化进程的加快，雨城区越来越多的高层建筑逐渐涌现。在强风气候条件下，其主体或围护结构发生风致破坏的现象时有发生，风荷载在其结构设计中越发重要。

基本风压是计算主体或围护结构风荷载的基本参数之一，是以当地比较空旷平坦的地面上离地10 m高统计所得的不同重现期10 min平均最大风速来计算风压。我国《建筑结构荷载规范》（GB 50009—2012）给出风压的基本定义式如下：

$$W_0 = (1/2)\rho V_0^2 \quad (10.2)$$

式中 ρ——空气密度，kg · m^{-3}；

V_0——设计风速，m · s^{-1}。

可以看出，ρ 和V_0是计算基本风压的两大基本参数。

以往大部分研究将ρ 作为固定值1.25 kg · m^{-3}（海平面、760 mmHg标准大气压下、气温15 ℃时的干空气密度）考虑。

我国《建筑结构荷载规范》（GB 50009—2012）中指出，选取最大风速得到设计风速时，一般应有连续25年以上的风速资料。本章采用雨城区雅安国家基本气象站1991—2020年的年最大风速作为样本，利用极值风速概率分布模型推算得到50年一遇离地10 m、时距为10 min的最大设计风速V_0。设年最大风速V的概率符合极值I型分布，即

$$F(V) = \exp\{-\exp[-a(V-b)]\} \quad (10.3)$$

式中 a——分布的尺度参数，a=1.182 55/σ；

b——分布的位置参数，即分布的众值，$b=\mu-(0.577\ 22)/\sigma$；

μ、σ——随机变量V的均值和标准差。

由于搜集来的年最大风速样本是有限的，需要用有限样本的均值$\overline{V}$和标准差s作为μ和σ的近似估计。均值$\overline{V}$和标准差s分别为

$$\overline{V}=\frac{1}{n}\sum_{i=1}^{n}V_i \tag{10.4}$$

$$s=\left[\frac{1}{n-1}\sum_{i=1}^{n}(V_i-\overline{V})^2\right]^{1/2} \tag{10.5}$$

尺度参数和位置参数分别按公式（10.6）和公式（10.7）取值：

$$a=c_1/s \tag{10.6}$$

$$b=\overline{V}-(c_2/a) \tag{10.7}$$

式中　c_1，c_2——与样本中的年最大风速的个数n有关的系数，可由表10.1查出。

表10.1　n和系数c_1和c_2查算表

n	c_1	c_2	n	c_1	c_2
10	0.9497	0.4952	60	1.17 465	0.55 208
15	1.02 057	0.5182	70	1.18 536	0.55 477
20	1.06 283	0.52 355	80	1.19 385	0.55 688
25	1.09 145	0.53 086	90	1.20 649	0.55 860
30	1.11 238	0.53 622	100	1.20 649	0.56 002
35	1.12 847	0.54 034	250	1.24 292	0.56 878
40	1.14 132	0.54 362	500	1.25 880	0.57 240
45	1.15 185	0.54 630	1000	1.26 851	0.57 450
50	1.16 066	0.54 853	∞	1.28 255	0.57 722

重现期为R年，说明大于某一风速V_R的强风的发生概率为$1/R$，则有

$$1-F(V_R)=1-\exp\{-\exp[-a(V_R-b)]\}=1/R$$

从而有

$$V_R=b-\frac{1}{a}\ln\{\ln[R/(R-1)]\} \tag{10.8}$$

基本风压的测算高度为标准的10 m，故采用公式（10.3）对观测高度z处的风速换算到10 m高度处的风速：

$$V_H=V_z(10/z)^{\beta} \tag{10.9}$$

式中　β——空旷平坦地区地面粗糙度指数，取值为0.15 。

综合公式（10.3）至公式（10.9），计算得到雅安市雨城区50年一遇离地10 m、时距为10 min的最大设计风速为15 $\mathrm{m\cdot s^{-1}}$，基本风压为0.14 $\mathrm{kN\cdot m^{-2}}$。在城市建筑规划设计和合理布局时，依据《建筑结构荷载规范》（GB 50009—2012），基本风压应采用按本规范规定的方法确定的50年重现期的风压，建筑幕墙结构的设计风荷载应超过基本气压，高层建筑还应超过基本气压的1.1倍。根据雅安市雨

城区的地理位置、气候条件和雨城区规划管理部门的意见，建议雨城区建筑幕墙结构的设计风荷载不得<0.3 kN · m^{-2}。对于高层建筑、高耸结构以及对风荷载比较敏感的其他结构，基本风压的取值应适当提高，并应符合有关结构设计规范的规定。

10.3 日照与城市规划

日照时数是指太阳在某地实际照射的时数，日照时数较长的地区有强烈的太阳光，使人可以保持良好的心理状态。雅安市雨城区地处30°N，近30年平均日照时数为961.4 h，年日照百分率为21.2%。为了保证居民健康，城镇居住区的房屋要有一定的日照时间，随着住宅小区高层建筑的日益增多，室内采光问题受到住户的广泛关注。

在建筑规划中，应根据本地的地理因素和气候条件，选择合理的建筑物朝向。一般认为，住宅门窗以迎着夏季盛行风的风向斜交为宜，雨城区盛行西南风，考虑到日照和自然通风等条件，雨城区住宅朝向以正南方向为最适宜。

在建筑规划中，两栋高层房屋之间还应保持一定的建筑日照间距。建筑日照间距是指前后两栋房屋之间，为保证后栋房屋底层获取满窗日照而需要保持的最小间隔距离。

雨城区规划管理部门也明确规定：南北向住宅类建筑与其南侧各类建筑的建筑间距，要根据前栋遮挡建筑物的高度和日照具体分析确定，对申报生活居住类的建筑物日照标准也进行了严格控制。根据《城市居住区规划设计标准》（GB 50180—2018），住宅建筑的间距应符合表10.2的规定；对特定情况，老年人居住建筑日照标准不应低于冬至日日照时数2 h；在原设计建筑外增加任何设施不应使相邻住宅原有日照标准降低，既有住宅建筑进行无障碍改造加装电梯除外；旧区改建项目内新建住宅建筑日照标准不应低于大寒日日照时数1 h。雅安市属夏热冬冷地区（Ⅲ气候区），应满足Ⅲ气候区的日照要求。

表10.2 住宅建筑日照标准

建筑气候区划	Ⅰ、Ⅱ、Ⅲ、Ⅶ气候区		Ⅳ气候区		Ⅴ、Ⅵ气候区
城区常住人口/万人	≥50	<50	≥50	<50	无限定
日照标准日	大寒日			冬至日	
日照时数/h	≥2	≥3		≥1	
有效日照时间带（当地真太阳时）	8～16 h			9～15 h	
计算起点	底层窗台面				

注：底层窗台面是指距室内地坪0.9 m高的外墙位置。

本书采用棒影图日照综合分析法，计算公式为：

$$\sin h=\sin\phi\cdot\sin\delta+\cos\phi\cdot\cos\delta\cdot\cos\omega \quad (10.10)$$

$$L=H\cdot \mathrm{ctg}h \quad (10.11)$$

$$t_{\mathrm{p}}=t-4\times(120°-\psi)=E_{\mathrm{p}} \quad (10.12)$$

$$\omega=15\times(t_{\mathrm{p}}-12) \quad (10.13)$$

式中 h——太阳高度角，（°）；

ϕ——当地纬度，（°）；

δ——太阳赤纬角，（°）；

ω——时角，（°）；

L——棒影长，m；

H——棒长，m；

t_p——地方平均太阳时，h；

t——北京标准时，h；

ψ——地理经度，（°）；

E_p——均时差，h。

利用公式（10.10），按照冬至日住宅底层满窗日照不少于2 h的标准，计算建筑日照间距，利用棒影日照分析法计算得出，雨城区建筑物日照间距为1∶1.32，即两栋建筑物之间的距离为前栋楼房高度的1.32倍，这样才能保证后栋房屋底层冬至日满窗日照不少于2 h。

在建筑规划中，除了住宅以外，需要保证日照的建筑还有幼儿园、中小学、病房、疗养院、老年人居住建筑等；而炎热地区的建筑如纺织冶炼车间等，要防止室内过热，需减少（避免）日照。展览室、绘图室、阅览室、精密仪器车间、化工厂、实验室、药品仓库等，还要避免眩光和防止引起化学反应。

10.4 雷电与城市规划

雅安市主城区雷暴日数多、雷暴活动季节长、雷电密度大，致灾性强、雷击风险大，属“中至重度”雷击风险区。

10.4.1 雷电的危害

雷电对地面上的建筑物和设施危害较大，其危害主要分为两类：直接危害和间接危害。直接危害主要表现为雷电引起的热效应、机械效应和冲击波等；间接危害主要表现为雷电引起的静电感应、电磁感应和暂态过电压等。

1. 直接危害

（1）热效应。雷云对地放电时，强大的雷电流从雷击点注入被击物体，其热效应可使雷击点周围局部金属熔化；当雷电击中易燃物时，能将易燃物引燃；当雷电击中输电线路时，可将其熔断。这些都属热效应，如果防护不当，就会酿成火灾，甚至造成更大的损失和灾难。

（2）机械效应。雷电机械效应所产生的破坏作用主要表现为两种形式：电动力和内压力。众所周知，载流导体周围的空间存在着电磁场，在电磁场中的载流导体会受到电磁力的作用。雷击建筑物时，在电动力作用下，建筑物内的导体之间会相互吸引或排斥，引起变形，甚至会被折断。在被击物体的内部产生内压力是雷电机械效应破坏作用的另一种表现形式。由于雷电流幅值很高，作用时间很短，击中树木或建筑构件时，在其内部瞬时产生大量热量，在短时间内热量来不及散发出去，致使物体内部的水分被大量蒸发成水蒸气，并迅速膨胀，产生巨大的爆炸力，能够使被击树木劈裂、建筑构件崩塌。

（3）冲击波。雷电产生的冲击波类似于爆炸产生的冲击波。在雷云对地放电过程的回击阶段，放电通道中既有强烈的空气游离又有强烈的异性电荷中和，通道中瞬时温度很高，使得通道周围的空气受热急剧膨胀，并以超声波向四周扩散，从而形成冲击波。同时，通道外围附近的冷空气被严重压缩，在冲击波波前到达的地方，空气的密度、压力和温度都会突然增大，产生剧烈振动，可以使其附近的建筑物遭到破坏，人、畜受到伤害。

2. 间接危害

（1）静电感应和电磁感应。雷电的静电感应和电磁感应作用均属于雷电的间接危害。当空间有带电的雷云出现时，雷云下的地面及建筑物等，都因静电感应而带上相反的电荷。从雷云的出现到发生雷击（主放电）所需时间相对于主放电过程的时间要长得多，雷云下的地面及建筑物等有充分的时间累积大量电荷。当雷击发生后，局部地区的感应电荷不能在同样短的时间内消失，形成局部高电压。这种由静电感应产生的过电压对接地不良的电气系统有很强破坏作用，使接地不良的金属器件之间发生火花，这对易燃易爆场所而言，是非常危险的。

（2）暂态过电压。雷电流具有很高的峰值和波前上升陡度，能在所流过的路径周围产生很强的暂态脉冲电磁场，处在该电磁场中的导体会产生感应过电压（流）。建筑物内通常布设着各种电源线、信号线和金属管道（如供水管、供热管和供气管等），这些线路和管道常常会在建筑物内的不同空间构成环路。当建筑物遭受雷击时，雷电流沿建筑物防雷装置中各分支导体入地，流过分支导体的雷电流会在建筑物内部空间产生暂态脉冲电磁场，脉冲电磁场交链不同空间的导体回路，会在这些回路中感应出过电压和过电流，导致设备接口损坏。雷电流产生的暂态脉冲电磁场不仅能在建筑物内的导体回路中感应出过电压和过电流，而且也能在建筑物之间的通信线路中感应出过电压和过电流。

随着城市现代化的不断发展，科学技术的不断进步，智能建筑迅猛发展，各类信息系统得到广泛应用，特别是超大规模集成电路的应用，极大地提高了工作效率。但是，这些电子设备普遍存在着绝缘强度低、过电压和过电流耐受能力差、对电磁干扰敏感等弱点，一旦建筑物受到直接雷击或其附近区域发生雷击，雷电过电压、过电流和脉冲电磁场会通过供电线、通信线、接收天线、金属管道和空间辐射等途径侵入建筑物内，威胁室内电子设备的正常工作和安全运行。如防护不当，这些雷害轻则使电子设备误动作，重则造成电子设备永久性损坏，严重时还可能造成人员伤亡。

10.4.2 雷电危害的防范

为了保护国家和人民的生命财产安全，国家、地方和有关部门相继出台了相应的法律法规、规章和各类技术标准来规范雷电灾害防御工作，以杜绝或减轻雷电灾害的危害。

综上所述，城市各类建（构）筑物、场所和设施安装雷电防护装置应当符合国家有关防雷标准的规定。新建、改建、扩建（构）筑物、场所和设施的雷电防护装置应当与主体工程同时设计、同时施工、同时投入使用。投入使用后的防雷装置实行定期检测制度，防雷装置应当每年检测一次，对爆炸和火灾危险环境场所的防雷装置应当每半年检测一次。

10.5 降水与城市规划

雅安市雨城区近30年年均降水量为1637.3 mm，年均降雨日数205.3 d，雨日呈现减少趋势，但大雨及以上日数呈现增多趋势。雨城区近30年年均小雨日数（日雨量≥0.1 mm的天数）达167 d，年均中雨日数（日雨量≥10.0 mm的天数）为22.9 d，年均大雨日数（日雨量≥25.0 mm的天数）为9.1 d，年均暴雨日数（日雨量≥50.0 mm的天数）为4.6 d，年均大暴雨日数（日雨量≥100.0 mm的天数）为1.7 d。最大日降雨量为236.7 mm，最大1 h降雨量为85.2 mm，降水强度强，极易造成城区部分道路积水和短时内涝。

在城市建筑规划中，应考虑降水对市民和游客出行和生活的影响。在公共区域，应多设避雨场所，为市民日常出行和活动提供便利。雅雨是雅安的生态名片，是一重要生态景观，城市建筑应考虑增加赏雨、听雨等功能，还可以增加造型精美的雨链等排雨水设施，提升城市休闲旅游的魅力。

在城市规划中，尤其是城市室外雨水排泄的管网设计，应充分考虑当地暴雨的强度。根据《城市暴雨强度公式编制和设计暴雨雨型确定技术导则》《室外排水设计规范》（GB 50014—2006）等规定的方法对暴雨强度公式进行推求及按标准筛选，得到雅安主城区暴雨强度总公式如下：

$$q=[861.725\times(1+0.763\times \lg P)]/(t+3.994)^{0.469} \quad (10.14)$$

（平均绝对均方误差为0.067 mm·min^{-1}，相对均方误差为4.02%）

式中 q——暴雨强度，L·s^{-1}·hm^{-2}；

P——设计重现期，a；

t——降雨历时，min。

暴雨强度的总公式满足《室外排水设计规范》（GB 50014—2006）精度要求，可为雨城区城市雨水排泄的管网或管渠设计提供数据支撑。在城市规划总体布局中，要充分考虑夏季降水多且强度大的特点，根据降雨强度和降雨特点，着重做好城区设施和排水管道规划。雨城区规划管理部门也明确，雨城区的排水管网或管渠的最小设计流速取0.75 m·s^{-1}，并建议城区重要地区雨水最小管内径取D600 mm，其他地区最小管内径取D500 mm。

10.6 结论和建议

（1）雨城区主导风向为SW风，次主导风向为ENE风，SW风在夏季更为明显，ENE风在冬半年为主导风向。工业区宜选择在风频较小的WNW-N夹角和ESE-SSE夹角，即城区的西北侧或东南侧。全区日平均风速不大，静风比例偏多，不利于空气污染物扩散，不宜引进高污染、高能耗工矿企业，宜发展轻工业和第三产业。

（2）雅安市雨城区50年一遇离地10 m高、时距为10 min的最大设计风速为15 m·s^{-1}，基本风压为0.14 kN·m^{-2}。在城市建筑规划设计和合理布局时，基本风压应采用按本规范规定的方法确定的50年重现期的风压，建筑幕墙结构的设计风荷载应超过基本气压，高层建筑还应超过基本气压的1.1倍。但根据雅安市雨城区的地理位置、气候条件和雨城区规划管理部门的意见，建议雨城区建筑幕墙结构的设计风荷载不得小于0.3 kN·m^{-2}。对于高层建筑、高耸结构以及对风荷载比较敏感的其他结构，基本风压的取值应适当提高，并应符合有关结构设计规范的规定。

（3）雨城区地处北纬30°，考虑到日照和自然通风条件，住宅朝向以正南方向为宜。两栋建筑物之间的间距应为前栋楼房高度的1.32倍，才能保证后栋房屋底层冬至日满窗日照不少于2 h。

（4）雨城区降雨日数较多，在城市建筑规划中，应考虑降水对市民出行和活动的影响，选择城区地理位置相对较高的地方，打造“观雨亭”，选择沿江和沿街道打造“避雨走廊”等景观建筑，着力提升城市的休闲旅游魅力。雨城区位于雅安市东部，群山环绕，青衣江穿城而过，是名副其实的山水之城，为彰显其山水魅力，在雨城区的城市建筑规划中，在主城区的青衣江两岸建筑高度不宜过高，应遵循“显山露水”的规划理念。

（5）雨城区降水量多集中在夏季，主要是7月、8月，降水强度较强，极易造成城区部分道路积水和短时内涝，造成周公河、陇西河和青衣江等江河发生洪涝，应着重做好城区排水设施、雨水渗透设施和排水管道规划，加强市区排涝防洪能力。在城市空间规划和设计时，应与河道保持一定距离，预留足够的洪泛区。雨城区规划部门也明确，雨城区的排水管网或管渠的最小设计流速取0.75 m·s^{-1}，并建议城区重要地区雨水最小管内径取D600 mm，其他地区最小管内径取D500 mm。

（6）雨城区雨水多、湿度大、日照少，冬季多雾，独特的气候条件和地理环境，形成了以常绿植被为主、整体色彩偏深绿色且暗淡的城市印象。在城市绿化设计时，从气候资源和独特的地理环境出发，建议城区绿化规划时采用以乡土树种为主，适地适树，选用不同的植物种类的原则，通过植物的季相特点，打造四季花卉彩叶城市景观，重点营造红色系花叶树种和紫色系花叶树种在城区的均衡分布，形成四季花开、花雨漫天的浪漫城市气息，提升雅安生态效益、经济效益、社会效益和魅力指数。

11 主要气象灾害

11.1 暴 雨

按四川省地方标准《天气术语》（DB 51/T580—2006），在四川省除甘孜州和阿坝州外，暴雨是指24 h内降雨量≥50 mm且<100 mm的降雨天气过程；大暴雨是指24 h内降雨量≥100 mm且<250 mm的降雨天气过程；特大暴雨是指24 h内降雨量≥250 mm的降雨天气过程。

雅安市地处青藏高原东坡，四川盆地西南部，位于盆地到高原的抬升地带，地形复杂，属于大气环流交汇区，各种天气系统的关键区，天气气候特征突出。由于特殊的地理位置、地形特点和气象条件，雅安市的降雨日数、夜雨率和阴天日数等，都是世界范围内的最大值区之一，与同纬度带其他地区有明显的差异，局地特征异常显著，在气象学上享有著名的“雅安天漏”之称，也被称为“雨城”。夏季雅安市暴雨天气多发、频发，易致灾，是四川省三大暴雨中心之一，所处地域命名为青衣江暴雨区，是四川省内暴雨最多，暴雨范围和暴雨强度最大的区域，其处位置亦是“华西雨屏”中心地带，夏季降雨充沛，全年降雨日数多。气象学上著名的“雅安天漏”天气现象，就是我国受地形影响最为典型的暴雨现象。暴雨是雅安历史记录最早、发生频率最高、危害最重的气象灾害。

从最新气象资料统计（参见图11.1），国家气象站年平均出现暴雨日数为1～7 d。雨城区国家站年暴雨日数最多，也是全省最高值。汉源、石棉国家站出现暴雨日数较少，多年平均在1 d左右。但是由于山地气候的复杂多样性，通过加密的气象观测站资料显示，汉源、石棉部分地方也是暴雨多发区，暴雨灾害也较严重，与国家气象站所在位置的天气有较大差异。

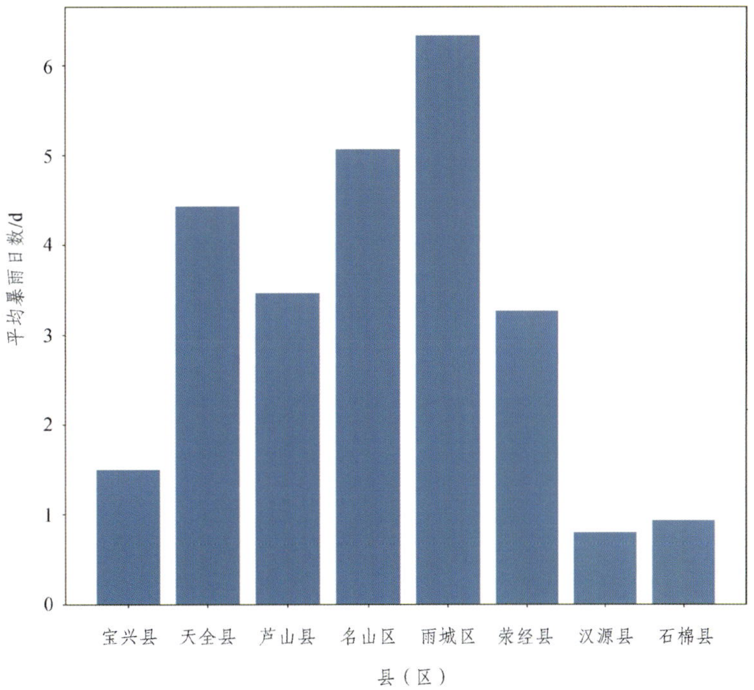

图11.1 雅安市国家气象站多年平均暴雨日数（单位：d）

雅安暴雨天气出现时间早、结束日期晚，最早出现在4月中旬，最晚结束于11月上旬；大暴雨（24 h雨量≥100 mm）出现在4月下旬，最迟结束在11月上旬。尽管雅安暴雨出现日期跨度长，但也比较集中，主要出现在6—9月主汛期时段；全市各地大暴雨出现在盛夏7月和8月的比例占到80%以上。

随着全球气候变暖，雅安市降雨天气变化也出现了一些新特点。暴雨的强度更强，占总降雨的比重也在加大。小雨、中雨所占比重在下降，小雨、中雨日数也趋下降。特别值得一提的是，2020年8月10—11日出现在芦山、天全一带的局地大暴雨和特大暴雨天气过程，3～4 h雨量创下了雅安市暴雨的历史纪录，小时雨强也创下了雅安强降雨的历史纪录。芦山国家气象站（56279）的日降雨量也位于四川省暴雨历史记录第二位，高达425.5 mm。

据统计，芦山县国家气象站8月10日23 h至11日03 h，降雨量达382.0 mm（图11.2），降雨强度之大，前所未有。紧接其后的8月17—18日，雅安市又遭遇百年未遇特大洪灾。

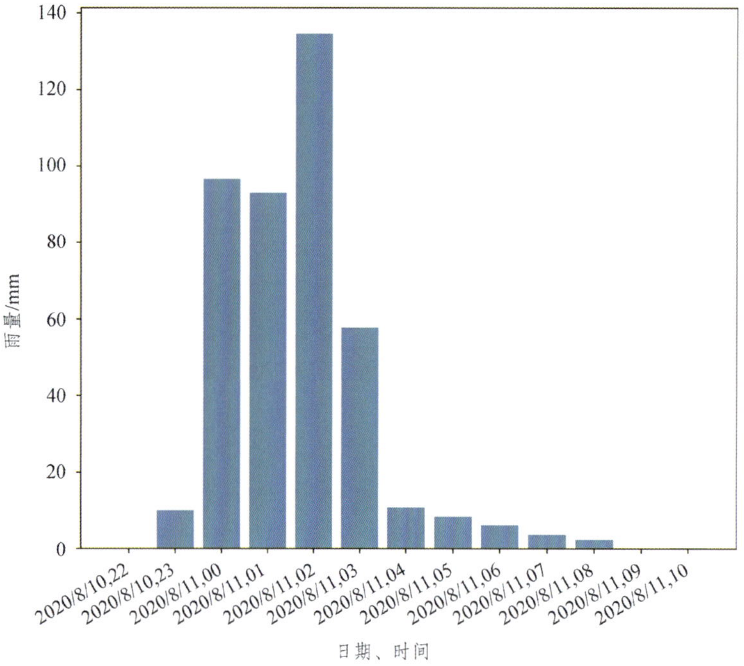

图11.2　芦山县国家气象站2020年8月10日22：00—8月11日10：00雨量（单位：mm）

11.2 雷　电

雷电是一种伴有雷击和闪电的局地强对流天气，是大气中突然出现的放电现象，其表现为闪电兼有声，有时亦可闻雷声而不见闪电。它产生于强烈的积雨云中。强雷电则有可能伴有冰雹和破坏性极大的强风。雷电灾害是指雷暴云的强烈放电对地表或人畜造成直接雷击或感应雷击，致使人员伤亡或财产损毁的现象。有雷电出现不一定都有雷电灾害发生，但雷电日数的多少基本能反映雷电灾害出现频率大小，二者有一致关系。

雅安市地处四川盆地与川西高原过渡地带，是全国及四川省雷暴活动相对较多的地区。雅安市雷电活动具有以下五个特点：

（1）雷暴日数多。雅安市年雷暴日数为45～103 d，其中，芦山、宝兴、天全县年雷暴日数（d）分别为56、87和80，南部石棉县雷暴日数最多，达到103 d，雷暴日数明显高于全省其他地区。

（2）雷电活动时间长。从全国雷电活动季节分布情况来看，全国大部分地区雷电活动主要集中在6—8月，而雅安市除冬季（12月至次年2月）雷暴日数较少外，其他各季雷暴日数明显较多，其中，4—9月各月雷暴日数均超过8 d，6—9月各月雷暴日数在10 d以上，7月和8月雷暴日数分别高达17 d，雷暴日比例高达55%。

（3）雷电活动主要集中在夜间。根据雷电发生的时间统计分析，雅安市雷电发生时段集中在下午17：00至凌晨4：00，特别是雷暴日数较多的8月份，17：00至凌晨4：00逐时雷电次数在400次以上，午夜前后（23：00—01：00）逐时雷电次数高达1000次以上。雅安地区夜间雷电活动多与其夜雨多的气候特点密切相关。

（4）雷电活动密度大。雅安市位于我国西部雷电密度高值区的西部边缘，属于雷电高发区，年平均雷电密度为3～8次·$km^{-2}\cdot a^{-1}$，比四川省年平均雷电密度高0.7次·$km^{-2}\cdot a^{-1}$。

（5）雷电灾害损失较大。

总体而言，雅安市雷电灾害风险处于"中至重度"风险区。

11.3 强降温

强降温是指空气温度剧烈下降，时常伴有大风，随季节不同，有时还会有雨雪、霜冻、雷电、沙尘等天气出现。一般是大规模的冷空气活动过程，是高纬度的冷空气南下入侵南方的一种能量交换过程。一般来说，5—9月因基础温度较高，降温的危害相对较小，对生产生活影响也相对较小，故气象部门重点关注的是冬半年的强降温天气过程。

据四川省地方标准《天气术语》（DB 51/T580—2006），在四川盆地，3—4月或者10—11月，72 h内国家气象站日平均气温连续下降≥8 ℃；12月至次年2月72h内日平均气温连续下降≥6 ℃为强降温。雅安市地处四川盆地西南部，西部有青藏高原，北面有秦岭，可以较大程度地阻挡冷空气直接入侵，影响本地的冷空气大多数是以回流方式侵袭，强降温天气比其他地区相对要少得多。

据最新气象资料统计（参见图11.3），雅安市雨城区、汉源县、石棉县国家气象站出现强降温（寒潮）的频率年均能达到2次，其他县、区在1～2次。以雨城区为例，3—4月出现时间较晚的寒潮发生在4月底（1991年）到5月初。10月出现早的寒潮发生在10月1—3日（1999年）。3日气温降幅最大能达到13.9 ℃（2007年4月1—3日）。从发生频率上看，多的年份寒潮过程可发生4次（1992年、2018年），少的年份则没有寒潮天气过程发生（1995年、2009年、2011年）。

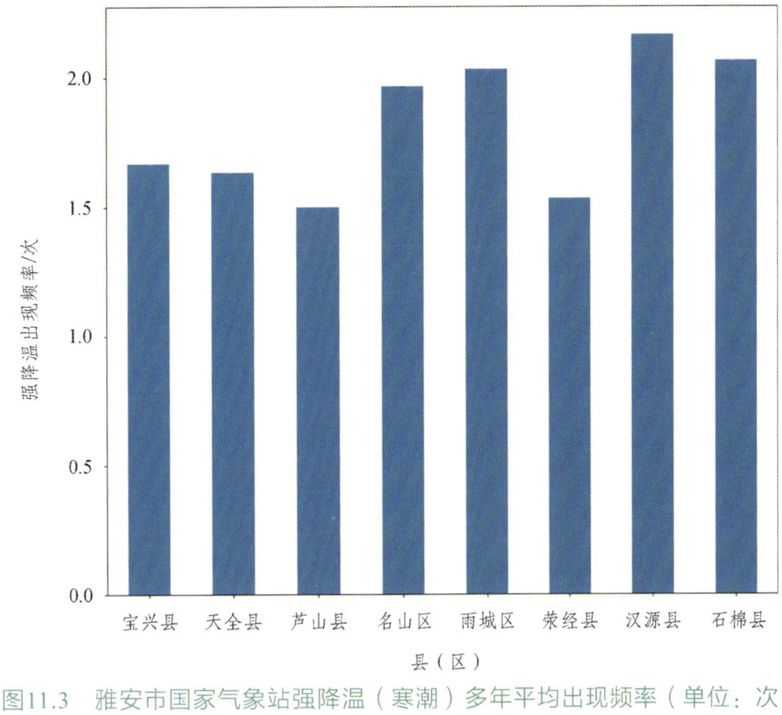

图11.3 雅安市国家气象站强降温（寒潮）多年平均出现频率（单位：次）

11.4 冰 雹

冰雹是指从强烈发展的积雨云中降落下来的坚硬的球状、锥状或不规则的固体降水物。冰雹灾害影响范围一般不大，但对遭遇区域破坏力强，可能造成人畜伤害和财物重大损失。冰雹灾害发生时常伴随大风、大雨，持续时间一般在20 min以内，有半数仅2 ~ 3 min，有90%以上的冰雹发生在13 ~ 20 h，午夜后到早晨很少降雹。

从统计资料来看，雅安市冰雹灾害年平均出现0.35次，冰雹最早出现在4月初，最迟出现的一次是11月，约80%的冰雹灾害出现在4月、5月、6月。从地域分布来看，北部名山、宝兴、荥经，南部汉源、石棉出现的次数较多，年降冰雹的概率为10% ~ 14%，而雨城、天全、芦山则较少，年发生雹灾的概率在7%以下。

冰雹具有出现时间短、发生迅速、移动速度快、尺度小、难监测的特点，观测到冰雹事件和冰雹测量数据样本少，研究难度大。但冰雹灾害对工农业生产、社会活动有较大影响，对群众财物有较大威胁，特别是对农业水果、农村经济作物等有较大的影响。

11.5 低温冷害

低温冷害是指农作物生长期间遭受到低于正常生长发育所要求的临界温度的致害温度。低温、雪灾及霜冻都是低温冷害的不同表现形式。雅安市的低温灾害主要是春播季低温和水稻抽穗期间的低温，春季低温一般发生在3月下旬到4中旬，该期间日平均气温连续4 d低于12 ℃，其危害是造成水稻烂种烂秧，此时段低温天气对雅安市春茶影响也很大；水稻抽穗期间的低温出现在7月下旬到8月中旬，日平均气温连续4 d低于22 ℃，其危害是造成水稻抽穗开花受阻，导致空秕粒增多而减产。雪灾集中反映在低温严寒方面，主要出现在冬季一些中高山区，宝兴和石棉相对多一些。霜冻是指气温在0 ℃附近时，地表或植物表面的结冰现象，因此它也是一种冻害。

雅安市的春播低温主要出现在北部县、区，出现在3月下旬的概率为22% ~ 50%，发生在4月上中旬的则只有3% ~ 11%。以宝兴和天全偏重，持续时间最长的为9 d。南部两县无春播低温。水稻抽穗期间的低温以宝兴最重，年平均1.3次，其他县区年平均出现的概率在17% ~ 44%，持续时间最长的可达15 d。

雪灾主要发生在中高山区，低山区很少出现，积雪深度>5 cm的积雪，荥经、汉源、石棉都没有出现过，其他县、区年出现的概率为7% ~ 23%。

11.6 干 旱

干旱是在一段时间内没有降水量或降水量很少，造成大气、土壤干燥的气候现象，工农业生产和人民生活因缺水无法满足正常需要。雅安市尽管总体上降水量十分丰富，但由于年降水量有偏多偏少的情况，就是在降水偏多的年份，由于各个季节雨量分配不均匀，也时常发生旱灾。在降水充沛的夏季，局部地方也有可能发生夏旱、伏旱。

根据干旱发生的时段，干旱又划分为春旱、夏旱和伏旱，标准是以一段时间内降水量的多少来确定。按四川省地方标准《气候术语》（DB 51/T582—2006），四川盆地的具体划分标准为：①春旱：3—4月，连续30 d降水总量<20 mm；一般春旱持续时间<40 d，严重春旱持续时间≥40 d。②夏旱：5—6月，连续20 d降水总量<30 mm；一般夏旱持续时间<30 d，严重夏旱持续时间≥30 d。③伏旱：7—8月，连续20 d降水总量<35 mm；一般伏旱持续时间<30 d，严重伏旱持续时间>30 d且<40 d，特

大伏旱持续时间≥40 d。

按照上述干旱标准统计，雅安市发生春旱、夏旱、伏旱的概率（%）分别为63、79、19，发生严重春旱、严重夏旱、严重伏旱的概率（%）分别为19、27、6，没有出现过特大伏旱。所以相对于四川盆地中、东部地区来说，雅安市干旱的严重程度较轻，尤其是伏旱。雅安市的干旱在地域分布上有南重北轻的特点，以发生概率最大的夏旱来说，南部两县发生概率为60%～70%，北部县、区发生的概率低于50%，宝兴和荥经分别为46%和42%，芦山和名山分别是29%和31%，雨城区19%，天全6%。

11.7 大　风

大风指平均风力≥6级（风速≥10.8 $m \cdot s^{-1}$）或瞬间风力≥8级（风速≥17.2 $m \cdot s^{-1}$）。它常使农作物倒伏，吹毁电力及通信设施和房屋，危及人民生命财产的安全。雅安大风灾害影响范围一般不大，但对遭遇区域破坏力强。雅安的大风分为寒潮大风、雷雨大风、冰雹大风以及局地强对流大风和地形大风，以雷雨大风、冰雹大风造成的灾情较重。大风的时空分布及发生频率与地形和测站周围的地理环境关系非常密切。从时间分布来看，最早出现大风灾害是在3月中旬，最迟是8月底，以7月、8月、4月出现的次数较多。从最新数据来看，宝兴县国家气象观测站没有出现过大风天气，北部其他县、区大风出现约5年一遇。石棉县国家气象观测站基本上能达到一年出现1次大风。汉源县国家气象观测站因搬迁到萝卜岗，测站也位于萝卜岗最高处，每年出现大风日数超过7 d。总体来看，雅安市大风灾害影响较小（参见图11.4）。

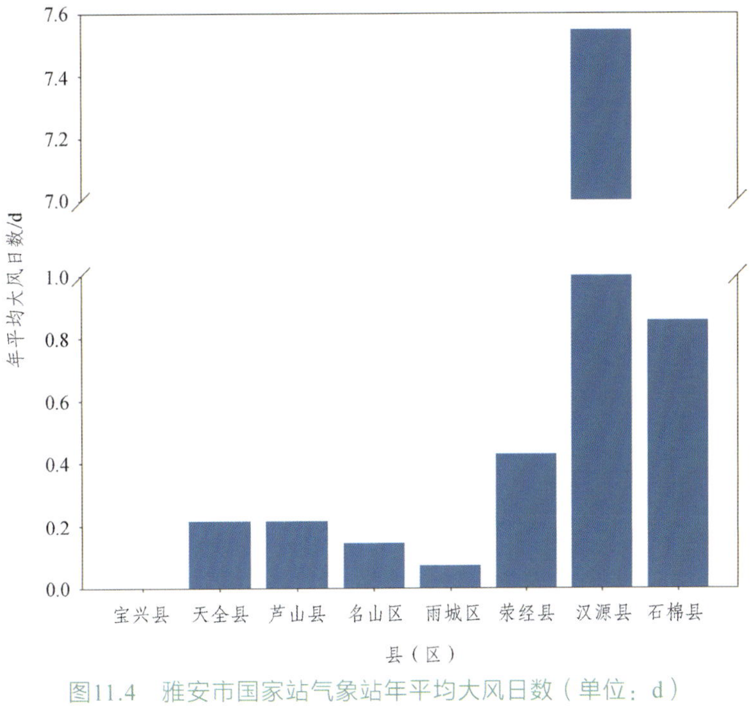

图11.4　雅安市国家站气象站年平均大风日数（单位：d）

11.8 高温热害

按四川省地方标准《气候术语》（DB 51/T582—2006），在雅安等6市，日最高气温≥35 ℃时为一个高温日；日最高气温≥35 ℃且<37 ℃为一般高温；日最高气温≥37 ℃且≤40 ℃为较重高温；日

最高气温>40 ℃时为严重高温。

若日最高气温>40 ℃，则中暑现象增多，尤其在露天作业者中更易发生。连续3 d以上的严重高温，危害更重。

高温热害是指夏季出现对人体不利和影响作物生长的高温。当高温日伴有高湿出现时，人体便有暑热不适之感，俗称“桑拿天”。夏季雅安市受副热带高压天气系统控制时，常出现高温闷热天气。高温天气也是高影响天气之一，即可能产生严重灾害，对社会有重大影响的天气现象，对工农业生产和有关行业的影响十分显著。

据最新气象资料统计（图11.5），雅安市各县、国家气象观测站年平均高温天气日数为0.1 ~ 14.2 d。北部宝兴县很少有高温日出现。而南部的汉源县、石棉县，高温日较多，年平均高温日分别为11.2 d和14.2 d，但是汉源、石棉高温日时相对湿度比北部县、区低，体感相对较好，不易出现“桑拿天”。天全、荥经、名山、芦山、雨城年平均高温日数（d）分别为0.9、1.0、1.3、2.2、3.7。总体来说，雅安市国家气象观测站反映出的高温日数，除了南部两县，在四川省属于较低数值区，夏季大多数时间体感宜人。

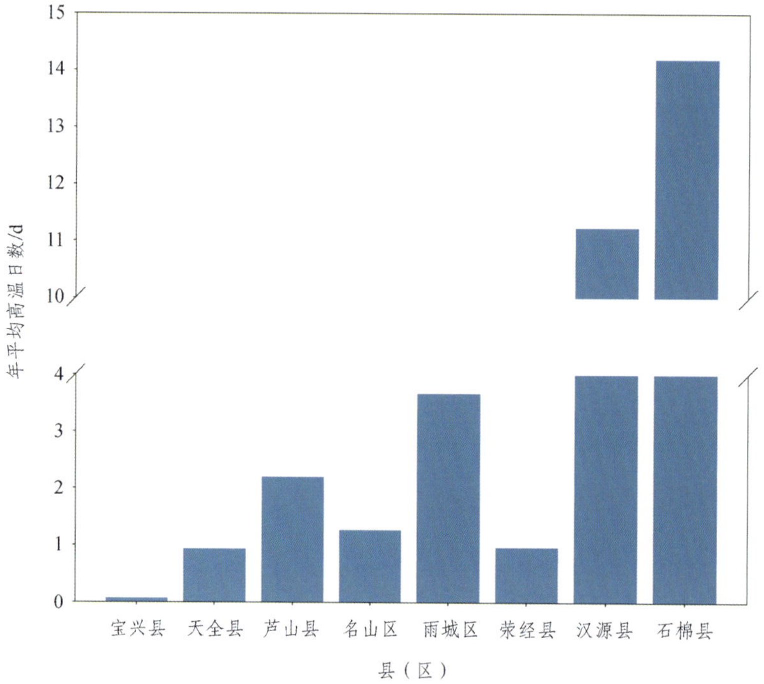

图11.5　雅安市国家气象站年平均高温日数（单位：d）

11.9　气象次生灾害

雅安市地形梯度大，地质构造复杂，河流众多，局地强降雨多，发生山洪和泥石流等气象次生灾害的地形和气象条件较充足。特别是近10多年来，雅安先后经历了“5·12”汶川特大地震和“4·20”芦山强烈地震，进一步为山洪、地质灾害的发生提供了有利条件。因此，雅安是山洪、地质灾害的高发区，特别是每年汛期，更应该警惕山洪、地质灾害的危害。

11.9.1 山洪灾害

据雅安市水利局统计，2020年，雅安市共有909处山洪危险区，其中雨城区154处、名山区100处、天全县177处、芦山县51处、宝兴县96处、荥经县136处、汉源县128处、石棉县67处。

青衣江在2020年8月中下旬的20 d内连续3次出现特大洪水。2020年汛期青衣江最大洪峰出现在8月18日03：05，多营坪站观测到洪峰水位590.90 m，相应流量10 500 $m^3 \cdot s^{-1}$，超保证水位1.53 m，洪水重现期为一百年一遇，是青衣江雅安段历史实测第一大洪水。荥经河荥经站2020年8月18日02：20观测到最高水位743.73 m，相应流量5330 $m^3 \cdot s^{-1}$，超保证水位0.63 m，洪水重现期为一百年一遇。

雅安汛期降雨时段集中，降雨强度大，发生山洪灾害的几率显著高于其他时段。因此在汛期特别需要警惕强降雨引发的山洪灾害。气象部门发布暴雨和山洪灾害预警时，有关部门和单位应切实加强值守班，及时避灾。

11.9.2 地质灾害

据雅安市自然资源和规划局统计，2020年，雅安市共有地质灾害隐患点1315处，其中滑坡861处、崩塌193处、泥石流255处、地面塌陷6处，受威胁人员19 169户75042人。2020年雅安市累计发生地质灾害灾情355起、险情397起，直接经济损失8.4亿元，因灾造成7人死亡，2人失联。实现成功避险20起，避免人员伤亡1332人。其中，2020年“8·11”特大暴雨期间，发生地质灾害灾情346起、险情392起，灾险情发生数分别占全年的97.5%和98.7%。

雅安因暴雨造成泥石流、滑坡灾害的影响较大，比较著名的有1979年11月3日凌晨雨城区的山洪泥石流灾害。雨城区北郊乡（当时为七盘公社）大石、陆王村1979年11月3日凌晨突降大暴雨，暴发山洪泥石流，灾害造成167人遇难，30人重伤。雨城区在灾害发生前8 d是连续晴天气，气温偏高异常。距灾害发生地5 km的雅安国家基本气象站日降雨量达123.3 mm。由于灾害发生在深秋时节，人们防灾思想较为麻痹，加之灾害发生在人们熟睡的深夜时段，人员伤亡惨重。两个乡17个村子和4个工厂遭到严重破坏，埋没良田约56 hm^2，毁坏大小工程88处、房屋361间，破坏输电线路21 km。堆积物将青衣江160 m宽的河道堵塞了110 m，河床垫高32.7 m。

2010年7月27日凌晨05：00左右，四川省汉源县万工乡双合村一组万工集镇后背山（小地名二蛮山）因为持续降雨引发山体滑坡，方量约1.0×10^5 m^3，造成万工集镇、双合一组部分村民房屋垮塌，共造成21人失踪（图11.6、图11.7）。

图11.6　2010年7月27日汉源县万工乡山体滑坡照片之一（雅安市自然资源和规划局供图）

图11.7　2010年7月27日汉源县万工乡山体滑坡照片之二（雅安市自然资源和规划局供图）

11.10　结论和建议

（1）雅安市暴雨占总降雨量的比例逐渐增大，暴雨强度更强。由暴雨引发的地质灾害、洪涝灾害等次生灾害也时有发生，历史上曾造成过巨大的人员死亡及财产损失。

建议：在今后的生产、生活当中，需要更加警惕强降雨及气象次生灾害的危害，完善优化应急预案。

（2）雅安市属于雷电灾害风险较高区域，特殊的气象条件和地形环境造成雅安市雷电活动多、季节长。

建议：在雅安市重大规划和重大工程建设中，应充分考虑雷电灾害风险，提高建筑、设备、设施的防雷减灾能力。

（3）强降温在雅安市出现的次数较少。

建议：重点关注高山、高海拔地区农作物防冻和群众过冬安全、部分公路在强降温期间的正常安全运行；低温冷害也是需要关注高海拔地区的防御工作。

（4）针对雅安市冰雹灾害发生的规律，雅安市气象局在名山区、汉源县、石棉县建设有防雹作业炮点，各县、区还配备了移动防雹作业火箭车，在多普勒天气雷达监测的强有力辅助下，冰雹灾害天气的监测预警和人工影响天气能力都有较大提高。

建议：进一步加大雅安市人工影响天气设备投入，尽可能地在冰雹灾害天气发生前进行人工影响天气作业，消雹降雨，最大限度地减轻冰雹可能造成的灾害损失。

（5）雅安气象干旱具有南重北轻的特点。

建议：在汉源、石棉两县进一步加大人工影响天气方面的投入，切实加强当地人工影响天气作业的能力，确保需要时能增雨抗旱。

（6）雅安市大风灾害相对影响较小。

建议：重点关注高层建筑物附属设施的防风加固，要注意随时巡查，及早消除安全隐患。

（7）雅安市高温天气出现日数较少，但在全球气候变化的背景下，高温天气也在增多。

建议：市民们要注意气象部门发布的高温天气预警信号，合理安排出行。露天作业需要考虑防暑降温措施，尽量避免高温时段在外作业。

（8）近年来，在全球气候变暖的大背景下，雅安市也面临着平均温度升高，总降雨量下降，但强降水事件增多，极端天气现象增加的趋势。

建议：政府和有关部门要加大宣传，号召全社会共同努力，尽可能地消灾避害，减少损失。

（9）雅安市山洪、地质灾害多发、频发，且灾害程度近年有增强趋势。

建议：有关部门要加强监测预报，及时采取措施，降低灾害损失。

参考文献

[1] 中国气象局．地面标准气候值统计方法（GB/T 34412—2017）[S]．2017.

[2] 中国气象局．地面气象观测规范[M]．北京：气象出版社，2003.

[3] 中国气象局．气象观测资料质量控制 地面（QX/T 180—2020）[S]．2020.

[4] 中国气象局．地面气象观测规范 第20部分：年地面气象资料处理和报表编制（QX/T 64—2007）[S]．2007.

[5] 马振峰，郭海燕．旺苍县气候资源分析与应用[M]．成都：西南交通大学出版社，2018.

[6] 屠其璞，翁笃鸣．气象资料短序列延长方法[J]．南京气象学报，1978，（1）：59-67.

[7] 尹文昱，祝青林．大连月平均气温短序列订正方法[J]．气象科技，2008，36（6）：740-744.

[8] 彭贵康，李志友，柴复新．雅安地形与降水的气候特征[J]．高原气象，1985（3）：230-240.

[9] 彭贵康，曾庆存，宇如聪，等．"雅安天漏"研究Ⅰ：天气分析[J]．大气科学，1994，18（4）：466-475.

[10] 宇如聪，曾庆存，彭贵康，等．"雅安天漏"研究Ⅱ：数值预报试验[J]．大气科学，1994，18（5）：535-551.

[11] 曾庆存，宇如聪，彭贵康，等．"雅安天漏"研究Ⅲ：特征、物理量结构及其形成机制[J]．大气科学，1994，18（6）：649-659.

[12] 吴旭，彭贵康，等．家在清风雅雨间[M]．成都：四川人民出版社，2010.

[13] 颜宏，等．中华人民共和国气候图集[M]．北京：气象出版社，2002.

[14] 四川省气象局．四川省气候图集[M]．成都：四川人民出版社，1979.

[15] 雅安市文化体育和旅游局．雅安市文化和旅游资源普查报告[R]．2021.

[16] 雅安市地方志编纂中心．雅安年鉴（2020）[M]．西安：陕西科学技术出版社，2020.

[17] YU R C, WANG B, ZHOU T J. Climate effects of the deep continental stratus clouds generated by the Tibetan Plateau[J]. Journal of Climate, 2004, 17（13）: 2702-2713.

[18] 叶笃正，高由禧，等．青藏高原气象学[M]．北京：科学出版社，1979：278.

[19] 章基嘉，朱抱真，朱福康，等．青藏高原气象学进展[M]．北京：科学出版社，1988：268.

[20] 陶诗言，陈联寿，徐祥德，等．第二次青藏高原大气科学试验理论研究进展（一）[M]．北京：气象出版社，1999：348.

[21] 吕炯．巴山夜雨[J]．气象学报，1942，16：36-53.

[22] 徐裕华．西南气候[M]．北京：气象出版社，1991：298.

[23] LI Y Q，LI D J，YANG S，et al. Characteristics of the precipitation over the eastern edge of the Tibetan Plateau[J]. Meteorology and Atmospheric Physics，2010，106（1-2）：49-56.

[24] 汪之义．雅安"天漏"的形成及其预报[G]//中央气象局气象科技情报研究所．气象科技资料，1977（5）：66-74.

[25] 柴复新．雅安地区的暴雨预报[G]//四川省气象局．预报员经验选编（一），1981：136-148.

[26] 彭贵康．夏季雅安高空风的统计分析[J]．四川气象，1992，12（1）：3-6.

[27] 彭贵康．“雅安天漏”预报[J]．四川气象，1992，12（1）：28-33．
[28] 彭贵康．青衣江流域“93.7”特大暴雨天气分析[J]．四川气象，1994，14（2）：1-9．
[29] 彭贵康．川西“95.8”特大暴雨天气分析[J]．四川气象，1996，16（1）：16-21．
[30] 彭贵康，张小渝，谷生慧，等．雅安市降水“精细化”预报的动力学基础[J]．四川气象，2004，24（2）：8-12．
[31] 彭贵康，张小渝，谷生慧，等．雅安市降水预报方法1.02版（PFMV1．02）[J]．四川气象，2004，24（2）：25-26．
[32] 卢萍，宇如聪，周天军．2003年8月“巴蜀夜雨”过程的模拟和分析研究[J]．气象学报，2008，66（3）：371-380．
[33] 彭贵康，卢萍，李昀英．雅安“8.26”特大暴雨的天气分析[J]．高原山地气象研究，2008，28（3）：27-36．
[34] 苗秋菊，徐祥德，施小英．青藏高原周边异常多雨中心及其水汽输送通道[J]．气象，2004，30（12）：44-47．
[35] 张琪，李跃清，陈权亮，等．近46年西南地区云量的时空变化特征[J]．高原气象，2011，30（2）：339-348．
[36] 彭贵康，康宁，李志强，等．青藏高原东坡一座充满神奇魅力的城市——雅安市生态旅游景观资源研究[J]．生态经济，2010，5（224）：128-134．
[37] 彭贵康，康宁，李志强，等．青藏高原东坡一座世界上最湿润的城市——雅安市生态旅游气候资源研究[J]．高原山地气象研究，2010，30（1）：12-20．
[38] 彭贵康，康宁，李志强，等．青藏高原东坡一座生态优异四季舒适的城市——雅安市生物气象指标和生态质量气象评价[J]．高原山地气象研究，2010，30（3）：36-42．
[39] 彭贵康．雅安市近地面空气负（氧）离子状况初探[J]．高原山地气象研究，2012，32（1）：67-72．
[40] 彭贵康．四川省中小城市和小城镇功能研究——以雅安市低碳生态城市建设为例[J]．经济体制改革，2013（增刊）：272-274．
[41] 李跃清．高原气象学科发展回顾与展望：大气科学学科发展回顾与展望——纪念改革开放30年[G]//中国气象学会．北京：气象出版社，2008：100-109．
[42] 陆莎莎，蒋雨芹，李青建，等．基于GIS的黔南州近31 a降水时空分布特征[J]．中低纬山地气象，2021，45（03）：81-87．
[43] 康婷，王江凡，吐尔逊古丽·麦买提．新疆降水的时空分布特征[J]．山东理工大学学报（自然科学版），2021，35（06）：71-74．
[44] 黄忠，曾静，刘伟，等．秦岭地区夏季气温的时空分布特征[J]．中国资源综合利用，2020，38（12）：74-76．
[45] 张京英，漆梁波，王庆华．用雷达风廓线产品分析一次暴雨与高低空急流的关系[J]．气象，2005（12）：41-45．
[46] 中国气象局．气象预报服务产品色标标准（QX/T 180-2013）[S]．2013．
[47] IPCC第一工作组第六次评估报告．气候变化 2021：自然科学基础．
[48] 彭贵康．雅安市风能资源评价报告[R]．2010．
[49] 朱瑞兆．应用气候手册[M]．北京：气象出版社，1991．
[50] 陈中钰，吕结．近44年四川太阳辐射时空变化特征[J]．高原山地气象研究，2018，38（3）：56-60．
[51] 杨岗，王国杰．雅安市茶树种植的农业气候精细区划[J]．高原山地气象研究增刊，2011．
[52] 尹娟，王可耀．基于GIS的乐山市茶叶种植气候区划[J]．现代农业科技，2017（19）：179-184．

[53] 金志凤，李波，罗列万，等．基于GIS的浙江省名优茶树优化布局[G]//浙江省气象学会，上海市气象学会，江苏省气象学会．第七届长三角气象科技论坛论文集，2010，7．
[54] 史劲松，顾龚平，吴素玲，等．花椒资源与开发利用现状调查[J]．中国野生植物资源，2003，22（5）：6-8．
[55] 王进闯，潘开文，吴宁，等．花椒品种间化感效应的差异[J]．生态学报，2005，25（7）：1591-1598．
[56] 赵志峰．汉源花椒风味物质研究及花椒油生产工艺优化[D]．成都：四川大学，2005．
[57] 杨亚军．中国茶树栽培学[M]．上海：上海科学出版社，2005．
[58] 李倬，贺龄萱．茶与气象[M]．北京：气象出版社，2005．
[59] 乌日柴胡，祁生秀，华国文，等．雅安市名山区蒙顶茶叶气候品质评估报告（2020年度）[R]．2020．
[60] 中国气象局．茶叶气候品质评价（QX/T 441—2017）[S]．北京：气象出版社，2017．
[61] 杨桂华．旅游资源学[M]．昆明：云南大学出版社，1999：182-190．
[62] 吴章文．旅游气候学[M]．北京：气象出版社，2001：198-202．
[63] 刘振礼，王兵．旅游地理学[M]．天津：南开大学出版社，1996：132-133．
[64] 夏廉博．人类生物气象学[M]．北京：气象出版社，1986：126-135．
[65] 谭冠日，等．应用气候[M]．上海：上海科学技术出版社，1985．
[66] 魏德保．森林与人健康[M]．北京：科学出版社，1981：30-32．
[67] 马振峰，彭贵康，等．中国生态气候城——雅安[M]．北京：气象出版社，2016．
[68] [英]伊恩·莫法特．可持续发展——原则、分析和政策[M]．北京：经济科学出版社，2002：28-61．
[69] 袁书琪．试论生态旅游资源的特征、类型和评价体系[J]．生态学杂志，2004，23（2）：109-113．
[70] 方精云，等．全球生态学气候变化与生态响应[M]．北京：高等教育出版社，2000．
[71] 吴必虎．旅游生态学与旅游目的地的可持续发展[J]．生态学杂志，1996，15（2）：37-43．
[72] 赵鹏，刘捷．休闲与人类健康发展的关系[J]．旅游学刊，2006，21（11）：5-6．
[73] 钟林生，肖笃宁．生态旅游及其规划与管理研究综述[J]．生态学报，2000，5（9）：841-842．
[74] CEBALLAS-LASCURAIN H. The future of ecotourism[J]. Mexico Journal，1987，1：13-14.
[75] LINDBERG K, HAWKINS D. Ecotourism: a guide for planners and managers[M]. North Bennington: The Ecotourism Society, 1993.
[76] 张家诚．气候与人类[M]．郑州：河南科学技术出版社，1988．
[77] YU R C，WANG B，ZHOU T J. Climate effects of the deep continental stratus clouds generated by the Tibetan Plateau[J]. Climate，2004，17（13）：2702-2713.
[78] 陈宗懋．中国茶叶大辞典[M]．北京：中国轻工业出版社，2004．
[79] 张泽均，胡锦矗．大熊猫生境选择研究[J]．四川师范学院学报（自然科学版），2000，21（1）：18-21
[80] TROMP S W.Medical biometeorology[M]. Amsterdam：Elsevier，1963.
[81] GIVONI B. Man，climate and architecture[M]. Amsterdam：Elsevier，1969.
[82] JOBN R M. climatology：fundamentals and applications[M]. New York: McGraw-HillBook Com.，1974.
[83] TROMP S W. Biometeorology[M]. London：Heyden & Son Ltd.，1980.
[84] TERJUNG W H. Physiologic climates of the conterminous United States: a bioclimatic classification based on man[J]. Annals AAG,1966, 56（1）：141-179.

[85] STEADMAN R G. Assessment of sultriness. Pt.1. A temperature- humidity index based on human physiology and clothing science[J]. Appl. Meteor, 1979, 18（7）:861-873.
[86] 冯定原，邱新法．我国各地四季感热温度的计算和分析[J]．南京气象学院学报，1990，13（1）：71-79.
[87] 冯定原，邱新法，黄桔梅．我国夏季感热温度的分布[J]．气象，1990，15（6）：21-26.
[88] 钱妙芬，叶梅．旅游气候宜人度评价方法研究[J]．成都气象学院学报，1996，11（3）：128-134.
[89] 王远飞，沈愈．上海市夏季温湿效应与人体舒适度[J]．华东师范大学学报（自然科学版），1998，（3）：60-66.
[90] 刘梅等．人体舒适度研究现状及其开发应用前景[J]．气象科技，2002，1（30）：11-14.
[91] 中国气象局．生态质量气象评价规范（试行）[S]．北京：气象出版社，2005.
[92] 柏秦凤，等．中国20座旅游城市人体舒适度指数分析[J]．生态学杂志，2009，28（8）：1607-1612
[93] 蒙晋佳，等．地面上的空气负离子主要来源于植物的尖端放电[J]．环境科学与技术，2005，28（1）：112-113.
[94] 王继梅，等．空气负离子与温湿度的关系[J]．环境科学研究，2004，17（2）：68-70.
[95] 叶彩华，等．空气中负离子浓度与气象条件关系初探[J]．气象科技，2004，32（4）：51-52.
[96] 秦大河，等．全球气候变化的原因和未来趋势[J]．科学对社会的影响，2008，（2）：16-20.
[97] 秦大河，等．中国西部生态环境变化与对策建议[J]．地球科学进展，2006，17（3）：314-319.
[98] 林金明，等．环境、健康与负（氧）离子[M]．北京：化学工业出版社，2007.
[99] 钟林生，等．森林旅游资源评价中的空气负离子研究[J]．生态学杂志，1998，17（6）：56-60.
[100] 林忠宁．空气负离子在卫生保健中的应用[J]．生态科学，1999，18（2）：87-100.
[101] 章志攀，等．森林旅游资源评价中的空气负离子研究[J]．浙江林学院学报，2006，23（1）：103-108.
[102] 黄肇义，杨东援．国内外生态城市理论研究综述[J]．城市规划，2001，25（1）：60-66.
[103] 黄光宇．生态城市研究回顾与展望[J]．城市发展研究，2004，11（6）：41-48.
[104] 达良俊，等．生态城市发展与建设模式[J]．现代城市研究，2009，（7）：11-17.
[105] 谢鹏飞，等．生态城市指标体系构建与生态城市示范评价[J]．城市发展研究，2010，17（7）：12-18.
[106] 黄光宇．中国生态城市规划与建设进展[J]．城市环境与生态城市，2001，14（3）：6-8.
[107] 大气科学词典编委会．大气科学词典[M]．北京：气象出版社，1994.
[108] 周淑贞．气象学与气候学 [M]．3版．北京：高等教育出版社，2011.
[109] 朱乾根，林锦瑞，寿绍文．天气学原理和方法 [M]．3版．北京：气象出版社，2000.
[110] 保继刚，尹寿兵，梁增贤，等．中国旅游地理学研究进展与展望[J]．地理科学进展，2011，30（12）：1506-1512.
[111] 章览．天象与气候旅游资源的范围及分类体系构建[J]．浙江学刊，2013，（1）：178-182.
[112] 中国气象服务协会．气象旅游资源分类与编码（T/CMSA 0001—2016）[S]．2016.
[113] 四川省文化和旅游厅．四川省旅游资源分类、调查与评价（试行）[S]．2019.
[114] 雅安市文化体育和旅游局．雅安市文化和旅游资源普查报告[R]．2021.
[115] 文斌．长沙市民天象与气候景观旅游需求特征研究[D]．长沙：中南林业科技大学，2018.
[116] 张娟飞．探析陕西特种旅游之——天象与气候景观旅游资源的开发策略[J]．陕西教育（高教），2017，（7）：17-18.
[117] 德力格尔．试论开发气象景观资源开辟“气象公园”[J]．气象软科学，2009，（2）：31-34.
[118] 雅安市地方志编纂中心．雅安年鉴（2020）[M]．西安：陕西科学技术出版社，2020.

[119] 张书余. 医疗气象预报[M]. 北京：气象出版社，2010.
[120] 高绍凤，陈万隆，朱超群. 应用气候学[M]. 北京：气象出版社，2001.
[121] 赵晋. 高原、亚高原训练对世居亚高原运动员运动能力的影响及其机制研究[D]. 北京：北京体育大学，2006.
[122] CHIU L L, CHOU S W, CHO Y M, et al. Effect of prolonged intermittent hypoxia and exercise training on glucose tolerance and muscle GLUT4 protein expression in rats[J].J Biomed Sci, 2004, 11（6）: 838-846.
[123] WILLEMS J H. Preconditions for a stay in high altitude AREAS in the case of existing health problems[J]. Ned Tijdschr Geneeskd, 2004, 148（ 45）: 2216-2220.
[124] ANDERSEN C U, MULVANY M J, SIMONSEN U. Lack of synergistic effect of molsidomine and sildenafil on development of pulmonary hypertension in chronic hypoxic rats[J]. Eur J Pharmacol, 2005, 510（1-2）:87-96.
[125] RHODES J. Comparative physiology of hypoxic pulmonary hypertension： historical clues from brisket disease[J]. J Appl Physiol, 2005, 98（3）: 1092-1100.
[126] 周燚，李良鸣，方彩华. 低氧适应对糖代谢的影响机制研究[J]. 工程与临床康复研究，2008，12（24）：4745-4748.
[127] 任宣羽，杨淇钧，罗萍. 攀枝花康养气候及其成因研究[J]. 攀枝花学院学报，2019，36（2）：1-5.
[128] 李正泉，贺忠华，胡中民. 气候与健康及气候康养研究进展[J]. 海洋气象学报，2020，40（1）：107-116.
[129] 林锦屏，郭来喜. 中国南方十一座旅游名城避寒疗养气候旅游资源评估[J]. 人文地理，2003，18（6）：26-30.
[130] 刘艳霞，冯莉，田慧慧，等. 中国气候舒适度时空分布特征分析[J]. 地球信息科学学报，2020，22（12）：2338-2347.
[131] 中国气象服务协会. 气候康养地评价（T/CMSA 0019—2020）[S]. 2020.
[132] 李军锋，李天文，金学林，等. 基于GIS的秦岭地区大熊猫栖息地质量因子研究[J]. 地理与地理信息科学，2005，（01）：38-42.
[133] 陈家良，夏建国，余雨红. 基于RS和GIS的雅安市植被覆盖度与地形因子相关分析[J]. 安徽农业科学，2020，48（05）：88-92.
[134] 周学云，高文良，吴亚平，等. 定量研究雅安地形坡向坡度对降水分布的影响[J]. 气象科学，2019，39（3）：322-335.
[135] 晏婷婷，冉江洪，赵晨皓，等. 气候变化对邛崃山系大熊猫主食竹和栖息地分布的影响[J]. 生态学报，2017，37（07）：2360-2367.
[136] 刘艳萍，申国珍，李景文. 大熊猫栖息地质量评价研究进展[J]. 广东农业科学，2012，39（22）：193-198.
[137] 胡锦矗. 大熊猫研究[M]. 上海：上海科技教育出版社，2001.
[138] 秦自生. 四川大熊猫的生态环境及主食竹种更新[J]. 竹子研究汇刊，1985，（01）：1-10.
[139] 黄树燕，史彩霞，覃天信，等. 广西主要高速公路气象灾害风险调查分析[J]. 气象研究与应用，2017，38（3）：99-103.
[140] 朱保林，彭艳秋，黎成超，等. 云南省高速公路气象灾害风险特征分析与应对[J]. 公路，2021，3（3）：231-235.
[141] 彭贵康. 雅安市风能资源评价报告[R]. 2010.
[142] 朱瑞兆. 应用气候手册[M]. 北京：气象出版社，1991.

[143] 朱保美，周清，朱汉青，等. 德州市人居环境气候适宜性及变化特征 [J]. 中国农学通报，2019，35（2）：95-100.
[144] 刘姝宇. 城市气候研究在中德城市规划中的整合途径比较研究[M]. 北京：中国科学技术出版社，2014.
[145] 李晓菲，卢保军. 对我国城市建设规划管理现状及措施的探讨[J]. 时代报告（学术版），2015（10）：272.
[146] 汤惠君. 广州城市规划的气候条件分析[J]. 经济地理，2004，24（4）：490-493.
[147] 王丽，周清，朱保美. 气候条件对城市规划的影响分析——以齐河县为例[J]. 智能城市，2020（9）：1-4.
[148] 中华人民共和国住房和城乡建设部. 建筑结构荷载规范（GB50009—2012）[S]. 北京：中国建筑工业出版社，2012.
[149] 中华人民共和国住房和城乡建设部，中国气象局. 城市暴雨强度公式编制和设计暴雨雨型确定技术导则[S]. 2014
[150] 中国城市规划设计研究院. 城市居住区规划设计标准（GB50180—2018）[S]. 北京：中国建筑工业出版社，2018.
[151] 许艺馨，李新华，梁莹露. 贵港城市街道可照条件分析[J]. 气象研究与应用，2017，38（1）：60-63
[152] 胡瑞英，欧艺，周珍丹，等. 低碳城市规划与气候可行性论证[J]. 气象研究与应用，2015（4）：80-84.
[153] 黄农，郭炜，瞿伟. 住宅日照间距系数的计算方法[J]. 合肥大学学报（自然科学报），2001，24（4）：533-537.
[154] 雅安市住房和城乡建设局，雅安市气象局. 雅安市雨城区暴雨强度公式[R]. 2020.
[155] 中华人民共和国住房和城乡建设部. 室外排水设计规范（GB50014—2006）[S]. 北京：中国计划出版社，2016.
[156] 杨岗. 雅安市强降雨天气特点与危害[R]. 2019.
[157] 马力. 四川天气预报手册[M]. 成都：西南交通大学出版社，2014.
[158] 周长艳，等. 2004—2013年“雨城”雅安的降水日变化特征分析[J]. 冰川冻土，2015，37（6）：1524-1533.
[159] 吴泽，等. 近60年“雅安天漏”变化特征分析[J]. 成都信息工程学院学报，2012，27（1）：63-70.
[160] 中国气象局气象探测中心，中国气象科学研究院，四川省气象局. 芦山地震灾区属中至重度雷击风险区恢复重建工作需高度重视雷电灾害防御[R]. 2013.
[161] 杨岗. 雅安市气象灾害[R]. 2018.

后 记

《雅安市气候资源利用与开发研究》一书，在编写中，得到了中共雅安市委、市政府、人大、政协等领导的鞭策和指导，得到了雅安市各相关部门的大力支持，也得到了省、市气象局领导的关怀指导，得到了雅安市气象局相关科室的大力支持。在编写过程中，参加编写的全体同志克服了时间紧、任务重、工作繁多等困难，团结、协作、相互交流学习，使本书得以在3个多月的时间内完成初稿。

初稿完成后，我们将其呈送各级领导和有关部门审阅和征求意见，随后又专门召开了征求意见座谈会，会上有关部门领导和专家提出了很多很好的修改意见，特别是雅安市人大副主任杨兴品同志，对全书的谋篇和细节都提出了非常好的指导意见。在此我们表示衷心感谢。

本书具体编写分工如下：李光伟同志负责总协调；彭贵康同志负责全书的统稿、审稿，第1章，第2章，第4章4.2部分，第5章5.1、5.5、5.6，第6章大部分的编写；周学云同志负责国家气象站地面标准气候值和气象观测站气候平均值的计算及绘制相关图表，并负责第3章的编写；吴亚平负责第4章大部分，第9章9.1、9.2、9.6部分，第10章大部分的编写，并负责雅安市负氧离子观测资料的整理；高文良同志负责第11章的编写；原桂英同志协助周学云做了部分资料计算，并负责第7章的编写；李尚锦同志协助周学云做好资料计算中地面资料的质量控制，并负责第8章的编写；杨岗同志和高昕同志负责第5章5.2、5.4的编写；钱正迪同志负责第9章9.3、9.4、9.5、9.6部分的编写；吴冰洁同志负责第5章5.3的编写；华国文同志负责第6章6.6部分，第10章10.4的编写；胥志强同志负责所有资料计算中的数据保障。

孟水明等同志和有关部门提供了部分相关资料照片和图片，在此特致以诚挚的感谢。

《雅安市气候资源利用与开发研究》编委会

2021年9月